零基础学 Swift 游戏编程

[美] 阿尔扬·艾格斯　著

李姣姣　译

清华大学出版社

北　京

内 容 简 介

本书详细阐述了与 Swift 游戏开发相关的基本解决方案，主要包括游戏编程的基础知识、创建游戏场景、游戏数据资源、颜色和碰撞检测、组织游戏对象、游戏物理学、游戏状态管理、存储和恢复游戏数据、游戏对象间的交互、动画效果和智能角色等内容。此外，本书还提供了丰富的示例以及代码，以帮助读者进一步理解相关方案的实现过程。

本书适合作为高等院校计算机及相关专业的教材和教学参考书，也可作为相关开发人员的自学教材和参考手册。

Swift Game Programming for Absolute Beginners/by Arjan Egges/ISBN:978-1-4842-0651-5
Copyright © 2015 by Apress.
Original English language edition published by Apress Media.Copyright ©2015 by Apress Media.
Simplified Chinese-Language edition copyright © 2018 by Tsinghua University.All rights reserved.
本书中文简体字版由 Apress 出版公司授权清华大学出版社。未经出版者书面许可，不得以任何方式复制或抄袭本书内容。

北京市版权局著作权合同登记号 图字：01-2016-8581

本书封面贴有清华大学出版社防伪标签，无标签者不得销售。
版权所有，侵权必究。侵权举报电话：010-62782989　13701121933

图书在版编目（CIP）数据

零基础学 Swift 游戏编程 /（美）阿尔扬·艾格斯（Arjan Egges）著；李姣姣译. — 北京：清华大学出版社，2018
书名原文：Swift Game Programming for Absolute Beginners
ISBN 978-7-302-51281-3

Ⅰ. ①零… Ⅱ. ①阿… ②李… Ⅲ. ①程序语言-程序设计 Ⅳ. ①TP312

中国版本图书馆 CIP 数据核字（2018）第 216680 号

责任编辑：贾小红
封面设计：刘　超
版式设计：文森时代
责任校对：毛姗姗
责任印制：董　瑾

出版发行：清华大学出版社
　　　　网　　址：http://www.tup.com.cn，http://www.wqbook.com
　　　　地　　址：北京清华大学学研大厦 A 座　　邮　　编：100084
　　　　社 总 机：010-62770175　　　　　　　邮　　购：010-62786544
　　　　投稿与读者服务：010-62776969，c-service@tup.tsinghua.edu.cn
　　　　质量反馈：010-62772015，zhiliang@tup.tsinghua.edu.cn
印 装 者：三河市铭诚印务有限公司
经　　销：全国新华书店
开　　本：185mm×230mm　　　印　　张：24.75　　　字　　数：501 千字
版　　次：2018 年 10 月第 1 版　　　　　　　印　　次：2018 年 10 月第 1 次印刷
定　　价：120.00 元

产品编号：068392-01

译 者 序

　　Swift 语言由 Apple 公司于 2014 年 6 月 2 日发布，旨在替代 Objective-C 语言。在随后的一段时间里，该语言不断被完善、更新。Swift 是一类结构化良好的语言，并从现有的编程语言（如 C#、Haskell 和 Python）中吸取了大量特征。当然，该语言也涵盖了诸多自身的新特性。

　　本书主要介绍 Swift 游戏应用程序开发的基础知识，其中涉及大量的简单示例，进而展示基于 Swift 语言的应用程序构建方式。在游戏开发过程中，我们还将对 Swift 语言自身加以介绍，以使读者在游戏开发环境下更好地掌握这一门语言。

　　另外，本书还通过游戏编程方式简要地阐述了一些数学、物理内容，其中涉及碰撞检测和游戏物理学，这也有助于读者重新认识、学习这方面的知识，同时将它们灵活地运用于游戏开发中。

　　对此，本书提供了丰富的示例以及代码，以帮助读者进一步理解相关方案的实现过程。

　　在本书的翻译过程中，除李姣姣之外，李秋霞、程晓磊、周建娟、黄立臣、于鑫睿、刘祎、张骞、张华臻、李伟、沈旻、刘颛、李垚、张颖、张弢、刘君、张满婷、李强、翟露洋、刘洋、蔡辉、王福会、杨崇珉、刘璋、刘晓雪等人也参与了本书的翻译工作，在此一并表示感谢。

译　者

前　言

如果读者打算在 iOS、watchOS 或 OS X 平台上进行开发，那么，Swift 语言将是一门必学的编程语言。本书深入介绍了 Swift 语言，读者将学习如何开发 iOS 平台上的游戏作品。鉴于本书主要内容涉及游戏开发，读者还将学习与游戏开发设计相关的诸多有效特性。另外，本书构建于 SpriteKit 框架上，向读者展示了如何开发一款 App，并于随后发布于 App Stroe 中，以供成千上万的用户使用（同时也希望开发人员从中受益）。

本书介绍了 4 款游戏的开发流程，均采用了专业的开发素材。游戏的开发难度也将逐级增加，包括简单的射击游戏、物理反馈游戏、迷宫类游戏，以及包含动画、智能角色等内容的真正意义上的平台游戏。读者将会看到，游戏开发与享受游戏的过程同样有趣。

虽然本书主要讨论游戏开发环境下的 Swift 语言，但相关内容也可用于开发 Apple 设备上的其他应用程序。

本书适用读者

本书面向对游戏开发具有浓厚兴趣的读者，如果读者不具备任何（Swift）编程经验，也不必过于担心，本书将详细介绍与此相关的知识。对于具备一定经验的读者，本书将展示 Swift 语言和 SpriteKit 的最新特性，进而介绍如何开发一款游戏作品。具体而言，本书将开发 4 款不同的 iOS 平台游戏，对应代码均经过精心设计、组织，力求实现代码的清晰、健壮和可扩展性。

本书结构

本书各章均包含自身的示例程序集，读者可访问本书的协作网站并下载示例程序。本书将在此类示例基础上介绍 Swift 编程概念，其中涉及大量的 Swift 编程概念和开发建议，例如菜单或教程的使用方式和时机，与美工人员的团队协同工作，以及发布和市场化方面的建议。本书主要分为 5 部分，下面对其加以简要介绍。

第 1 部分内容整体介绍了 Swift 编程语言及其主要特征。其中涉及较为重要的游戏编程结构，即游戏循环。读者将了解 SpriteKit 的使用方式，该框架由 Apple 发布，主要用于开发 Swift 游戏。另外，本部分还将考察变量和数据结构方面的知识，这对于展示游戏场景十分主要。除此之外，读者还将了解如何添加游戏数据集，例如程序中的精灵对象和声音。

第 2 部分主要考察 Painter 游戏，该游戏的目标是收集 3 种不同颜色的油漆桶，即红、绿、蓝。其中，油漆桶绑有气球并从空中缓缓下落，玩家应在其到达屏幕底部之前确保各油漆桶包含正确的颜色。该游戏将展示如何与玩家操作进行交互，即读取鼠标、键盘或触摸操作。其中，将引入类这一概念，并作为某个对象的蓝图（或称作类实例）。同时，读者还将了解构造方法的含义，并以此创建所属的类实例。

读者将会学习到如何编写代码、属性和类，以及如何通过编程概念设计不同的游戏对象类。除此之外，读者还将学习游戏对象与其他对象间的交互方式。作为交互行为示例，还将讨论如何处理游戏对象间的碰撞问题。同时，这一部分内容还将介绍 Swift 语言中的继承机制，据此，游戏对象可利用层次结构方式予以构建。此外，这一部分内容将阐述多态这一概念，进而自动调用方法的正确版本。最后，通过添加一些附加特性结束 Painter 游戏程序设计，包括运动效果、音效、音乐、维护并显示积分榜。

在本书的第 3 部分中，将开发名为 Tut's Tomb 的第二款游戏作品。在该游戏中，玩家将采集下落的宝物，同时将展示 SpriteKit 框架中物理引擎的使用方式。另外，还将引入高级输入处理的编程方法，例如围绕屏幕拖曳对象，并同时处理多个触摸操作。除此之外，读者还将学习如何使用自定义字体改善游戏的外观。

第 4 部分内容将着手设计 Penguin Pairs。作为一类迷宫游戏，其目标是对同一颜色的企鹅对象配对。在各关卡中，将引入新的游戏体验元素，以提升游戏的激烈程度。例如，某种特定的企鹅对象可与其他企鹅实现任意组对；企鹅会掉入陷阱中；游戏中还包含饥饿的鲨鱼角色。

通过 Penguin Pairs 游戏，读者将学习如何处理游戏中的结构和布局，例如网格或按钮行。读者可针对菜单构建各种有效的 GUI，例如开/关按钮以及滑块式按钮。此外，针对不同游戏状态的处理方式，这一部分内容还将介绍类设计方案，例如菜单、标题画面等。读者将会看到不同状态与游戏循环之间的隶属关系，以及其间的切换操作。最后将讨论关卡的文件加载方法，以及玩家进程的存储方式——当游戏再次启动时，将恢复这一类信息。

第 5 部分内容将开发一款名为 Tick Tick 的游戏，并在前述内容的基础上创建基于贴图的游戏场景。其中，读者将会学习如何添加诸如运动角色这一类动画效果。同时，还将针对特定的平台游戏开发自己的物理引擎，包括跳跃、跌落以及游戏角色和其他对象间的碰撞行为。除此之外，还会向游戏中的敌方角色添加基本的智能行为。最后，玩家可得到不同的游戏体验选项，并随之制定不同的策略通过关卡。

开发环境

当在 Swift 中开发 iOS 游戏时，读者需要一台 Mac 计算机，并在其上安装了 Xcode。Xcode 是 Apple 发布的一个开发环境，可在其中开发 OS X、iOS 或 watchOS 应用程序。为了能够有效地演示示例程序，Xcode 版本最低应可支持 Swift 2.0（在本书编写时，已经发展至 Swift 4.0）。对此，读者需要注册为 Apple 开发者并获得 Xcode。如果读者想在 iPad 或 iPhone 上运行应用程序，并在 App Store 上发布应用程序，只需要参与付费项目即可；但 Apple 开发者可免费试用 Xcode 和 iOS 模拟器。

示例程序

在下载了 Zip 文件后，可将其解压至某处。当查看解压文件文件夹时，将会看到一些不同的文件夹。相应地，本书各章均包含自己的文件夹。例如，如果读者希望运行 Penguin Pairs 游戏的最终版本，可访问 Chapter 21 下的文件夹，并打开 PenguinPairsFinal Xcode 项目（后缀为.xcodeproj 的文件）。在 Xcode 打开该项目后，可按 Command+R 快捷键运行游戏；或者单击窗口左上方的 Play 按钮。

不难发现，存在多个不同的文件与上述特定示例相关。如果读者查看 Chapter 1 下的文件夹，则会看到一些简单的示例，其中包含两个较为基础的 Swift 应用程序示例，分别是 OS X 控制台应用程序和 iOS 游戏应用程序。

作 者 简 介

Arjan Egges 博士是荷兰乌得勒支大学计算机科学的副教授，主要从事计算机动画领域的研究，并在该大学的运动捕捉实验室担任领导工作。Arjan 发表了多篇关于动画的研究论文。同时，他也是 ACM SIGGRAPH 年度大会的创始人，大会内容一般会集结成册，并由 Springer-Verlag 出版。Arjan 还负责设计 Utrecht 大学游戏和媒体技术硕士专业的计算机动画课程，同时也是该项目的负责人。2011 年，他为该大学游戏技术学士学位课程设计了入门课程。另外，Arjan 也是 *Learning C# by Programming Games*（2013 年由 Springer 出版）和 *Building JavaScript Games: for Phones, Tablets and Desktop*（2014 年由 Apress 出版）两本书籍的主要作者。

技 术 审 校

Stefan Kaczmarek 拥有超过 15 年的软件开发经验，涉及移动应用、大型软件系统、项目管理、网络协议、加密算法和音频/视频编解码器。作为 SKJM，LLC 的首席软件架构师和联合创始人，Stefan 开发了许多成功的移动应用程序，包括 iCam（已出现在 CNN、《早安美国》、《今日秀》等节目中，并被苹果公司选为"爱狗人士"iPhone 3GS 的电视广告）和 iSpy Cameras（在 iPhone App 付费排名中名列首位，包括英国、爱尔兰、意大利、瑞典和韩国等国家）。目前，Stefan 和妻子维罗妮卡及他们的两个孩子住在亚利桑那州的凤凰城。

致　　谢

　　许多人对本书的出版均有所贡献。首先，我要感谢技术审稿人 Stefan Kaczmarek 阅读了相关章节，并在写作过程中提供了大量有用的反馈。我还要感谢 Apress 团队在本书出版过程中提供的帮助，特别是 Jonathan Gennick，Douglas Pundick 和 Jill Balzano。此外，还要感谢 Heiny Reimes，他设计了最初的精灵对象，构成了 Painter，Penguin Pairs 和 Tick Tick 游戏的基础内容。我还要感谢 Renske van Alebeek，他负责编辑和重新设计了精灵对象，以使其可在苹果设备上运行。另外，他还设计了一套全新的用于 Tut's Tomb 游戏的精灵对象。

目　　录

第 1 部分　开始编程之旅

　　本书第 1 部分内容主要介绍 Swift 中游戏应用程序开发的基础知识，其中涉及大量的简单示例，进而展示基于 Swift 语言的应用程序构建方式。另外，该部分还将讨论 Swift 语言和 SpriteKit 引擎，该引擎用于创建 2D 游戏。同时，还将阐述 Swift 程序设计的相关结构，例如指令、表达式、对象和方法。除此之外，这一部分内容还将引入游戏循环这一概念，以及如何加载和绘制精灵对象（图像）。

第 1 章　Swift 语言

本章主要介绍 Swift 编程语言方面的知识。在程序设计语言的发展过程中，Swift 是近期涌现出的一门开发语言。为了进一步理解 Swift 语言，读者首先需要理解计算机（包括 iOS 设备）的工作方式，以及编程语言的发展过程。在整体介绍了计算机和程序（包括 App）之后，本章将讨论 Swift 语言，以及如何使用其中的特性编写第一个程序。

1.1　计算机和程序

本节简要介绍计算机设备和程序设计，以及 Swift 语言的基础知识。

1.1.1　处理器和内存

总体来讲，计算机由一个或多个处理器和存储器构成，所有的现代计算机设备大都如此，包括游戏机、智能手机以及平板电脑。这里，内存定义可描述为：可读取和/或写入信息。内存间的主要差异主要体现在：不同的数据传输和访问速度。例如，计算机硬盘存储的速度相对较慢，而 RAM（随机访问内存）的速度相对较快。与设备连接的 USB 闪存或者与服务器连接的开放网络则包含自身的存储。计算机中的主处理器称作中央处理单元（CPU）。计算机设备上的其他常见处理器还包括图形处理单元（GPU）。

处理器的主要任务是执行指令。执行相关指令所产生的效果则是内存空间发生变化，特别是采用内存的广义定义时，处理器执行的每条指令将以某种方式改变内存。当然，读者可能并不希望仅执行一条指令。假设存在一个较长的指令列表——移动某块内存内容、清除该内存中的内容、在屏幕上绘制图像、检测玩家是否按下手柄上的某个键，并随手冲制一杯咖啡——计算机所执行的指令列表称作程序。

1.1.2　程序

综上所述，程序表示为一个较长的指令列表，并操控计算机设备的内存，然而，程序自身也存储于内存空间中。在程序指令执行之前，它们将存储于硬盘、DVD、USB 或其他存储介质中。当执行程序时，该程序将被移至设备的 RAM 内存中。

经整合后的指令构成了程序，并需要以某种方式加以表达。例如，用户可使用手势或者声音。然而，计算机设备无法理解这一类方式（随着运动跟踪设备的出现，或许此类行为在今后的几年中能够较好地被计算机设备加以理解）。另外，计算机也无法正确地识别英文输入的文本内容，这也是编程语言，例如 Swift 语言存在的原因。在实际操作过程中，指令与文本内容相对接近，但仍需要遵守一些较为严格的编写规则，也就是说，定义编程语言的一系列规则集合。对于特定指令类型的不同表达方式，一些语言会脱颖而出，进而演变为一种新型语言，因而编程语言的种类也较为繁多。编程语言的具体数量难以估算，根据其版本和各自的特点，这一数字可能多达数千种。

鉴于编程语言之间的相似性，读者无须学习全部语言。早些时候，编程语言的主要目标是利用计算机设备的最新特性；而近期的一些编程语言则更加侧重于规则秩序，进而限制程序编写过程中所产生的混乱问题。

1.1.3　编程语言

早期，计算机游戏编程是一项较为困难的任务，其中涉及大量的技巧。例如，像 Atari 2600 这一类游戏机设备仅包含了 128 字节的 RAM，与当今的计算机设备相比，这一数字少得可怜。此外，该设备还采用了包含 4096 字节 ROM 的磁盘盒（只读内存），其中装载了程序和游戏数据。这些都大大限制了设备的发挥，且设备自身的运行速度十分缓慢。

游戏程序曾采用汇编语言加以编写。汇编语言是一种十分"基础"的编程语言，并定义了一组处理器可执行的指令集。由于各种处理器可能包含不同的指令集，因而导致出现了不同的汇编语言，最终，当新型处理器上市后，全部现有的程序都需要对此予以重写，因而这也产生了与处理器无关的编程语言的这一需求，例如 Fortran 和 BASIC 语言。其中，BASIC 语言与个人计算机的出现相伴而生，例如 1978 年推出的 Apple II，以及 1979 年上市的 IBM-PC，因而该语言在 20 世纪 70 年代十分流行。然而，BASIC 语言并未实现标准化，因而每个计算机品牌均使用自己的 BASIC 语言。

随着程序变得越加复杂，人们意识到，以一种较好的方式组织全部指令变得越发必要。因此，过程式语言应运而生。该语言将指令整合至过程中（也称作函数或方法）。C 语言是一种较为知名的过程式语言，并由贝尔实验室于 20 世纪 70 年代推出。目前，尽管 C 语言正在缓慢地被更多的现代编程语言所替代，但该语言的应用仍较为广泛，特别是在游戏产业中。

随着时代的发展，游戏程序的体量变得越发庞大，开发人数也由个人上升为团队。需要注意的是，游戏代码应具备可读性、复用性以及易于调试等特征。面向对象语言较好地解决了这一问题，其中，程序员将多种方法整合至某个类中；而与方法分组相关的内存部分则称作对象。一个类可以描述 Pac_Man 游戏中的某个幽灵角色。相应地，各个精灵角色对应于该类的某个对象。当运用于游戏中时，这种编程思考方式变得十分强大。面向对象编程的另一个武器则是继承机制，可使开发人员扩展现有的代码，并向其添加新的功能项。关于继承及其在游戏中的应用方式，读者将在第 10 章中获取更多内容。

20 世纪 80 年代早期，Brad Cox 和 Tom Love 开发出了一种名为 Objective-C 的语言，该语言可视作 C 语言的扩展，并涵盖了面向对象思想。1988 年，Objective-C 语言授权于 NeXT。在离开了 Apple 公司后，Steve Jobs 一手创建了 NeXT。NeXT 围绕 Objective-C 语言开发了大量的工具，例如界面创建工具、Project Builder 开发环境，以及现在称作 Xcode 的预处理器。20 世纪 90 年代，当 Steve Jobs 返回 Apple 后，NeXT 中所保留的一些工具构成了 Mac OS X 的基础内容。

在过去的 20 年中，新型语言，例如 Java 和 C#引入了大量的有效功能。同时，Apple 也意识到新语言对其平台的必要性——当然，这得益于过去几十年来编程语言的不断发展。对此，2014 年 6 月 2 号，Apple 推出了 Swift 编程语言，并作为 OS X 和 iOS 平台的新型语言。其中，Swift 语言更具现代特征，并以此来替代 Objective-C 语言。Swift 语言从 Java 和 C#中借鉴了大量内容。鉴于 iOS App 具有庞大的市场，Swift 语言将对此产生巨大的影响。本书将深入讨论 Swift 语言，并着重强调游戏编程方面的内容。在结束本章阅读后，读者即可通过 Swift 语言编写第一个程序。

1.2　游　戏　编　程

本书的目标是引领读者编写游戏应用程序。游戏可视为一种十分有趣的程序（在某些方面甚至颇具挑战性），其中将处理多种不同的输入和输出设备；另外，游戏中所涉及的场景也可能十分复杂。

自 20 世纪 90 年代开始，游戏程序方针对特定平台进行开发。例如，程序员必须付出重大努力以使游戏程序适用于不同的硬件；否则，针对某款游戏机编写的游戏将无法在其他设备上运行。在 20 世纪 80 年代，游戏机游戏十分流行，由于计算机硬件的持续变化和发展，几乎所有代码均无法重复应用于新游戏上。

随着游戏变得越发复杂，以及操作系统不再依赖于硬件，游戏公司开始尝试复用早期游戏中的代码。如果可以简单地使用之前发布游戏中的代码，那么就没有必要针对每款游戏编写新的渲染程序或碰撞检测程序。这里，术语"游戏引擎"出现于 20 世纪 90年代，当时，第一人称射击游戏十分流行，例如 Doom 和 Quake。对此，一些游戏开发商（如 id Software）决定将部分游戏代码作为独立软件授权于其他游戏公司。

当今，我们可以看到多款不同的游戏引擎。现代游戏引擎向游戏开发人员提供了丰富的功能，例如 2D 和 3D 渲染引擎、粒子和光照特效、音效、动画、人工智能、脚本等。本书所采用的主要引擎则是 SpriteKit。SpriteKit 是 Apple 公司针对游戏开发推出的一款引擎。在阅读完本书后，读者将会了解该引擎的各项主要功能，以及如何使用该引擎创建自己的游戏作品。

1.3　游　戏　开　发

游戏开发过程中一般会使用到两种方案，如图 1.1 所示。当读者首次学习程序时，一般会即刻着手于编写代码；相比之下，专业程序员在编写第一行代码之前，往往会将大量的时间投入于前期设计工作。

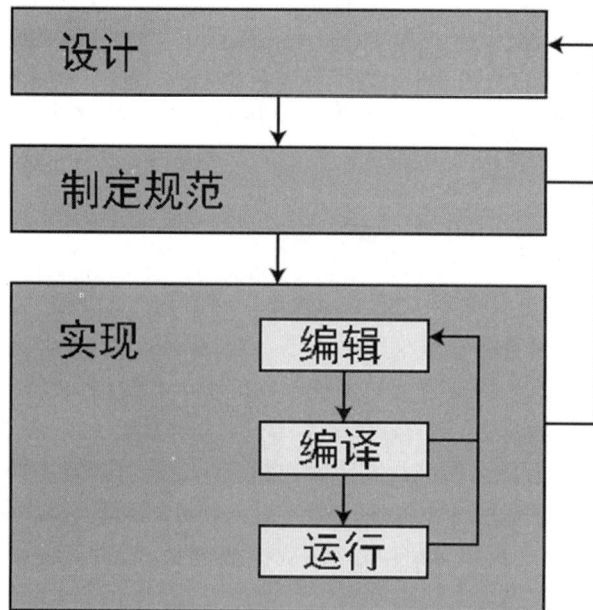

图 1.1　小规模和大规模程序设计

1.3.1　小规模程序设计：编辑-编译-运行

当构建 Swift 游戏程序时，需要编写包含多行指令的程序。当采用 Xcode 框架时，可对目标程序进行编辑。通常，程序由不同的文本文件构成，每个文件涵盖了相关指令。当此类指令编写完毕后，即可通知 Xcode 程序编译代码并执行该程序。

然而，大多数时候，事情并非如此简单。首先，发送至编译器的文本代码应包含有效的 Swift 代码——计算机无法编译包含随机内容的文件。Xcode 程序将判断源代码是否遵循 Swift 语言规范。若不遵循，则会输出错误消息且编译过程终止。当然，程序员应尽力编写正确的 Swift 程序，但错误在所难免；同时，编写正确程序涉及的相关规则也十分严格。因此，编译阶段总会出现各种各样的错误。

在经过几轮错误排除后，源代码将被成功编译。在下一个步骤中，编译器将执行或运行刚刚创建的程序。某些时候，读者将会发现，程序的运行结果与期望值有所差异。当然，读者可尽其所能并正确地表达所执行的任务，但这一过程中往往会出现概念性错误。

对此，读者可再次返回至文本编辑器并修改代码。随后，在消除了输入错误后可再次运行该程序。期间，之前的问题将被完美解决。尽管如此，程序的执行结果可能仍有所不同。那么，我们再次返回至文本编辑器，进而体验一名程序员的日常操作。

1.3.2　大规模程序设计：设计-制定规范-实现

随着游戏的复杂度不断增加，这种开始便输入代码的行为并非一种良好的习惯。在程序实现（即编写和测试游戏）之前，还存在其他两个阶段。

首先，读者需要对游戏进行设计，例如游戏类型、游戏的潜在玩家、2D 或 3D 游戏模型的体验类型、游戏中的角色类型及其功能。特别地，当与其他同事共同开发一款游戏时，还需要编写包含上述信息的设计文档，以使每位参与者对当前所开发的游戏达成共识。即使当读者自己开发一款游戏时，进行前期游戏设计也是一种较好的习惯。实际上，设计阶段往往是游戏开发过程中最为困难的任务之一。

一旦确定了游戏内容，下一步是定义程序的全局结构，即规范制定阶段。回忆一下，面向对象程序设计将指令整合至方法中，并将方法整合至类中。在规范设计阶段，可总体查看游戏中所需的类，以及对应类中的相关方法。在这一阶段中，仅需描述方法实现的功能，而非其实现过程，具体内容将于后期实现。

当游戏规范设计完毕后，即进入实现阶段，这意味着多次执行编辑-编译-运行操作。随后，可尝试邀请其他玩家体验当前游戏。大多数时候，读者将会意识到，游戏设计中的一些理念往往无法完美实现。因此，还需进一步调整设计方案，修改规范并运行最新的实现结果。随后，再次要求玩家体验修改后的游戏作品，等等。大规模设计过程涵盖了编辑-编译-运行循环结构，同时加入了设计-制定规范-实现这一循环结构，如图 1.1 所示。虽然本书主要关注实现阶段，但该过程中依然涵盖了游戏设计方面的提示和技巧。

1.4　构建第一个 Swift 程序

本节主要学习如何在 Swift 语言中创建一个简单的程序（也可参考本章中的 HelloWorld 示例程序）。鉴于我们将采用 Xcode 开发环境，因而需要首先启动 Xcode 程序。对此，可单击显示于欢迎界面上的 Create a new Xcode Project，随后将显示一个对话框，进而可在多个项目模板间进行选择。默认状态下，Xcode 提供了 iOS 项目模板（运行于 iPhone 或 iPad 上的应用程序）、watchOS 项目模板（运行于手表设备中的应用程序）以及 OS X 项目模板（运行于 Mac 上的应用程序）。下面开始创建简单的 OS X 控制台应用程序。对此，选择 OS X 下的 Application 选项，并选择 Command Line Tool 项目模板，如图 1.2 所示。

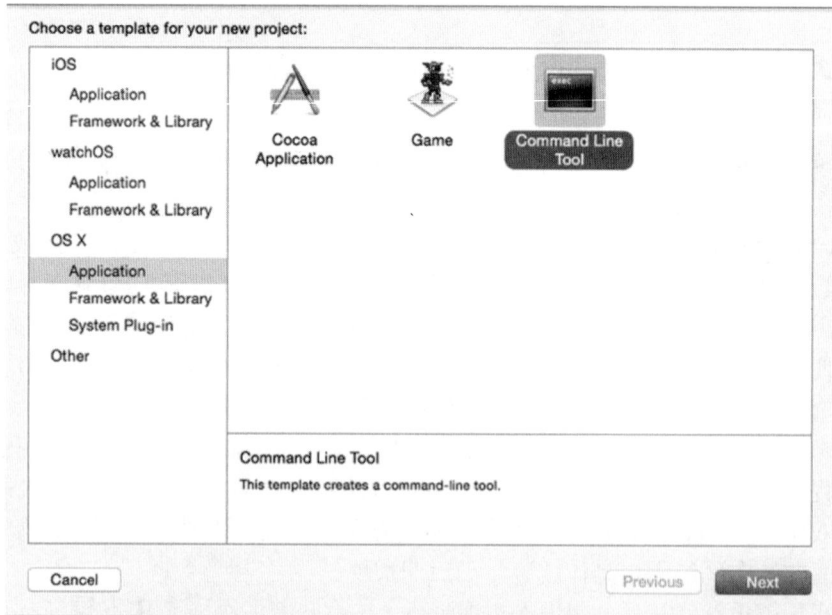

图 1.2　项目模板选择对话框

　　命令行工具（也称作控制台应用程序）是一种较为基础的程序类型。作为简单程序，命令行工具可读取输出文本。

　　在选择 Command Line Tool 选项后，单击 Next 按钮。随后，选取产品名称（例如 HelloWorld）。在同一窗口内，应确保项目的所选语言为 Swift。随后单击 Next 按钮，并选取一个存储读取项目和代码的文件夹。例如，可将其保存至 Desktop 中。在选定了项目的具体位置后单击 Create，读者仅需创建编写代码的基础项目。

　　其中，左侧将会看到与当前项目关联的各项内容，这里存在两个文件夹，一个文件夹包含 main.swift，其中包含构成当前程序指令的文本文件。第二个文件夹（称作 Products）包含一个独立项（涵盖了所选项目的名称）。该项内容包含一个命令行工具图标，也就是说，利用当前项目创建的产品为命令行工具。

　　当选择 main.swift 选项后，该文件将在编辑器中打开。其中，目标项目中已经添加了少量代码行作为开始点。下列代码体现了较为重要的内容：

```
print("Hello, World!")
```

　　上述指令通知计算机向控制台输出一行文本，具体文本对应于括号中的内容。在 Swift 中，文本表达通常位于双引号之间。为了进一步查看程序的执行细节，可单击 Xcode 窗口左上方的 Play 按钮，如图 1.3 所示，这将编译并运行当前程序。在程序运行过程中，Xcode 窗口下方调试区域将会显示输出结果，如图 1.3 所示。如果读者不希望看到调试区域，可单击 Xcode 窗口右上方的视图按钮。其中，左侧按钮将显示/隐藏罗列项目文件和文件夹的部分窗口。右侧按钮将切换显示项目属性的面板。最终，中间按钮将显示/隐藏调试区域。在程序运行完毕后，将看到所显示的"Hello,World！"文本，以及与程序执行完毕相关的一条消息。

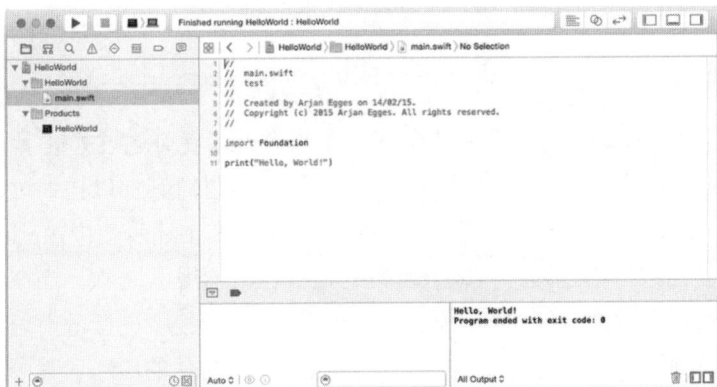

图 1.3　程序 HelloWorld 执行后，Xcode 环境的屏幕截图

相应地，可调整代码内容并改变程序的执行结果。例如，可在原有代码基础上添加下列代码行：

```
print("Goodbye, World!")
```

当运行该程序时，将在调试区域输出两行内容。还可将代码调整为下列内容：

```
print("Hello, World!", appendNewline: false)
print("Goodbye, World!")
```

当运行上述程序时，print 在文本输出至控制台后添加了换行符。这里，最后一个程序包含了两条指令，每条指令通知编译器执行一个函数（或方法），该函数由其他指令构成。这里，print 即是一个函数示例。此处可清晰地看到，Swift 本质上是一类过程式语言，相关指令在函数/方法中进行整合。

对此，读者可方便地将指令置于自己的函数/方法中。考察下列代码：

```
func printData() {
  print("Name: Shirley")
  print("Age: 26")
  print("Profession: Teacher")
  print("Married: yes")
  print("Children: 2")
}


printData()
printData()
printData()
```

该示例定义了一个函数并于其中设置了 5 条指令。读者可通过关键字 func 和名称创建一个函数。在对应名称后，需要添加一对括号（稍后将对其加以详细讨论）。在函数定义完毕后，可通过函数名和一对括号调用对应函数。在上述示例中，printData 函数被调用了 3 次，其结果可描述为：构成该函数的指令也被调用了 3 次。当在编辑器中查看代码时，即可看到函数的执行内容。这里，读者是否可对程序进行适当调整，以使数据被输出 6 次？下面尝试修改当前程序，同时输出个人所居住的国家。其中，可尝试添加第二个函数并显示另一个用户的数据。

再次考察上述程序，读者即会意识到定义函数与执行函数指令间的差别。在上述程序中，第一部分定义了函数；第二部分执行（或调用）了函数。当调用某个函数时，一般需要在函数名称后添加一对括号，如下所示：

```
printData()
```

这里，括号的作用可描述为：某些时候，函数需要接收额外的信息以执行具体任务。print 函数则是一个较好的示例，即需要文本内容作为附加信息。毕竟，如果读者未告知输出内容，那么，输出函数的功能将无从谈起。在 print 示例中，括号间定义了具体信息，即输出的文本内容，如下所示：

```
print("Hello, World!")
```

稍后还会看到更多的函数示例及其调用方式。考虑到本书主要讲解游戏编程，下面的内容将转向 iOS 游戏应用程序的编写。

1.5　打造第一款 Swift 游戏

当开启 iOS 游戏编程之旅时，读者需要创建相应的项目。iOS 游戏所包含的内容远远超出了上述文本输出操作，因而应创建一个 Game 项目。该过程较为简单，在 Xcode 中，可访问主菜单并选择 File ➤ New ➤ Project 命令；接下来选择 iOS 类别中找到的 Game 模板。单击 Next 按钮后，可对当前游戏输入适当的名称，例如 BasicGame。再次强调，应确保选取 Swift 作为主开发语言。另外，还应选择 SpriteKit 作为即将使用的游戏引擎。SpriteKit 表示为一个函数和类集合，由 Apple 推出并用于游戏开发。最后，还应选取游戏项目及其源代码所保存的文件夹并单击 Create 按钮。除此之外，读者还可考察本章中的 BasicGame 示例，该项目涵盖了正确的数据格式。

当查看刚刚创建的游戏项目中的相关文件时，将会看到基本的 iOS 游戏比命令行工具应用程序复杂得多。其中，编写代码的主文件是 GameScene.swift；其他文件则用于设置正确的 iOS 游戏环境。在 GameScene.swift 文件中，可编写针对特定游戏的相关代码。注意，下列指令可视作代码中最为重要的部分：

```
import SpriteKit

class GameScene: SKScene {
```

```
override func didMoveToView(view: SKView) {
  /* Setup your scene here */
  let myLabel = SKLabelNode(fontNamed:"Chalkduster")
  myLabel.text = "Hello, World!"
  myLabel.fontSize = 65
  myLabel.position = CGPoint(x:CGRectGetMidX(self.frame),
      y:CGRectGetMidY(self.frame))

  self.addChild(myLabel)
  }
...
}
```

　　下面整体考察上述代码的结构，暂不考虑其中的细节内容。其中，第一行指令 import SpriteKit 通知编译器程序需要使用到源自 SpriteKit 中的函数和类，这与 print 这一类函数应用有所不同——print 函数内建于 Swift 语言自身中。具体而言，与精灵对象（图像）处理相关的函数和类较为特殊，因而需置于独立集合（或称作框架）中。在程序开始处，根据程序的具体需求，读者将会看到一条或多条 import 指令。

　　在框架导入指令后，读者将会看到相关的多个类，这也体现了 Swift 语言面向对象的特征。指令置于方法中，而方法则整合至类中。相应地，didMoveToView 方法中包含了 3 条指令，该方法隶属于 GameScene 类。当定义一个函数或方法时，可使用 func 关键字；而定义类时，则必须使用 class 关键字。程序员利用方法和类实现代码的结构化，从而可方便地理解代码各部分内容，及其与程序其他部分之间的关联方式。在当前示例中，GameScene 类负责整合游戏场景（换而言之，即游戏世界）方面的方法。当游戏显示于设备的屏幕上时，didMoveToView 方法包含了所需执行的指令。

函数还是方法

　　如前所述，过程式编程语言将指令整合至函数/方法中。在面向对象语言中，函数和方法将置于类中。那么，函数和方法之间的差别又是什么？在本书中，仅当函数为类中的部分内容时，方称之为方法。据此，iOS 示例中的 didMoveToView 定义为方法，而 printData（源自前述命令行工具示例）则表示为函数。二者均涵盖了相关指令，但 didMoveToView 隶属于某个类（GameScene 类），printData 则不具备这一条件。

---

　　didMoveToView 方法中的第一行代码（即/* Setup your scene here */）表示为 Xcode 程序所忽略的注释内容。第二行代码则表示为创建标记节点的指令。这里，标记节点表

示可置于屏幕任何地方的文本标记。随后的两条指令将向标记赋予文本和字符尺寸。接下来的指令则将具体位置赋予该标记节点。当定义该位置时，鉴于需要计算屏幕中心位置，因而此条指令相对复杂。当前，读者也可编写相对简单的指令，如下所示：

```
myLabel.position = CGPoint(x:500, y:300)
```

对于屏幕上文本的 x 和 y 位置，读者可尝试使用不同值。需要注意的是，当采用 SpriteKit 框架时，屏幕原点位于左下方，同时跟随设备的当前方向，如图 1.4 所示。

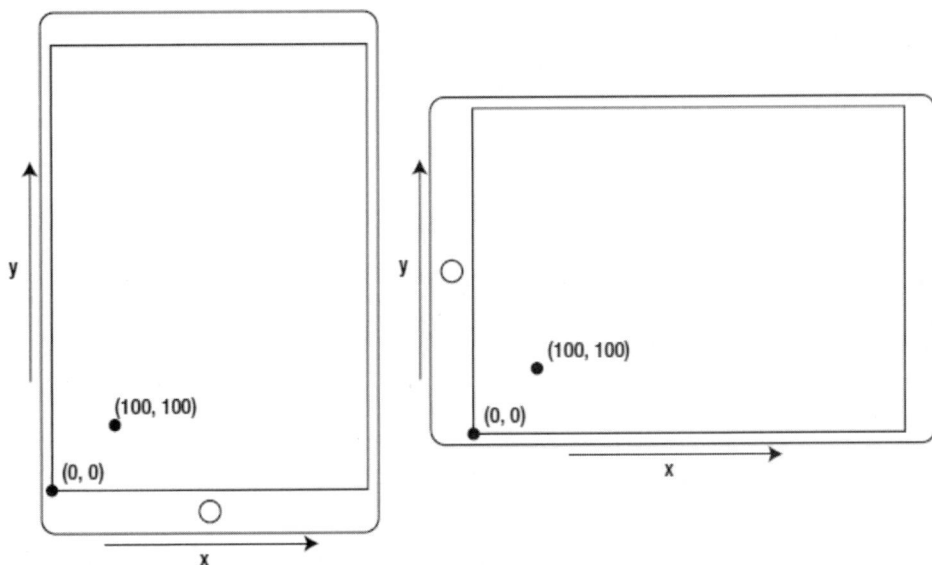

图 1.4　iDevices 的坐标系置于屏幕左下方处的原点位置

此外，当设置诸如文本标记这一类位置时，(500, 300)将位于文本的底部中心位置。

方法中的最后一条指令通知游戏引擎，对应标记应为场景中的部分内容。如果忽略该指令，文本标记将不会被绘制。当运行应用程序时，读者可单击屏幕左上方的 Play 按钮。在该按钮右侧，可选择构建 App 的对应设备。当运行该 App 时，Xcode 将启动一个模拟器程序，并在所选取的设备上显示这一 App 的观感。例如，图 1.5 显示了 iPhone 4s 上的 App。此外，读者也可尝试在不同的平台上运行 App。如果模拟器屏幕过大，可按 Command+1、Command+2 或 Command+3 快捷键以选取其他比例。除此之外，还可在 iOS Simulator 菜单中选择 Window ➤ Scale 命令调整比例。

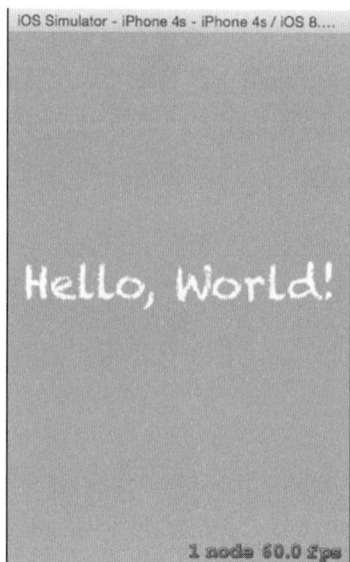

图 1.5　基本的 iOS 游戏应用程序（运行于 iPhone 4s 模式中）

再次强调，读者可尝试修改上述程序。例如，是否可在屏幕上绘制不同的文本？或者改变文本位置，进而查看 x 和 y 值如何在屏幕上生成不同的文本位置。

1.6　观　察　结　果

在上述 iOS 游戏示例中，代码中涵盖了一些读者尚不了解的内容。例如，类名 GameScene 后添加了一个冒号以及 SKScene，这一操作表明，GameScene 类基于现有类 SKScene。需要注意的是，SKScene 中包含了多个方法。相应地，GameScene 复制了此类方法，同时也替换了其中的一个方法，即 didMoveToView 方法。因此，方法定义之前添加了一个关键字 override。第 10 章将对此加以讨论。

目前，读者可能还不了解指令的具体含义，后续章节将对此予以解释。无论如何，与相对简单的命令行工具相比，iOS App 已然包含了大量的代码。另外，读者还可在 Swift 中尝试创建不同类型的应用程序，例如包含窗口、按钮等的 OS X 应用程序。此类应用程序需要另一种方案构建所需的类和方法（具体内容超出了本书的讨论范围）。

除此之外，指令或方法的执行顺序也不再明晰。对于简单的命令行工具，仅存在一条指令，并向控制台输出"Hello, World!"。在执行过程中，程序简单地运行一条指令。

对于包含多条指令、方法和类的程序，指令的执行和顺序将变得不再直观。在前述 iOS 示例中，场景之后涉及了大量内容，以确保在某一点 didMoveToView 被调用。然而，代码自身的查看方式并不清晰。此时，读者可借助于 Apple SpriteKit 文档，以了解 didMoveToView 方法的调用位置，进而将自己的游戏初始化代码置于其中。作为一名游戏开发程序员，可能并不会完全理解游戏应用程序中的全部代码。通常情况下，程序员还会使用到其他开发人员编写的代码，因而应尽量减少其中的错误。此外，建议读者亲自动手并从头开始进行设计。然而，在发展迅猛的游戏行业，这一建议并不可取。这里引用著名作家 Carl Sagan 的一句话作为结束：如果打算从头开始制作一张苹果派，首先必须创建宇宙。

1.7　本　章　小　结

本章主要讨论了以下内容：

- □　计算机的工作方式、处理器的计算能力以及存储数据的内存。
- □　程序设计语言的发展史，包括汇编语言和某些现代程序设计语言，例如 Swift。
- □　如何利用 Swift 语言创建一个简单的应用程序。

第 2 章　游戏编程的基础知识

本章主要讨论游戏编程的基本元素，同时提供了后续章节的基础知识。首先，读者需要了解游戏的基本框架，包括游戏场景和游戏循环，并通过多个示例考察 Swift 中框架的构建方式，例如改变背景颜色这一类简单的应用程序。最后，本章还将利用注释、格式、空行等内容使代码变得更加简洁。

2.1　构建游戏模块

本节主要讨论构建游戏模块，首先是整体介绍游戏场景，随后通过游戏循环对其进行修改，从而在屏幕上执行绘制操作之前更新游戏场景。

2.2　游 戏 场 景

图形场景和虚幻性构成了游戏的娱乐形式。例如，玩家可驾乘青龙摧毁整个太阳系；或者创建某种复杂的文明世界，人们于其中使用某种虚幻的语言。游戏体验过程中的这种虚幻现实特征即所谓的游戏场景。游戏场景可以是某个比较简单的区域，例如俄罗斯方块，也可以是相对复杂的游戏场景，例如侠盗猎车和魔兽世界。

当游戏运行于计算机或智能手机上时，设备负责维护游戏场景的内部表达。该表达与游戏体验过程中屏幕上所显示的内容并不一致，例如对象位置的描述、敌方角色从玩家获取的生命值、玩家的库存量，等等。此外，程序知晓如何创建可视化的场景表达结果，并将其显示于屏幕上；否则，计算机游戏体验过程将变得十分枯燥。当然，玩家完全无法看到游戏场景的内部表达，但游戏开发者则不然。当开发一款游戏作品时，需要在内部设计游戏场景的表达方式，这也体现了游戏编程的部分乐趣：全部世界均由你来控制。

另一个值得关注的地方在于，类似于真实世界，游戏场景一直处于变化中。例如，怪兽移至不同位置处，天气的变化，车辆缺少足够的燃料，敌方角色被击毙，等等。进一步讲，玩家实际上在对游戏场景的变化方式产生影响。因此，仅仅在计算机内存中存储游戏场景是不够的。另外，游戏也需要持续记录玩家的行为并更新当前表达结果。除此之外，游戏还需要向玩家显示当前场景世界，也就是说，将其显示于计算机的监视器上、TV 设备上或者智能手机屏幕上。处理这类问题的全部过程称作游戏循环。

2.2.1　游戏循环

　　游戏循环负责处理游戏的动态内容，当游戏运行时将会产生大量的操作行为。例如，玩家按下手柄上的按钮，或者触摸设备显示屏，同时会持续改变游戏场景。期间，场景中包含了需同步更新的关卡、怪兽角色以及人物角色。此外，游戏场景中还包含了某些特效，例如爆炸、声音等。全部经由游戏循环处理的不同任务可划分为两类：

- ❑　与更新和维护游戏场景相关的任务。
- ❑　与向玩家显示游戏场景相关的任务。

　　游戏循环持续逐一执行上述任务，如图 2.1 所示。作为示例，下面考察如何在简单的游戏中处理此类用户导航问题，例如 Pac-Man。其中，游戏场景由迷宫构成，且幽灵角色于其中游动。Pac-Man 位于迷宫中的某处，并以既定方向移动。在第一项任务中（即更新和维护游戏场景），需要检测玩家是否按下操控键。若是，则需要根据玩家所驱使的 Pac-Man 的移动方向更新 Pac-Man 的位置。另外，根据当前运动行为，Pac-Man 可能会吞噬掉白色点状图案并增加分值。对此，还应检测是否为关卡中最后一个白色点状图案，这意味着玩家将结束当前关卡。而对于较大的白色斑点，幽灵角色将被渲染为暂停状态。随后，需要更新游戏场景的其余部分。这里，幽灵角色的位置需要更新，同时需要确定是否应在某处显示水果作为奖励值。同时，还需检测 Pac-Man 是否与幽灵角色产生碰撞（如果幽灵角色处于活动状态），等等。不难发现，即使在诸如 Pac-Man 这一类简单游戏中，第一项任务也涉及了大量的工作。此后，与更新和维护场景世界相关的任务集将称作更新操作。

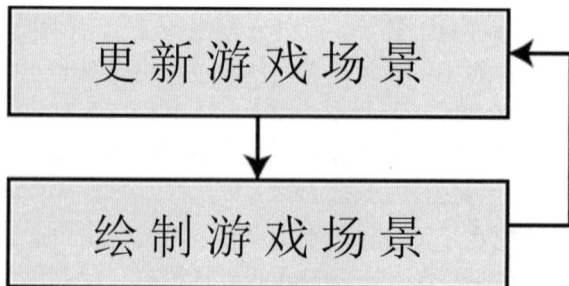

图 2.1　游戏循环，负责持续更新、绘制游戏场景

第二项任务集则与游戏场景的显示有关。在 Pac-Man 游戏示例中，包括绘制迷宫、幽灵角色、Pac-Man，以及玩家需要了解的较为重要的游戏信息，例如分值、生命值等。这一类信息可以显示在屏幕的不同位置，例如屏幕的上方或底部。这一部分显示信息也称作头部显示（HUD）。3D 游戏包含了大量复杂的绘制任务集，此类游戏需要处理光照、阴影、反射、剪裁以及视觉效果（如爆炸效果）等内容。因此，处理与游戏场景显示任务相关的游戏循环部分则称作绘制操作。

2.2.2　Swift 中的游戏循环

第 1 章曾讨论了如何创建简单的 Swift iOS 游戏应用程序。在该程序中，指令整合至方法中，后者作为类中的部分内容，如下所示：

```
class GameScene: SKScene {
 override func didMoveToView(view: SKView) {
   /* Setup your scene here */
   let myLabel = SKLabelNode(fontNamed:"Chalkduster")
   myLabel.text = "Hello, World!"
   myLabel.fontSize = 65
   myLabel.position = CGPoint(x:CGRectGetMidX(self.frame),
   y:CGRectGetMidY(self.frame))

   self.addChild(myLabel)
 }
 ...
}
```

基本上，didMoveToView 方法只负责完成一项工作：创建游戏场景。这里，游戏场景仅包含了一个文本标记，因而较为简单。那么，游戏循环如何在该示例中发挥作用？实际上，游戏循环的绘制部分由 SpriteKit 引擎负责处理。didMoveToView 方法的最后一行代码确保 SpriteKit 引擎中的绘制代码了解需要绘制文本标记。如果希望构建更为复杂的游戏场景，可向 didMoveToView 中添加更多的指令，并以此创建游戏场景中的对象。因此，创建和绘制场景完全具有可行性。但是，如何改变游戏场景，这也是更新操作的职责所在。下面考察下列示例程序（也可参考本章中的 BackgroundColor 项目）：

```
import SpriteKit

class GameScene: SKScene {

  override func didMoveToView(view: SKView) {
    let myLabel = SKLabelNode(fontNamed:"Chalkduster")
    myLabel.text = "Hello, World!"
    myLabel.fontSize = 65
    myLabel.position = CGPoint(x:CGRectGetMidX(self.frame),
    y:CGRectGetMidY(self.frame))
    addChild(myLabel)
  }

  override func update(currentTime: NSTimeInterval) {
  backgroundColor = UIColor.blueColor()
  }
}
```

不难发现，与上一示例相比，该程序的主要差别在于：GameScene 类中定义了两个方法，即 didMoveToView 方法和 update 方法。其中，后者作为游戏循环的一部分被执行。由于 GameScene 类表示为 SKScene 类的特定版本，因而本书所使用的 SpriteKit 框架已经涵盖了游戏循环的创建和 update 方法调用。在当前示例中，update 方法中包含了一条指令，如下所示：

```
backgroundColor = UIColor.blueColor()
```

该指令将 App 的背景颜色修改为蓝色。运行本章的 BackgroundColor 示例程序，可查看该程序的执行结果。此外，还可将背景颜色修改为其他颜色，例如红色和黄色。读者可对此进行尝试。

当运行上述程序时，update 方法每秒将被调用多次，但这一点用户往往难以看到。对此，可在 update 方法中加入下列指令：

```
print(currentTime)
```

当运行程序时，控制台中将会显示缓慢增长的数字，该数字表示为当前的系统时间，并以设备最近一次重启后流逝的秒数计算。每次 update 被调用时，系统时间将被输出至控制台中。

如果希望了解 update 方法每秒被调用的频率，可双击 GameViewController.swift 文件，向 viewWillLayoutSubviews 方法添加下列指令：

```
skView.showsFPS = true
```

当运行程序时，对应数字将会输出至屏幕上，该数字也称作帧速率，表示游戏场景每秒在屏幕上的更新和绘制次数。为了顺畅地体验游戏，游戏场景需要持续地被更新和绘制，这一操作行为通常以较高的速度运行。一些 Apple 设备，例如 iPad 或 iPhone，可通过高达每秒 60 帧（或 60 赫兹）处理帧速率——考虑到设备屏幕的刷新率为 60 赫兹，因而一般不会超出该值。相应地，如果 update 方法中的计算较为耗时，帧速率则有可能下降。第 6 章将讨论这一问题，并提供了相关解决方案，以确保游戏可在早期和近期的 Apple 设备上运行。

本书提供了多种不同方法，并利用游戏中所需执行的任务定义 update 方法。在该处理过程中，还将引入大量的、针对游戏（以及其他应用程序）的有效编程技术。下面将详细介绍基本的游戏应用程序；随后，读者可利用相关指令完善基本的游戏框架。

2.3 程序的结构

本节主要探讨程序的结构。早期，大多数应用程序仅将文本内容输出至屏幕上，而不涉及任何图像方面的内容。这一类基于文本的应用程序称作控制台应用程序。除了向屏幕输出文本之外，此类程序还将读取源自用户键盘输入的文本消息。因此，与用户之间的通信方式是以问答序列完成的。例如，"Do you want to format the hard drive (Y/N)? Are you sure (Y/N)?"等。在 Windows 操作系统出现之前，基于文本的界面对于文本编辑程序、电子制表软件、数学应用程序，甚至是游戏均十分常见。此类游戏称作基于文本的冒险类游戏，并通过文本形式描述游戏场景。随后，玩家输入命令并与游戏场景进行交互，例如向西行走、拾取火柴或者是 Xyzzy 等。Zork 和 Adventure 则是这一类早期游戏的示例作品。尽管看起来较为过时，但依然存在一定的可玩性。

Swift 也可实现上述控制台游戏，但本书主要讨论基于图像的现代游戏程序设计。

2.3.1 应用程序类型

控制台应用仅是应用程序的一种类型，其他常见类型还包括 Windows 应用程序。这一类应用程序包含了窗口、按钮以及其他图形用户界面（GUI）组件。Windows 应用程序可视作事件驱动类型，即响应于单击按钮或选择菜单项等事件。

App 也是另一种应用程序类型，通常运行于移动手机或平板电脑上。在此类应用程序中，屏幕空间通常十分有限，但却体现了一种全新的交互方式，例如可通过 GPS 搜索设备位置，利用传感器检测设备方向，一般均配备了触摸屏。

当开发应用程序时，编写可运行于不同平台的程序往往具有一定的挑战性。另外，Windows 应用程序的创建过程也有别于 App。同时，在不同应用程序类型之间复用代码也较为困难。因此，基于 Web 的应用程序变得较为流行。其中，应用程序存储于服务器上，而用户可在 Web 浏览器上运行程序。此类应用程序包括基于 Web 的电子邮件程序，或者是社交网络站点。然而，完全基于 Web 的应用程序往往会降低代码的执行速度，而原生 App 在这一方面则表现较好。进一步讲，相比于 Web 应用程序，App 则更容易获取经济方面的收益。一旦创建了自己的游戏 App，即可方便地将其发布至 App Store 中。在阅读完本书后，读者将具备构建游戏 App 的能力。

注意：

某些程序并不具备明显的类型特征。例如，一些 Windows 应用程序可能会包含控制台组件，如游戏引擎中的脚本界面。另外，游戏中一般会包含一个窗口组件，如道具界面配置菜单等。实际上，当今程序间的界线不再明显。对于连接数千用户的多玩家游戏，用户可在平板电脑上运行 App，或者在计算机设备上运行应用程序，而此类程序将与同步运行于众多服务器上的复杂程序进行通信。那么，此类程序由何构成？程序又将如何分类？

2.3.2　函数

在命令式程序中，指令执行程序中的实际工作，并逐一执行。这将改变内存空间中的内容和/或屏幕上的显示结果，因而用户能够观察到程序在执行某项任务。在 BackgroundColor 程序中，程序中的各行代码不一定全是指令。例如，下列代码行仅表示函数定义的起始部分。

```
override func didMoveToView(view: SKView) {
```

而 print(currentTime)则表示为指令，进而向控制台输出当前系统时间。由于 Swift 是一种过程式语言，因而指令可整合至函数或方法中。当然，Swift 并未强制指令一定是函数或方法中的部分内容，如下所示：

```
import SpriteKit

class GameScene: SKScene {

  let myLabel = SKLabelNode(text:"Hello, World!")

  override func didMoveToView(view: SKView) {
    myLabel.position = CGPoint(x: 100, y: 100)
    addChild(myLabel)
  }
  override func update(currentTime: NSTimeInterval) {
  backgroundColor = UIColor.blueColor()
  }
}
```

通过观察可知，一条指令被移出 didMoveToView 方法，并置于类中。尽管这种情况并不会频繁出现，但该操作将被允许。后续内容还将对此加以详细讨论。

函数和方法非常有用，并可防止代码复制——指令仅位于一处，通过调用名称，程序员即可方便地执行这些指令。对此，将指令置入某个函数中可采用"{ }"完成。这一类指令块整合在一起后称作函数体；函数体上面则是函数头。函数头示例如下所示：

```
func printData()
```

函数头包含了函数名称（此处为 printData）。作为一名程序员，可选取任意名称对函数进行命名。某些时候，函数名已选取完毕，考察下列函数头：

```
override func update(currentTime: NSTimeInterval)
```

由于该方法替换了定义于 SKScene 中的原始方法（方法头之前添加了关键字override），因而不可将当前名称（update）修改为其他名称。对于 SKScene 中的游戏场景更新操作，鉴于未执行标准操作（也就是说，未执行任何操作），而是执行其他任务，因而需替换原函数。换而言之，此处希望调整背景色。

函数或方法名通常位于关键字 func 之后，随后是一对括号。这向函数内部执行的指令提供了相关信息。例如，在 update 函数头中，可看到括号间的 currentTime:

NSTimeInterval 信息,这意味着,update 函数需要使用到当前系统时间。当计算游戏对象的速度时,该信息十分有用,因而需要了解所经历的时间值。

2.3.3　语法示意图

如果对语言的规则缺乏了解,那么,一种语言(例如 Swift)的程序设计将变得十分困难。本书采用所谓的语法示意图解释语言的结构方式。这里,编程语言的语法是指定义有效程序的格式规则(换而言之,编译器或解释器可读取的程序)。相比较而言,程序的语义是指其实际含义。为了展示二者间的差异,考察下列句子: all your base are belong to us。从语义角度上看,这句话缺乏一定的有效性(英文解释器将对此报错)。然而,该句话的含义大家也基本理解:显然,基地在一群说着蹩脚英语的外星人面前即将失守。

注意:

"all your base are belong to us"这句话源自视频游戏 Zero Wing(1991,Sega Mega Drive)中的过场动画,经蹩脚的翻译后即变为如此。

编译器可对程序语法进行检测:任何不符合相关规则的程序均被弃用。然而,编译器无法检查程序的语义是否与程序员的真实意图相符。因此,如果某个程序语法正确,但并不能保证语义正确。但若语义包含错误,则程序将无法运行。语法示意图可提供编程语言(例如 Swift)的可视化规则。例如,图 2.2 显示了简化的语法示意图,并展示了 Swift 中函数的定义方式。

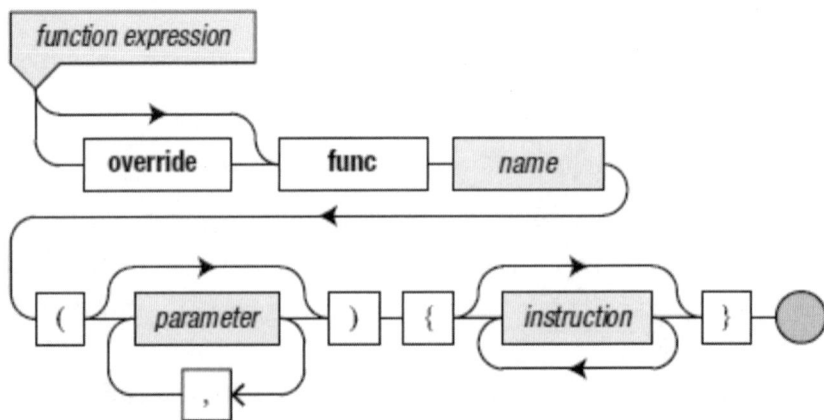

图 2.2　函数表达的语法示意图

在示意图中，可从上方位置处（即函数表达）开始，随后可遵循箭头移动，从而使用语法示意图构建 Swift 代码。当到达灰色圆圈处时，即结束代码段。此处可清晰地看到，函数定义始于 func 关键字，之前可选用 override 关键字，随后则是函数名。接下来，需要添加一对括号。在括号间，可添加任意数量的参数（可选），并以逗号分隔。随后，由于到达了灰色圆圈，因而流程结束。根据 Swift 语言的语法规则，本书采用语法示意图显示代码的构建方式。

2.3.4　函数调用

当执行 print("Hello, World!")这一类指令时，即调用了 print 函数。也就是说，需要持续执行 print 函数中的指令，该指令集将文本输出至控制台上。由于需要了解面向控制台的输出内容，因而该函数还需要一些附加信息。对此，参数提供了相应的附加信息（此处为单一参数）。另外，如语法示意图所示，函数也可包含多个参数。当函数被调用时，通常需要添加括号，必要时，括号间可添加参数。

另外，是否有必要了解 print 函数中的指令进而使用该函数？答案是无此必要，这也是函数中指令分组这一形式的优点所在。读者（或其他程序员）无须了解内部实现过程即可使用该函数。通过将指令整合至函数中，可编写可复用的程序段以供不同环境使用。print 函数即是一例，可用于各种应用程序中。在使用过程中，读者不必了解该函数的工作方式。唯一需要确定的事情是，当调用该函数时，需要以参数形式提供文本内容。

2.4　程　序　格　式

本节处理程序源代码的格式问题。首先，读者可尝试向代码中添加清晰的注释内容；随后将学习如何编写简洁的代码，即使用单行或多行代码、空行以及缩进格式。

2.4.1　注释

对于程序阅读者来说（包括其他程序员或者程序编写者本人。历经一段时间后，程序员有可能忘记程序工作方式的一些细节内容），向程序添加清晰的注释十分有用。此类注释将被编译器忽略，但却可提升程序的可读性。在 Swift 中，存在两种代码注释方式，如下所示。

   ❑　/*和*/之间的部分将被忽略（可包含多行注释）。

   ❑　//和该行结束之间的内容将被忽略。

代码中的注释十分有用，并可解释指令、参数的含义以及整个类。当采用注释时，可使代码内容更加清晰。当然，这里假定代码阅读者已了解 Swift 这门语言。下列代码中添加了相关注释内容。

```
// Write the current system time to the console
print(currentTime)
```

相比较而言，下列代码对于指令的含义则缺乏清晰度：

```
/* Pass the currentTime value to the print function and execute that function
*/
print(currentTime)
```

当测试程序时，还可通过注释暂时移除程序中的指令。需要注意的是，在完成程序后，不要忘记删除代码中被注释掉的部分——当其他程序员阅读代码时，这将造成混淆。

2.4.2　指令和多行代码

在文本文件中，Swift 程序代码文本的分配并无严格限制。通常情况下，每条指令可独占一行。另外，通过分号分隔还可在一行中编写多条指令。

某些时候，为了使叙述更加清晰，程序员可在一行中编写多条指令。除此之外，较长的单一指令（包含函数/方法调用以及诸多不同的参数）也可跨越多行，稍后将会看到这一方面的内容。考察下列代码示例：

```
let myLabel = SKLabelNode(fontNamed:"Chalkduster")
myLabel.text = "Hello, World!"; myLabel.fontSize = 65
myLabel.position = CGPoint(x:CGRectGetMidX(self.frame),
y:CGRectGetMidY(self.frame))
```

其中，第二行代码包含了两条指令，分别用于修改标记上的文本以及调整字体尺寸。在该示例中，在单一行中编写两条指令并无不妥。但是，仍需避免在一行中出现过多的指令，这将影响程序的可读性，如下所示：

```
let myLabel = SKLabelNode(fontNamed:"Chalkduster"); myLabel.text = "Hello,
World!";myLabel.fontSize = 65; myLabel.position =
```

```
CGPoint(x:CGRectGetMidX(self.frame), y:CGRectGetMidY(self.frame))
```

2.4.3　空行、空格和缩进格式

通过观察可知，BackgroundColor 示例中采用了大量的空行以及空格，涉及各个方法、表达式左右两侧的等号。对于程序员来讲，这可使代码变得更加清晰。对于编译器，空行、空格不包含任何含义。这里，需要注意两个单词之间的空格。例如，不可将 func update() 写作 funcupdate()。类似地，也不可在某个单词中间添加额外的空格。当然，在正常理解的文本中，空格也是其字面含义，例如：

```
print("blue")
```

和

```
print("b l u e")
```

除此之外，其他各处均可添加空格，如下所示：

❑　逗号和分号之后（不允许在其之前添加）。

❑　等号的左、右两侧：

```
backgroundColor = UIColor.blueColor()
```

❑　各行的开始处。因此，相对于包含代码体的括号，方法和类的主体可采用缩进格式（通常是 4 个空格）。

需要注意的是，一旦开始编辑代码，Xcode 会自动提供代码格式体，例如正确的代码缩进，并将括号置于代码中的正确位置。

2.5　本 章 小 结

本章主要涉及以下内容：

❑　游戏的框架由游戏循环和该循环所作用的游戏场景构成。

❑　如何构建游戏程序，其中涵盖了多个方法用于初始化和更新游戏场景。

❑　Swift 程序中基本的格式规则，包括如何在代码中添加注释，空行和空格的设置位置，从而使代码更具可读性。

第 3 章　创建游戏场景

本章讨论如何构建游戏场景，并将信息存储于内存空间中。其中涉及基本的类型和变量，以及存储或修改信息的方式。随后，还将介绍如何将复杂信息存储于对象中，此类对象由成员变量和方法构成。

3.1　基本类型和变量

第 2 章曾多次谈到了内存问题，同时还介绍了如何执行 backgroundColor = UIColor.blueColor()这一类简单指令，并将 App 屏幕背景颜色设置为某个特定值。在本章示例中，将利用内存临时存储信息，并记录一些简单计算的结果值。

3.1.1　类型

类型，或称数据类型，体现了不同类型的结构化信息。前述示例使用了不同类型的信息，并作为参数传递至函数中。例如，函数 print 需要使用到文本内容；BasicGame 示例中的 update 方法则需要用到当前的系统时间；printData 函数（参见第 1 章）并不包含任何参数信息，即可执行相关任务。对此，编译器可分辨不同的信息类型；某些时候，甚至可转换不同类型的信息。例如，考察下列 Swift 指令：

```
print(currentTime)
```

print 函数需要使用到文本参数，但此处提供了以秒计数的时间值，也就是说，设置了一个数字值而非文本。对此，Swift 编译器可自动将该数字转换为可输出的文本内容。但总体而言，Swift 仍是一种较为严格的语言，通常并不允许不同信息类型间的自动转换。大多数时候，需要显式地通知编译器，以执行类型间的转换。这种类型转换也称作转型。

对于类型转换，为何要设置如此严格的规则？首先，在函数或方法中明晰参数类型有助于其他程序员方便理解函数的使用方式。作为示例，考察下列函数头：

```
func playAudio(audioFileId)
```

仅查看函数头,尚无法保证 audioFileId 接收数字或文本内容。因此,在 Swift 语言中,需要指定所期望的参数类型,如下所示:

```
func playAudio(audioFileId: Int)
```

在上述函数头中,不仅定义了名称,同时还包含与其对应的类型,即 Int 类型,在 Swift 中表示为整数。

3.1.2　变量的声明和赋值

在 Swift 中,可方便地存储信息以供后续操作使用。对此,需要提供一个名称,并在应用对应信息时加以使用,该名称称作变量。这里,变量通过名称置于内存中。当需要在程序中使用变量时,需要在实际应用前对其进行声明。变量的声明方式如下所示:

```
var red: Int
```

其中,关键字 var 表示当前正在声明一个变量,该变量的名称表示为 red。最终,冒号后的 Int 表示该变量存储整数。在变量声明完毕后,即可在程序中对其加以使用,并在必要时存储信息或访问数据。

在 Swift 中,可一次性地声明多个变量。例如:

```
var red: Int, green: Int, fridge: Int, grandMa: Int, applePie: Int
```

此处声明了 5 个不同的变量,并可在程序中加以使用。当声明这些变量时,此类变量包含了任意值。注意,Swift 不允许在变量声明后直接对其进行访问——首先需要对变量进行初始化,并将数值赋予其中。通过赋值指令,可实现变量的赋值操作。例如,变量 red 的赋值行为如下所示:

```
red = 3
```

相应地,赋值指令包含下列内容:
- ❑　行将赋值的变量名。
- ❑　符号"="。
- ❑　变量的新值。

不难发现,中间的等号表示赋值指令。然而,在 Swift 中,较好的方法是将该符号视为"变为"而不是"等于"。毕竟,变量并不是"等于"赋值符号右侧的数值,而是在指令执行后"变为"该值。图 3.1 所示的语法示意图显示了赋值指令。

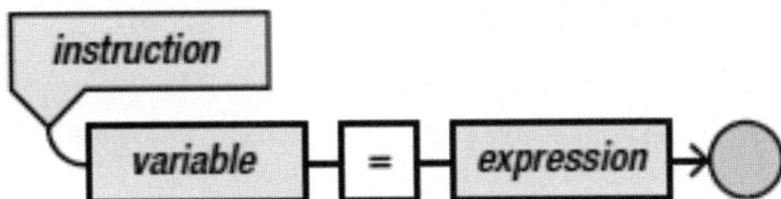

图 3.1　赋值指令的语法示意图

当前，一条指令用于声明变量，而另一条指令则用于存储值。当对变量声明后，即知晓数值存储于哪一个变量中。此外，还可将变量的声明和首次赋值结合在一起，如下所示：

```
var red: Int = 3
```

当执行该指令时，内存包含数值 3，如图 3.2 所示。

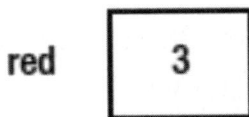

图 3.2　变量声明和赋值后的内存状态

当利用变量初始化整合声明操作时，无须提供信息类型——具体类型可从所赋数值处了解到。因此，下列指令

```
var x = 12
```

等同于

```
var x: Int = 12
```

变量类型的自动定义过程（通过查看变量的赋值）称作类型推断。一旦变量类型确定（显式或通过推断方式），即不可被更改。某些语言（例如 JavaScript）则支持变量类型的修改。与 Swift 不同，这类语言称作松散类型语言。另外，Swift 还支持常量的声明和初始化操作。常量对于定义重力（通常保持不变，除非游戏设置于不同的星球）、游戏包含的固定数量的关卡或者数学常量（例如 pi）十分有用。对此，可利用 let 替换 var 并声明常量，如下所示：

```
let numberOfLevels = 50
```

或者通过显式类型加以指定，如下所示：

```
let numberOfLevels: Int = 50
```

下列示例显示了数值变量的声明和赋值操作。

```
let age = 16
var numberOfBananas: Int
numberOfBananas = 2
var a: Int, b: Int
a = 4
var c = 4, d = 15, e = -3
c = d
numberOfBananas = age + 12
```

在第 4 行代码中，一行中声明了多个变量；甚至还可在一行中执行多项声明、赋值操作，如第 6 行代码所示。在赋值操作符右侧，可赋值其他变量或数学表达式。在最后两行代码中，指令c=d使得存储于 d 中的值也存储于变量 c 中。由于变量 d 包含了值 15，在该指令执行完毕后，变量 c 也将包含值 15。最后一条指令将获取存储于变量 age 中的数值（16），并与数值 12 执行加法运算，将结果存储于 numberOfBananas 变量中（当前结果值为 28）。总而言之，在执行了上述指令后，内存空间如图 3.3 所示。

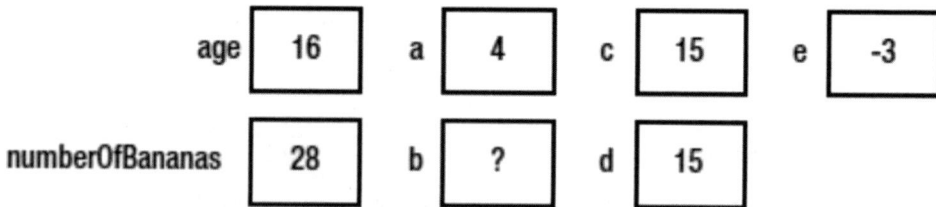

图 3.3　多个变量的声明和赋值后的内存状态。其中，变量 b 包含了任意值

图 3.4 显示了变量的声明语法（包含可选的初始化操作），图 3.5 为常量声明的语法示意图。需要注意的是，两幅图之间仅存在两处差别，即所用的关键字，以及变量/常量的可选或强制型初始化操作。

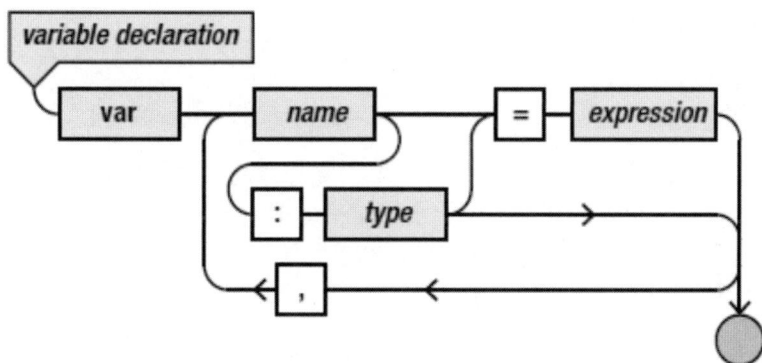

图 3.4　基于可选初始化操作的变量声明语法示意图

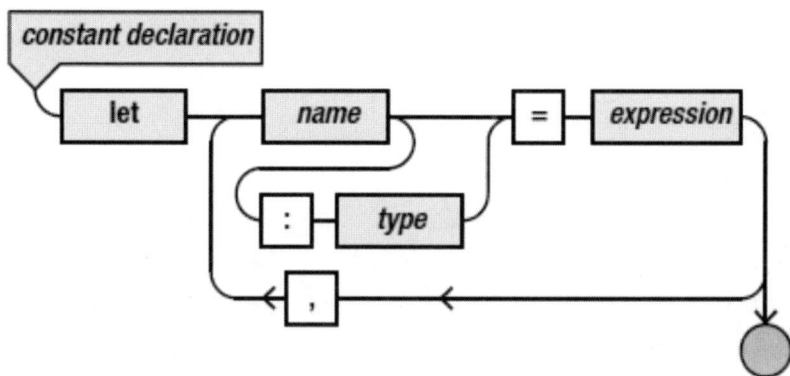

图 3.5　常量声明和初始化示意图

3.1.3　指令和表达式

当查看语法示意图中的元素时，可能会注意到，赋值操作符右侧的值或程序段称作表达式。那么，表达式和指令间的差别是什么？指令将通过某种方式改变内存，而表达式则包含一个值。指令的例子包括方法调用和赋值操作。其中，指令通常会使用到表达式。表达式的相关示例如下所示：

```
16
numberOfBananas
2
a + 4
```

```
numberOfBananas + 12 - a
-3
"Hello, World!"
```

上述表达式均表示为一个特定类型的数值。除了最后一行代码之外，全部表达式均为数值。这里，最后一个表达式表示为一个字符串（或字符）。除了数字和字符串之外，还存在其他类型的表达式，例如使用运算符的表达式。

3.2　运算符和复杂表达式

本节主要介绍 Swift 中不同的运算符，进而了解计算的执行顺序。

3.2.1　运算符

在数值表达式中，可使用下列运算符：+、-、*、/、%。

其中，乘法运算使用了星号，而计算机键盘中一般未配置正规的数学符号（·和×）；而像数学计算那样完全省略乘法运算符（例如公式 $f(x)=3x$）在 Swift 中一般不可行——这将引起由多个字符构成的变量间的混淆。

余数运算符%将生成除法余数。例如，14%3 的计算结果为 2，456%10 的计算结果为6。对应的结果值位于 0 和%右侧数值之间。

3.2.2　运算符的优先级

当多个运算符用于某个表达式中时，运算符之间存在相应的优先级：乘法的优先级高于加法运算。据此，表达式 1+2*3 的计算结果为 7，而非 9；而加法和减法则具有相同的优先级；乘法和除法也具有相同的优先级。

如果表达式中包含了多个具有相同优先级的运算符，该表达式将自左至右进行计算。因此，10 - 5 - 2 的计算结果为 3，而非 7。如果想摆脱优先级规则的困扰，可使用括号。例如，(1+2)*3 和 3+(6 - 5)。在实际操作过程中，此类表达式也会包含变量；否则，读者需要亲自计算结果（9 和 4）。

此外，还可使用多个括号。例如，对于 1+(2*3)，如果愿意的话，可写成((1)+(((2)*3)))。

当然，此时局面已接近疯狂，程序的可阅读性也大大降低。

总而言之，表达式可以表示为一个常量值（例如 12）、一个变量、括号中的另一个表达式，或者是表达式-运算符-表达式这一形式。图 3.6 显示了表达式的部分语法示意图。

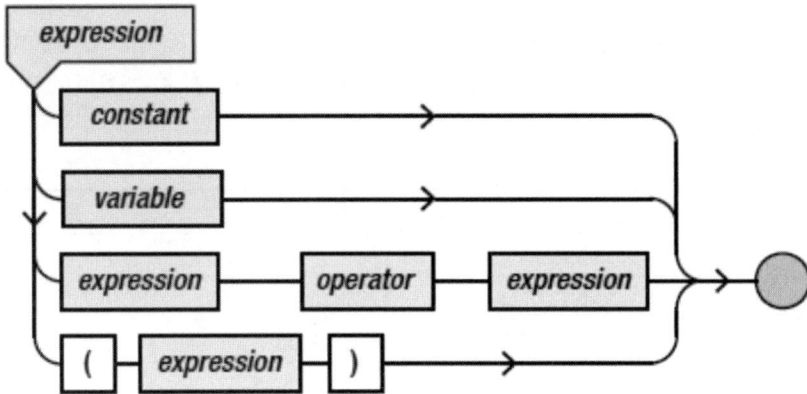

图 3.6　表达式的部分语法示意图

3.3　其他数值类型

除了整数之外，Swift 还支持其他数字类型。例如，Swift 包含 Double 类型。该类型的变量可表示小数值。先作下列声明：

```
var d: Double
```

变量即可执行赋值操作，如下所示：

```
d = 2.18
```

另外，Double 类型变量还可赋予整数值，如下所示：

```
d = 10
```

对此，编译器自动在小数点后置 0。除了 Int 类型之外，Double 变量的除法运算会产生较小的舍入误差，如下所示：

```
d = d / 3
```

此时，变量 d 的计算结果为 3.33333333。

除了 Int 和 Double 类型之外，Swift 中还存在其他 10 种数字类型，其中 8 种用于整数，其差别在于字节所表达的数值范围。一些类型支持较大的数值范围，但负面影响是占用更多的内存空间。对于智能手机平台上的游戏开发而言，内存空间一般较为紧张。因此，当存储数字时，应事先考察适宜的数据类型。例如，当存储关卡索引时，不应使用 Double 类型——关卡索引表示为整数。此时，可选择正整数。此外，某些类型可包含整数和负数，而一些类型仅可包含整数。表 3.1 显示了 Swift 中各种整数类型的整体概况。

表 3.1　Swift 整数类型概况

类　　型	内　存　空　间	最　小　值	最　大　值
Int8	8 位/1 字节	− 128	127
Int16	16 位/2 字节	− 32768	32767
Int32	32 位/4 字节	− 2147483648	2147483647
Int64	64 位/8 字节	− 9223372036854775808	9223372036854775807
UInt8	8 位/1 字节	0	255
UInt16	16 位/2 字节	0	65535
UInt32	32 位/4 字节	0	4294967295
UInt64	64 位/8 字节	0	18446744073709551615

如果读者打算使用较大的数值或较小的负值，则使用 Int64。如果数值范围有限，则可尝试使用 Int8。总体而言，如果需要大量使用此类变量（数千，甚至是数百万），那么内存空间的节省与数据类型的选取紧密相关。相应地，每种整数类型均包含对应的无符号版本，对应的名称以 U 开始。其中，无符号整数仅包含大于或等于 0 的数值。最后，Int 在 32 位平台上包含 32 位，而在 64 位平台上则包含了 64 位。

对于实数，存在 3 种不同类型，不仅是可存储的最大值有所差异，小数点后的精度也有所不同。对于之前谈到的 Double 类型，至少包含 15 位精度；而 Float 类型的精度仅为 6 个小数位，但其内存空间的占用量仅为 Double 类型的一半。最后，还存在一种高精度数据类型，即 Float80，可处理高达 19 位的精度。

需要注意的是，每种类型均包含自身的目标应用。例如，Float80 类型对于游戏而言十分适用，其中需要使用到高精度的物理计算。Double 类型则适用于大多数数学运算；如果精度不是那么至关重要，则可使用 Float 类型，并节省一定的内存空间。

当在不同类型的表达式之间转换时，该操作称作类型转换。对此，可将希望转换的类型添加至表达式前，并针对该表达式添加括号。例如，下列代码将 Double 转换为 Float。

```
let pi: Double = 3.141592653589793
var smallPi: Float = Float(pi) // contains the value 3.1415927
```

不难发现，在将 Double 转换为 Float 类型后，精度将丢失。因此，当需要在不同类间进行转换时，需要显式地通知编译器。若希望将 Float 转换为 Double，将不会丢失精度，但仍需要显式地标明，希望编译器转换对应值，如下所示：

```
var myDouble: Double = 12.34
var myFloat: Float = 56.78
var anotherDouble: Double = myFloat // error

var yetAnotherDouble: Double = Double(myFloat) // OK
var anotherFloat: Float = myDouble // error
var yetAnotherFloat: Float = Float(myDouble) // OK
```

3.4　DiscoWorld 游戏

前述内容曾讨论了不同的变量类型及其声明和赋值方式，同时展示了相关示例，例如 Int 和 Double。随后介绍了数字类型——Swift 中包含了多种数字类型。例如，NSTimeInterval 也是一种数据类型，用于表示时间间隔（以秒计）。这将用于游戏循环的更新部分，进而确定所流逝的时间值。据此，通过这一类信息可修改游戏对象的位置或执行其他操作。

如前所述，update 方法如下所示：

```
override func update(currentTime: NSTimeInterval) {
    backgroundColor = UIColor.blueColor()
}
```

通过观察可知，update 方法定义了一个名为 currentTime 的参数，其中包含了当前系统时间。在方法体内部，可像变量那样使用 currentTime。currentTime 变量的类型表示为 NSTimeInterval，实际上是 Double 类型的类型别名。也就是说，可利用 currentTime 执行计算任务，并将计算结果存储于另一个变量中，如下所示：

```
var time: Double = currentTime % 1
```

表达式 currentTime % 1 的结果表示为一个 0～1 的数字，即 currentTime 除以 1 的余数。例如，如果 currentTime 为 512.34，那么，currentTime / 1 = 512，余数为 currentTime % 1 = 0.34。

下面利用变量 time 动态地调整背景颜色。在前述示例中，对应代码如下所示：

```
backgroundColor = UIColor.blueColor()
```

在上述指令中，数值被赋予 backgroundColor 中，该值包含一个 UIColor 类型。这里，UIColor 是 UIKit 框架提供的一种新类型，并包含于 SpriteKit 框架中。对此，可通过多种方式实现该类型数值的创建工作。blueColor 方法隶属于 UIColor，用于生成颜色值。另外，读者还可提供 0～1 的颜色值，进而亲自创建颜色值，如下所示。

```
backgroundColor = UIColor(red: 0, green: 0, blue: 1, alpha: 1)
```

当通过上述方式构建 UIColor 变量时，需要提供 4 个不同值，即红、绿、蓝、alpha。其中，红、绿、蓝定义了当前颜色，alpha 用于确定透明度。当前示例将生成蓝色结果，其他颜色的示例代码如下所示：

```
var greenColor:UIColor = UIColor(red: 0, green: 1, blue: 0, alpha:1)
var redColor:UIColor = UIColor(red: 1, green: 0, blue: 0, alpha: 1)
var grayColor:UIColor = UIColor(red:0.7,green:0.7,blue:0.7, alpha:1)
var whiteColor:UIColor = UIColor(red:1, green:1, blue:1, alpha:1)
```

其中，颜色强度值范围为 0～1。这里，1 表示为最高颜色强度。若将 red 值设置为 1，其他两个值设置为 0，将生成红色结果。当把所有强度值均设定为 1 时，结果则表示为白色。类似地，若全部值设置为 0，则生成黑色结果。当采用 RGB 值时，可以生成较大范围的颜色。

在 DiscoWorld 示例中，可通过流逝的游戏时间改变颜色。位于 0～1 的时间值已经存储于某个变量中，如下所示：

```
var time: Double = currentTime % 1
```

当前可使用该变量调整背景颜色，如下所示：

```
backgroundColor=UIColor(red:CGFloat(time), green:0,blue:0,alpha: 1)
```

当创建了 UIColor 值后，类型参数应为 CGFloat。CGFloat 类型主要应用于图形应用程序（该类型中的 CG 是 Core Graphics 的首字母缩写）。Apple 中与图形相关的所有类和库均使用该类型，包括 UIColor。如果 App 针对 64 位平台进行编译，CGFloat 则表示为 Double 的别名。对于 32 位平台，CGFloat 则表示为 Float 的别名。

这也是某些时候需要将表达式转换为 CGFloat 的原因。此处，时间表示为 Double 类型，因而首先需要将其转换为 CGFloat 值。对于其他参数，则无须执行转换操作——诸如 0 或 1 这一类数值常量将自动转换为 Float 或 Double 值。

在当前示例中，读者可以看到游戏循环的工作方式，以及如何动态地改变游戏场景。当运行 DiscoWorld 示例时，读者将会看到每秒内颜色将从黑色变为红色。作为练习，读者可尝试将颜色从红色变为黑色（每秒），以及其他不同颜色，例如从红色变为蓝色。另外，可否通过某种方法修改代码，使得颜色转换时间为 2 秒（而非 1 秒）？读者可通过当前示例尝试不同的操作。

最后，可向 update 方法中添加下列指令：

```
myLabel.position = CGPoint(x: 100, y: CGFloat(time * 200))
```

该指令将根据时间变量值改变文本标记的位置。CGPoint 是另一个较为常用的数据类型，表示为一个二维空间点。当定义一个 CGPoint 类型的数值时，需提供 CGFloat 参数，这一点与 UIColor 类似，其差别在于：为了创建 CGPoint 值，需要使用到像素空间中的 s 和 y 坐标。当运行该程序时，可以观察到：文本标记每秒上移 200 个像素，随后将自身位置重置于屏幕下方，其原因在于，time 变量通常位于 0～1，同时将该值乘以 200。图 3.7 显示了 DiscoWorld 示例的屏幕截图，读者可在此基础上尝试不同的数值。例如，可否令图标下移？或者向右侧或对角线方向移动？

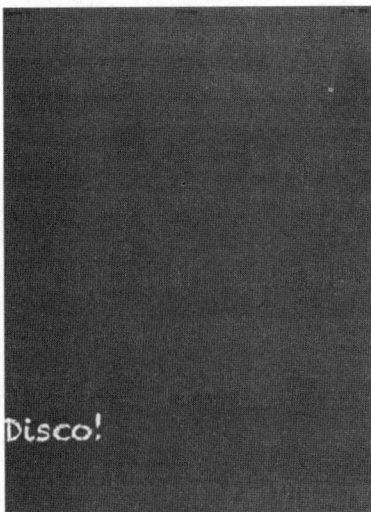

图 3.7　DiscoWorld 示例的屏幕截图

3.5　变量的作用域

　　变量的位置决定了其可用范围。例如，考察 DiscoWorld 示例中的 time 变量，该变量在 update 方法中声明（赋值）。由于在 update 中进行声明，因而仅能在该方法中加以使用。例如，该变量无法在 didMoveToView 方法中使用。当然，也可在 didMoveToView 方法中声明另一个名为 time 的变量。但需要注意的是，update 中的 time 变量与 didMoveToView 方法中的 time 变量并不相同。

　　另外，如果在类中声明了一个变量，则可在类中的任意位置使用该变量。myLabel 变量声明于类中，并可通过类中的两个方法予以访问，即 didMoveToView 和 update 方法。由于该标记需要添加至游戏场景中，因而 didMoveToView 方法需要对其进行访问。此外，update 方法也需要对其进行访问，旨在修改其位置。因此，该变量应声明于类中，进而类中的全部方法均可使用该变量。

　　变量的应用范围统称为变量的作用域。在当前示例中，变量 time 的作用域为 update 方法，而变量 myLabel 的作用域为类。

3.6　本 章 小 结

本章主要讨论了以下内容：
- ❑　如何通过变量将基本信息存储于内存中。
- ❑　如何创建数字值和复杂类型的数值，例如 UIColor 或 CGPoint。
- ❑　如何使用 update 方法并通过操控变量修改游戏场景。

第4章　游戏数据资源

第3章讨论了如何在 Swift 中编写基本的游戏应用程序。例如，Xcode 中游戏项目的创建方式、调整 App 的背景颜色并显示文本标记。另外，还介绍了游戏循环，并通过游戏循环的更新方法随时间改变背景颜色。本章将考察如何在屏幕上绘制图像，这迈出了改善游戏外观的第一步。在计算机图形学中，图像也称作精灵对象，一般通过文件进行加载。这也意味着，绘制精灵对象的程序不再是一个独立的指令集，且依赖于存储于某处的游戏资源数据，因而需要思考下列问题：

❏　精灵对象的位置。
❏　如何加载并在屏幕上绘制精灵对象。
❏　如何处理不同设备的分辨率和宽高比。

本章将针对上述 3 个问题展开讨论。

另外，声音是另一种游戏资源类型。在本章结尾，将会介绍如何在游戏中播放音乐和声音。

注意：

精灵对象源自以下情形：创建二维、部分透明光栅图形的处理过程。早期，创建此类二维图像涉及大量的手工操作，并产生特定的图像风格，继而被后人所效仿，从而衍生出一种像素艺术或称作精灵艺术。

4.1　精灵对象的定位

在程序使用任意类型的数据资源之前，需要了解此类数据所处的位置。默认状态下，Xcode 中的游戏项目包含一个名为 Images.xcassets 的文件夹。在本章的 SpriteDrawing 示例中，当在 Xcode 中打开该项目并右击 Images.xcassets 时，将显示两个文件，分别代表 App 图标和 spr_balloon。后者表示屏幕上绘制的气球图像。当单击该气球图像时，将会看到图像包含了一些不同分辨率的子图像，如图 4.1 所示。考虑到各种 iOS 设备（与 iPhone 4 相比，基于视网膜屏幕的 iPad Air 具有更高的分辨率）上的不同技术规范，因而分辨率也将有所差异。稍后将对此加以详细讨论。

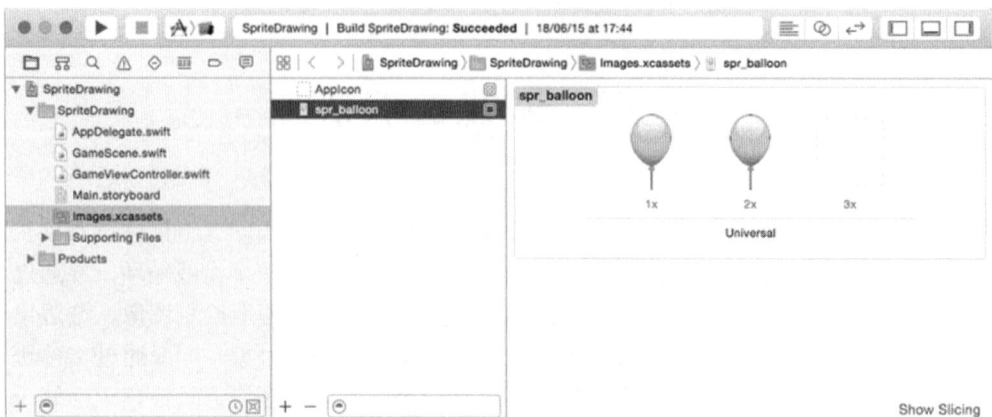

图 4.1　SpriteDrawing 的图像

4.2　加载并绘制图像

Images.xcassets 文件夹中的图形内容均可载入并在屏幕上进行绘制，对应方法类似于屏幕上的文本标记绘制操作。下列代码源自本章 SpriteDrawing 示例中的 GameScene 类。

```
class GameScene: SKScene {
 var balloonSprite = SKSpriteNode(imageNamed: "spr_balloon")

 override func didMoveToView(view: SKView) {
   backgroundColor = UIColor.lightGrayColor()
   balloonSprite.position = CGPoint(x: 200, y: 200)
   addChild(balloonSprite)
 }
}
```

其中，代码定义了名为 balloonSprite 的变量，并引用了 SKSpriteNode 类型的数值。对此，需要传递一个参数，即需加载的精灵对象的名称。在 didMoveToView 方法中，将位置值赋予了 balloonSprite 变量，并将其添加至当前场景中。图 4.2 显示了程序的输出结果。

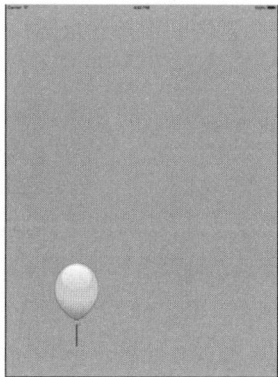

图 4.2　SpriteDrawing 程序的输出结果

4.3　分辨率和宽高比

当开发 iOS 游戏时，程序员面临的一项挑战是，需确保游戏作品在不同的 iOS 设备上予以正确显示。也就是说，仅设计完美的精灵对象还远远不够，还应保证尺寸和分辨率与特定平台匹配。对于分辨率为 1024×768 像素的 iPad 2，以及分辨率为 2048×1536 的 iPad Air（配置了视网膜屏幕），精灵对象的显示效果存在较大的差异。不仅是分辨率有所差异，设备间的宽高比也将产生变化。iPad 的宽高比为 4:3；而 iPhone 6 则采用了宽屏 16:9 的宽高比。那么，如何在不同的 iOS 设备间处理其中的差异？

一种可能的方法是打造一款游戏，使其仅运行于单一设备上。通过该方式，无须考虑 iOS 设备间的种种差异。然而，这将失去大量的玩家。稍后将会介绍一种方法，可确保精灵对象在多种设备上均工作良好，且无须修改代码。需要注意的是，应确保内部游戏场景的尺寸不会出现太大的变化。例如，iPhone 4 的分辨率为 960×640，而 iPad Air 的分辨率为 2048×1536。一种处理这两种不同分辨率的方法是，相比于 iPhone 4，iPad Air 可简单地显示游戏场景的较大区域（使得更多内容与其屏幕适配）。然而，这并非一种良好的行为。当设计仅显示单一屏幕的游戏时，如本书中的大多数游戏示例，将无法应用这一技巧。在某些设备上显示较大的游戏场景区域将对游戏体验产生负面影响。如果打算打造一款战略游戏，相比于 iPad Air 玩家，开发人员并不希望看到 iPhone 4 用户处于劣势——iPhone 4 玩家有可能无法看到迎面而来的攻击。

处理不同分辨率问题的另一种方案是，将游戏场景尺寸从屏幕尺寸中分离出来，这也是 Apple 选择的方案。从内部来看，当编写游戏代码时，读者将与“点”协同工作，而不是像素。在某些情况下，点和像素之间直接对应。例如，尝试对 SpriteDrawing 示例进行下列调整：

```
balloonSprite.position = CGPoint(x: 201, y: 200)
```

其中，精灵对象将在正 x 方向移动 1 个点。在 iPhone 3GS 或 iPad 2 上，这意味着精灵对象将在该方向上移动 1 个像素。为了获取基本相同尺寸的视觉效果，需要创建两个精灵对象，即标准分辨率下的对象（Apple 将此称作 1x），并工作于 iPhone 3GS 或 iPad 2 上，以及针对 iPad Air 和新款 iPhone、Retina 分辨率下的精灵对象（称作 2x）。当考察气球精灵对象时，将会看到针对 1x 和 2x 分辨率的多个精灵对象。其中，与标准（1x）分辨率尺寸相比，Retina（2x）精灵对象的尺寸加倍。通过这一方式，游戏尺寸将保持一致，无论是运行于 iPad 2 或是 iPad Air。对于后者，游戏的观感将得到较大的提升——在 2x 分辨率格式下，可提供高分辨率的图像。

随着 iPhone 6 Plus 的出现，还存在 3x 分辨率这一选项，也称作 Retina HD。该分辨率目前仅用于 iPhone 6 Plus 上，并可通过更高的分辨率创作艺术素材，即 3 倍于标准（1x）分辨率尺寸。

除了 iPhone 6 Plus 之外，本书所展示的游戏均针对 iDevices 进行优化。当读者打开任意一个示例后，将会看到全部精灵对象均包含了 1x 和 2x 分辨率。注意，示例游戏也可在 iPhone 6 Plus 上运行，即使相关图像未针对其进行优化。然而，如果在 3x 分辨率下使用图像，图形将会出现卷曲现象。

除了所使用的分辨率之外，读者还需要思考宽高比问题。在编写代码时，应确保按钮或血条（health bar）这一类覆盖图相对于屏幕尺寸放置。唯一需要谨慎处理的区域是在设计背景图像时。如果背景图像的尺寸有所欠缺，某些设备上将会出现黑色空间区域。

本书将在 Retina（2x）分辨率下使用 2668×1536 像素的背景图像。相应地，标准分辨率（1x）则采用 1334×768 像素。该尺寸的背景图像已然足够大，设备一般不会出现黑色区域。相比于 iPad 屏幕，iPhone 屏幕则小得多。因此，iPhone 仅显示一小部分背景。例如，横向模式下的 iPhone 6 包含了 667 个点的宽度，并使用 1334 的 2x 分辨率，这仅是 Retina 分辨率下（2668 像素）全部背景图像的一半。为了更好地适配 iPhone 和 iPad 点，可向本书全部示例游戏添加下列代码：

```
var viewSize = skView.bounds.size
if UIDevice.currentDevice().userInterfaceIdiom == .Phone {
  viewSize.height *= 2
  viewSize.width *= 2
}
```

　　上述代码将点分辨率加倍，以防 App 运行于 iPhone 上。对应结果可描述为：2668×1536 的背景几乎可以完全显示于 iPhone 上。当创建运行于 iPad 和 iPhone 上的 App 时，无须考虑游戏所运行的具体设备。

　　大多数设备仅可显示部分背景图像。在 iPad 上，背景图像一侧将处于不可见状态。在 iPhone 6 上，背景的上方和下方会出现一条带状图案（当采用之前讨论的双倍点分辨率技巧时）。在考察了全部不同设备后，可获取一个游戏区域，即在全部设备上均处于可见状态的背景区域，且无须考虑宽高比和分辨率。针对标准（1x）和 Retina（2x）分辨率，图 4.3 显示了体验区域的整体情况。

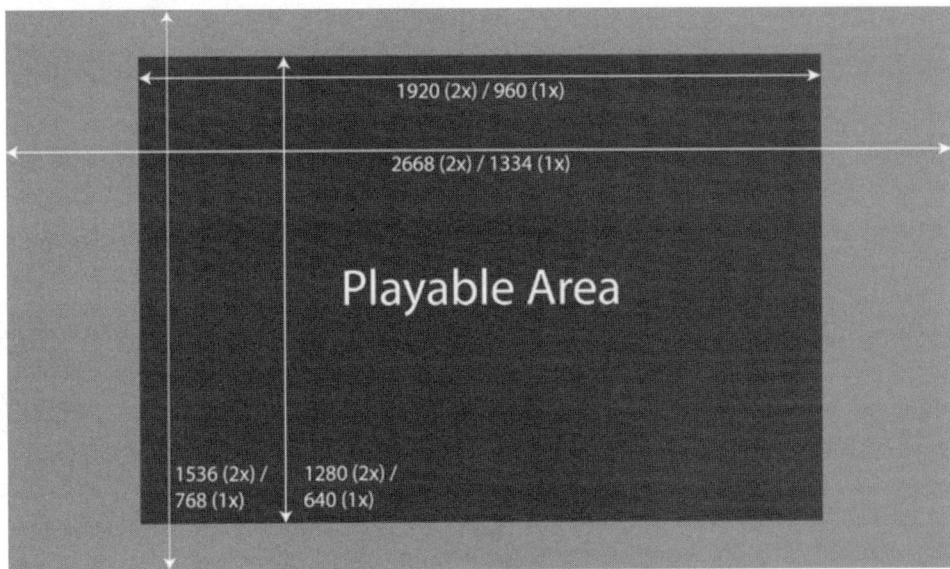

图 4.3　背景图像的体验区域

　　读者可通过上述信息正确地设计背景。如果需要某个背景元素在所有设备上均处于可见状态，应确保该元素位于这一体验区域内。再次强调，这仅是针对背景设计而提出的问题，游戏中的其他元素（例如菜单、覆盖图以及玩家角色等）则采用不同的方式加以处理。如果打算添加这一类元素，可根据屏幕的位置简单地确定元素的位置。对此，后续内容还将向读者提供多个游戏开发示例。

注意：

　　本书中的背景和精灵对象适用于大多数 iDevices，但也存在一些妥协方案。例如，在某些设备上，仅会显示部分背景。另外，游戏对象在 iPhone 4 或 iPhone 5 设备上看上去较小。当进行游戏设计时，可针对特定设备考虑使用不同的资源数据，甚至需要对 iPhone 和 iPad 分别设计不同的关卡。因此，较好的方案是针对有限的设备集设计游戏。

本章中的 ScreenSizeTest 示例显示了每种设备所展示的游戏场景部分，其中采用了如图 4.3 所示的背景图像。读者可尝试在 iOS 模拟器上使用不同的设备，进而查看显示结果。下列内容提供了该示例中一些有趣的代码，对应代码位于 GameScene.swift 文件中的 didMoveToView 方法中。

```
anchorPoint = CGPoint(x: 0.5, y: 0.5)
```

回忆一下，场景中坐标系统原点位于屏幕左下角，上述代码对此进行修正，使得原点位于屏幕中心位置。基于坐标系原点的数值集根据屏幕的整体宽度和高度加以确定。例如，值(1.0, 1.0)表示右上角位置；而(0.5, 0.5)则表示屏幕中心位置。

特别地，对于背景，将原点设定为屏幕中心位置十分有用，其原因在于：针对不同设备计算背景位置将变得十分方便。由于精灵对象在默认状态下基于其中心位置进行绘制，且位置(0, 0)表示为屏幕中心，因此默认时精灵对象位于屏幕中心位置。读者可尝试注释掉该行代码，并查看程序的运行结果。

上述代码行表示为一条赋值指令，即 anchorPoint 变量被赋予某个值，该值为 CGPoint(x: 0.5, y:0.5)。也就是说，该行代码将 CGPoint 类型的数值赋予 anchorPoint。这里，CGPoint 的定义方式由类型名称、括号以及其中的 x、y 值构成。相比于内建的 Int 类型，这也体现了一种不同的定义方式。对于 Int 类型，可简单地提供所需赋值即可，如下所示：

```
var age: Int = 12
```

对于更多的复杂类型，例如 CGPoint，则需要提供类型名称，并在括号之间指明参数值。另一个与复杂类型相关的示例则是 UIColor，对应的赋值示例使用了 UIColor 类型，如下所示：

```
backgroundColor=UIColor(red:CGFloat(time),green:0,blue:0,alpha: 1)
```

其中包含了相同的语法，即类型名称以及括号之间所需的参数。此处，参数之一定义为 red，该参数由非内建类型 CGFloat 创建。同样，这由类型名称以及括号间的 time 参数构成。当采用诸如 UIColor 或 CGPoint 这一类复杂类型定义某个值时，对应值也可称作对象或该类型的实例。

数据类型的有效性体现在：可提供某种"蓝图"以描述数值的"外观"。例如，CGPoint

针对二维点定义了一种数据结构。读者不必关心如何创建此类数据结构，CGPoint 负责处理此项事宜。当创建 CGPoint 实例时，读者仅需提供准确的参数值即可。

4.4　移动精灵对象

下面讨论精灵对象在屏幕上的绘制过程，读者可通过游戏循环使此类对象处于运动状态，类似于第 3 章所讨论的 DiscoWorld 示例中的文本标记。在 SpriteDrawing 程序中，曾在屏幕上绘制了一个气球。下面对该程序稍作扩展，并根据时间值调整气球的位置。首先，需要向 GameScene 类添加 update 方法，以使其成为游戏循环中的部分内容。在 DiscoWorld 示例中，通过下列方式获取并存储当前时间：

```
var time: Double = currentTime % 1
```

接下来尝试修改气球对象的位置，以使其以自左向右的方式在屏幕上运动。一种简单的方法是，通过 time 变量调整位置。为了避免过多的类型转换操作，可将 time 存储为 CGFlot，而非 Double，这也是 SpriteKit 中体现浮点值的主要类型，如下所示：

```
var time = CGFloat(currentTime % 1)
```

随后利用 time 变量调整气球对象的位置，如下所示：

```
balloonSprite.position = CGPoint(x: time * 200, y: 200)
```

由于 time 变量位于 0～1，因而 x 值的范围表示为 0～200（将 time 变量乘以 200）。然而，iDevice 上的可视区域有可能并非 200 个点。另外，宽度值还取决于设备的水平或垂直持有方式。对此，GameScene 类中定义了一个 size 变量，该变量中内置了 width 和 height，如下所示：

```
balloonSprite.position = CGPoint(x: time * size.width), y: 200)
```

此处并非将 time 乘以某个既定值，而是将其乘以屏幕的当前宽度。最终，气球对象可从屏幕左侧移至右侧。本章中的 MovingSprite 示例即采用了这一方式调整气球的位置。当旋转设备时（在 iOS 模拟器中，可选择 Hardware ➤ Rotate left 命令），气球对象仍采用自左至右的方式在设备屏幕上移动，且无须考虑该设备的方向和屏幕的宽度。读者可尝试不同的操作，以查看如何进一步调整该程序。例如，使精灵对象自右向左运动；或者提升或降低精灵对象的运动速度。

4.5 加载和绘制多个精灵对象

单一精灵对象略显枯燥，对此，可显示背景精灵对象，以提升游戏的视觉吸引力。这意味着，需加载并定位两个精灵对象。MovingSpriteWithBackground 展示了这一操作方式，其中定义了引用精灵对象的两个变量，如下所示：

```
var backgroundSprite = SKSpriteNode(imageNamed: "spr_background")
var balloonSprite = SKSpriteNode(imageNamed: "spr_balloon")
```

当处理多个精灵对象时，需考虑哪一个对象绘制于上方。在当前示例中，气球应绘制于背景之上，而非相反。如前所述，游戏场景设置了 x、y 轴，原点位置默认状态下位于屏幕左下方。实际上，游戏场景还可包含 z 轴，并指向屏幕外侧。据此，可调整精灵对象在 z 轴上的位置。由于 z 轴指向屏幕外侧，因而较高的 z 位置值意味着更接近读者。因此，若气球的 z 位置高于背景，则在更加接近于读者的位置处进行绘制，因而位于背景上方并处于可见状态。下列代码实现了这一操作：

```
backgroundSprite.zPosition = 0
balloonSprite.zPosition = 1
```

当设置了精灵对象的正确 z 值后，即可将其添加至当前场景中，如图 4.4 所示。

图 4.4　MovingSpriteWithBackground 示例

```
addChild(backgroundSprite)
addChild(balloonSprite)
```

为了保证气球对象能够正确地自左向右移动，需要调整 update 方法中计算其位置的代码。由于将坐标系原点调整为屏幕的中心位置，因而该操作十分必要。此处需要注意的是，应从 x 位置中减去屏幕的 1/2 宽度值，如下所示：

```
balloonSprite.position = CGPoint(x: time * size.width - size.width/2, y:
200)
```

其中，代码利用 size 获取屏幕的尺寸。虽然 size 看上去像是一个变量，但实际上表示为一个属性。类似于方法这一概念，属性也隶属于某个类，二者间的差别在于：属性并不需要使用到参数，只是简单地表示为某个类型值。在当前示例中，该值表示为屏幕的尺寸。同时，该值包含两部分内容，即 width 和 height，均定义为 CGFloat 数字值。由于 time 也定义为 CGFloat，因而可整合此类数值并加以使用，且无须执行类型转换操作。

前述内容曾使用了属性这一概念，例如，利用 anchorPoint 这一属性修改坐标系的原点位置。如果变量在类中加以定义（例如 backgroundSprite 或 balloonSprite），那么，该变量即可称作属性。稍后，还将对属性加以深入讨论。

每次需要在屏幕上绘制精灵对象时，可定义 SKSpriteNode 属性，并将其添加至场景中。例如，当在背景上的不同位置处绘制多个气球对象时，可简单地针对各个气球（添加至当前场景中）定义一个属性，如下所示：

```
var balloonSprite2 = SKSpriteNode(imageNamed: "spr_balloon")
var balloonSprite3 = SKSpriteNode(imageNamed: "spr_balloon")
var balloonSprite4 = SKSpriteNode(imageNamed: "spr_balloon")
```

在 didMoveToView 方法中，应确保精灵对象添加至场景中，如下所示：

```
override func didMoveToView(view: SKView) {
  anchorPoint = CGPoint(x: 0.5, y: 0.5)
  backgroundSprite.zPosition = 0
  balloonSprite.zPosition = 1
  balloonSprite2.zPosition = 1
  balloonSprite3.zPosition = 1
  balloonSprite4.zPosition = 1
  addChild(backgroundSprite)
```

```
addChild(balloonSprite)
addChild(balloonSprite2)
addChild(balloonSprite3)
addChild(balloonSprite4)
}
```

此外，所有气球精灵对象均在背景之前加以绘制，并可同时绘制多个处于运动状态的精灵对象。针对每个气球，需要在 update 方法中调整其位置，如下所示：

```
override func update(currentTime: NSTimeInterval) {
 var time = CGFloat(currentTime % 1)
 balloonSprite.position = CGPoint(x: time * size.width - size.width/2,
y: 200)
 balloonSprite2.position = CGPoint(x: time * size.width -
     size.width/2 - 100, y: 200)
 balloonSprite3.position = CGPoint(x: time * size.width -
     size.width/2, y: 0)
 balloonSprite4.position = CGPoint(x: time * size.width -
     size.width/2 - 100, y: 0)
}
```

读者可尝试运行上述示例，并思考不同的方式在屏幕上绘制运动的气球。例如，可采用不同的位置值，或者使某些气球比其他气球运动得更快。

4.6　配置设备的方向

当进行游戏开发时，需要重点考察设备的方位。例如，游戏是否支持纵向模式或横向模式。一些游戏在纵向模式下工作良好，而一些游戏则更适用于横向模式。除此之外，体验过程还取决于玩家与游戏场景的交互方式。例如，纵向模式游戏的设计目标可描述为：用户采用常规方式手持设备，并利用另一只手操控屏幕。对于某些靠滑动手指这一方式控制的游戏，该方案较为适用，例如游戏 Temple Run。另外一方面，滚屏游戏一般采用横向模式，这一类型的游戏需要显示更大的关卡宽度，以避免过于频繁的滚动。本书将对纵向模式和横向模式游戏加以讨论。

　　默认状态下，Xcode 中的项目支持任意设备方向，进而旋转图形。对大多数游戏来说，所创建的布局一般只在纵向或横向模式下工作良好，而不是同时支持两种模式。在 Xcode 项目设置中，可方便地修改所支持的项目方向。对此，可单击屏幕左上方的当前项目，并于随后选取目标（例如 MovingSpriteWithBackground）。在 Deployment Info 下方，可选择所支持的方向。在 Devices 数值框中，可选取 iPad、iPhone 所支持的方向，或者 App 的 Universal 版本（如果希望 App 适用于 iPhone 和 iPad，可选取该选项）。图 4.5 显示了 Xcode 中的方位选取示意图。当模拟设备旋转行为时，可运行该程序并查看应用程序与 iOS 间的反馈方式。另外，还可访问模拟器中的 Hardware 菜单，并选择左旋或右旋方式，进而实现设备的旋转操作。

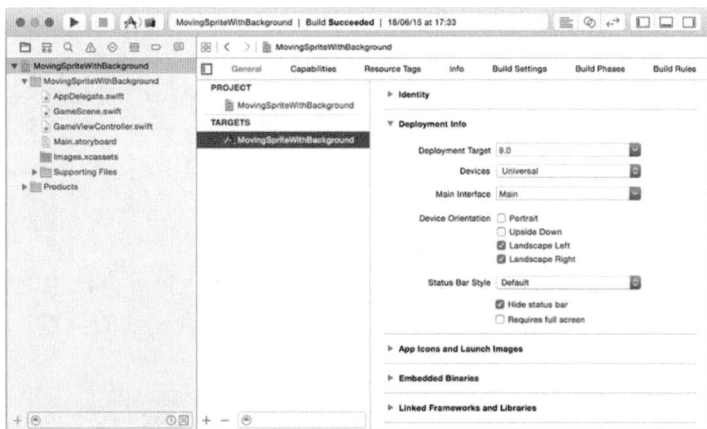

图 4.5　选择 App 所支持的设备方向。如果项目或目标列表不可见，可单击菜单项 General 左侧图标打开面板

4.7　音乐和声音

　　大多数游戏会配置音效和背景音乐，其重要性源于多种原因。音效可提供某些重要线索，提示用户即将发生的种种情况。例如，当用户单击按钮时，可播放单击音效，并向用户提供按钮已被按下的反馈信息。在玩家尚未真实看到敌方角色时，脚步声则表明敌人已经接近。而警报声则预示着某种事情即将发生。经典游戏 Myst 在这一方面表现得十分优秀，游戏进程中的许多线索都会通过声音传递给玩家。

　　氛围音效可极大地提升游戏体验，并在游戏场景中传达一种身临其境的感觉，例如滴水音效、风吹过树梢以及远处车辆行驶的声音。

注意:

　　在玩家体验周围环境和操作时,音乐效果扮演了重要的角色。音乐效果能够反映出紧张、悲伤以及诸多情感。然而,游戏中的音乐处理难度往往大于电影制作。在电影作品中,情节的发展一般较为清晰,并可辅以相应的音乐效果。但在游戏中,操作行为通常在玩家的控制下。游戏一般采用自适应音乐效果,并根据游戏故事情节的进展尺寸进行调整。

　　在 Swift 中,背景音乐或音效的播放较为简单。当使用某种声音时,首先需提供即将播放的音效文件。在本章的 SoundTest 示例程序中,文件 snd_music.mp3 用作背景音乐。为了与音乐和声效协同工作,需导入 AVFoundation 库,其中包含了处理媒体所需的全部类,如下所示:

```
import AVFoundation
```

　　下一步是声明一个变量,并引用播放音频的对象,如下所示:

```
var audioPlayer = AVAudioPlayer()
```

　　随后,可初始化音频播放器,并开始播放 didMoveToView 方法中的特定音频文件,其中涉及 3 个步骤。第一个步骤是构建所谓的 URL,即声音文件的位置。该 URL 应适应于全部 iDevices,其实现过程如下所示:

```
let soundURL = NSBundle.mainBundle().URLForResource("snd_music",
  withExtension: "mp3")
```

　　NSBundle 对象表示为游戏中所使用的、整合文件和资源的、文件系统中的位置。对应于 App 执行文件的具体位置,mainBundle 方法返回一个 NSBundle 对象。最后,URLForResource 方法设定文件位置(URL)。因此,全部工作即是创建文件定位表达方式,以供计算机方便地予以解释。

　　在 URL 构建完毕后,即可通过指向该文件的引用初始化音频播放器,如下所示:

```
audioPlayer = try! AVAudioPlayer(contentsOfURL: soundURL!)
```

　　通过调用 play 方法,即可开始播放音频,如下所示:

```
audioPlayer.play()
```

　　另外,还可尝试降低背景音乐的音量,并在此基础上进行变更。下列指令可用于设置音量。

```
audioPlayer.volume = 0.4
```

volume 属性表示为 0~1 的数值，其中，0 表示无声音；1 表示最大音量播放。

从技术上讲，背景音乐和音效之间并无差别。正常情况下，背景音乐以较低的音量播放；另外，大多数游戏都会循环播放背景音乐，也就是说，当音乐结束时，还会再次从头播放。对此，可使用 numberOfLoops 属性，如下所示：

```
audioPlayer.numberOfLoops = 0 // default behavior: audio plays only
                              //once
audioPlayer.numberOfLoops = 1 // audio is repeated once (= audio played
                              //twice)
audioPlayer.numberOfLoops = -1 /* a negative value means the number of loops
is infinite, so the audio will always keep playing */
```

本书中所开发的游戏使用了两种音乐类型（即背景音乐和音效），以使游戏更加富有激情。对于每种音效或背景音乐对象，需要创建独立的音频播放器对象。读者可尝试对当前程序进行修改，例如向音乐添加循环，或者尝试改变声音的音量。

🖊 **注意：**

当在游戏中使用音效或音乐时，应注意以下几点内容。首先，声音也会对玩家产生困扰，因此，应确保玩家可关闭音效或音乐。其次，不应强迫玩家等待音效播放结束。例如，当显示欢迎画面时，可能会播放较长的音乐，但玩家并不愿被动欣赏，而只是想即刻进入游戏。同样，游戏中的视频序列也是如此，对此，一般应提供某种方式可略过此类内容。最后，一些玩家的 iPhone 或 iPad 仅包含有限的硬盘空间，因此应尽可能地使用较小的声音文件。

4.8　本章小结

本章主要涉及以下内容：
- ❏　如何将游戏数据资源载入内存中，例如精灵对象和声音。
- ❏　如何在屏幕上绘制、移动多个精灵对象。
- ❏　如何在游戏中播放背景音乐和音效。

第 2 部分　Painter 游戏

这一部分内容将开发一个名为 Painter 的游戏（如图 II.1 所示）。同时还将引入多种游戏开发技术，例如将指令整合至类和方法中、条件指令以及迭代等。

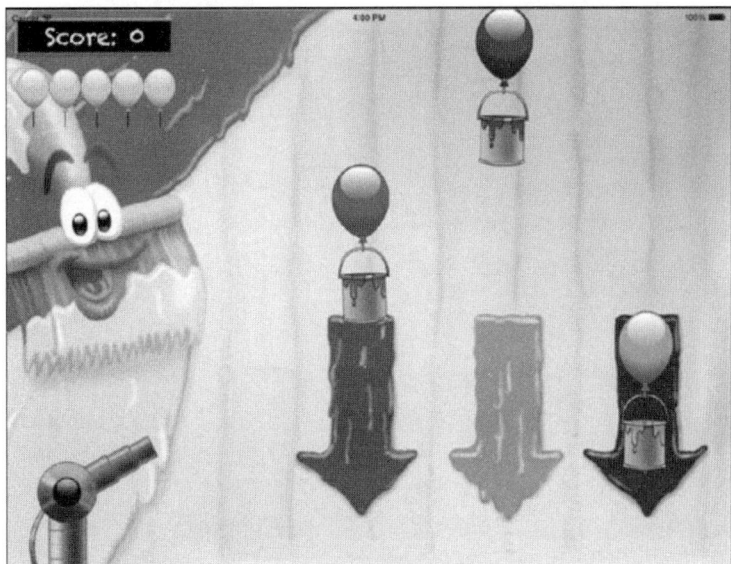

图 II.1　Painter 游戏

Painter 游戏的目标是收集 3 种不同颜色的油漆，即红、绿、蓝 3 种颜色。期间，油漆桶从天而降并通过气球悬浮，在到达屏幕底部之前，应确保各个油漆桶包含正确的颜色。另外，玩家还可改变油漆桶的颜色——将期望颜色的油漆气球射向下落的油漆桶。颜色的选取则可通过键盘上的 R、G、B 键实现。另外，油漆气球的射击行为通过单击鼠标左键完成。除此之外，单击位置决定了大炮的射击方向。对于落入容器中的每个油漆桶，玩家将得到 10 分奖励。若出现错误，游戏将结束。读者可下载示例代码，并运行第 11 章的 PainterFinal 游戏。

第 5 章　响应玩家输入

游戏中的重要元素之一便是与玩家操作间的响应。在 iPhone 或 iPad 上，游戏主要响应于玩家的触摸输入，对于本书中的游戏也是如此。另外，一些游戏还将使用到其他输入数据，例如内置的加速计，本章也将对此予以简要介绍。当处理输入数据时，需要使用到某些编程概念，例如 if 指令，本章后续内容还将对此进行讨论。

5.1　处理触摸输入

基于触摸屏的 Apple 设备可跟踪多个手指的操作及其在屏幕上的运动方式。用户的手指移动行为可解释为手势（如滑动手指并翻至下一页，缩小或放大操作），手指的位置可直接用于控制游戏元素。当处理触摸输入时，涉及 3 种较为重要的事件，并需要在程序中进行处理，其中包括：

❑　玩家利用手指于某处开始触摸屏幕。

❑　玩家在屏幕上移动手指。

❑　玩家终止触摸屏幕。

由于触摸屏可同时处理多重触摸行为，因而此类事件包括单一手指或多个手指的操作行为。对于上述 3 个事件，可向类 GameScene 添加对应方法，进而处理此类事件。在此类方法中，可访问触摸屏检测到的不同的手指位置。下面创建一个简单的触摸处理程序，并记录单一的触摸位置，此处暂不考虑触摸屏幕的手指数量。打开本章 Painter1 示例中的 GameScene.swift 文件，即可查看相关代码。

此处需要存储触摸位置，针对于此，可向 GameScene 类中添加 CGPoint 类型属性，如下所示：

```
var touchLocation = CGPoint(x: 0, y: 0)
```

对于多重触摸的工作方式，还可添加一个属性，以跟踪玩家触摸屏幕的手指数量（初始状态下为 0），如下所示：

```
var nrTouches = 0
```

当玩家与触摸屏交互时，需要修改 touchLocation 和 nrTouches 属性值。随后，可调整游戏场景中的相关内容，例如移动精灵对象，或者处理玩家的按钮触摸行为。

为了处理触摸输入行为，需要向 GameScene 类添加 3 个方法，对应于之前谈到的 3 种事件类型，即 touchesBegan、touchesMoved 和 touchesEnded 方法。下列代码显示了 touchesBegan 方法。

```swift
override func touchesBegan(touches: Set<UITouch>, withEvent event:
UIEvent?) {
  let touch = touches.first!
  touchLocation = touch.locationInNode(self)
  nrTouches = nrTouches + touches.count
}
```

上述方法包含两个参数。其中，第一个参数定义为 touches 变量，该变量为 Set<UITouch>类，体现了一个或多个触摸位置。这里，Set 称作泛型，并可表示各种集合类型。类型名后面的尖括号表明具体的集合类型。例如，Set<Int>表示整数集合。在当前示例中，Set<UITouch>定义了 UITouch 对象集合。UITouch 对象表示与触摸行为相关的全部整合信息，例如触摸位置以及触摸时刻等。第二个参数（当前方法体中未予使用）包含了与事件相关的其他信息，例如产生事件的实际时间。除此之外，第二个参数包含两个名称，名称一（withEvent）用于方法调用时；当打算访问方法体中的事件对象时，则使用第二个名称（event）。当在 Swift 中编写方法或函数时，还存在其他特性和选项。第 6 章将对方法和函数予以详细讨论。

方法体由 3 条指令构成。其中，第一条指令声明了 touch 常量，并将表达式的结果赋予其中。表达式第一部分为 touches，表示为玩家触摸屏幕时的位置集合。接下来是一个"."和属性名 first。前述内容曾对"."有所讨论，如下所示：

```swift
background.zPosition = 0
```

在 Swift 中，"."一般表示从对象中获取信息，或者以某种方式修改对象。其中，当前正在操控的对象位于"."之前。在"."之后，则表示对象的操控方式。在上述示例中，background 对象包含了 zPosition 信息（属性），将 0 值赋予 zPosition 后即可修改当前对象。下列代码显示了"."的另一个示例。

```swift
var myVariable: Int = background.position.x
```

在该示例中，将从背景精灵对象中获取位置数据，随后获取该位置的 x 值。这里并未直接访问信息，可调用操控某个对象的方法，如下所示：

```
background.removeFromParent()
```

removeFromParent 方法将背景对象从游戏场景中移除，从而操控该对象。与此相反的则是下列指令：

```
addChild(background)
```

下面返回至触摸输入示例。first 表示 Set<UITouch>类型属性，并返回 touches 集合中的第一个元素。全部表达式以"!"结束——touches 可能为空，这意味着 first 属性无法获取某个位置。这里"!"表示程序员应了解并确保 touches 不可为空，其原因在于：如果玩家并未触摸屏幕，touchesBegan 将不会被调用。第 12 章将深入讨论"!"（也称作解包）的使用。

touchesBegan 方法中的第二条指令将某个值赋予 touchLocation 属性。对应值表示为locationInNode 方法调用结果（利用参数 self）。这将计算相对于游戏场景的触摸位置。这里，self 引用了场景对象，稍后将详细介绍 self 的实际含义。

综上所述，前两条指令从 touches 集合中获取触摸信息对象，计算其在游戏场景中的位置，并于随后将该位置赋予 touchLocation 属性中。最后一条指令相对简单，并将集合中的触摸次数（利用 count 属性）添加至 nrTouches 属性中，如下所示：

```
nrTouches = nrTouches + touches.count
```

再次强调，在 Swift 中，上述指令中"="的含义应解释为"变为"，而不是"等于"。因此，赋值右侧内容表示 nrTouches 当前值与触摸次数之和。该赋值操作的简化版本如下所示：

```
nrTouches += touches.count
```

上述指令可解释为：将 touches.count 加至 nrTouches。类似地，Swift 还包含了减法（-=）、乘法（*=）以及除法（/=）的简化方法。

不难发现，减法的简化版本用于 touchesEnded 方法中，其中仅包含了一条指令，如下所示：

```
override func touchesEnded(touches: Set<UITouch>, withEvent event:
UIEvent?) {
    nrTouches -= touches.count
}
```

在该方法中，只是简单地从 nrTouches 变量中减去最终的触摸次数。相应地，nrTouches 变量负责记录玩家放置于屏幕上的手指数量。

最后一个需要定义的方法是 touchesMoved，该方法关注玩家的手指移动行为。由于触摸数量并未发生改变，因而该方法包含了两条指令：一条指令用于获取触摸信息，另一条指令用于更新触摸位置，如下所示：

```
override func touchesMoved(touches: Set<UITouch>, withEvent event:
UIEvent?) {
  let touch = touches.first!
  touchLocation = touch.locationInNode(self)
}
```

再次说明，当前方案并不适用于多点触摸——仅从当前集合中获得了单一触摸位置。第 12 章将讨论一种更加优雅的方案，以处理多点触摸和触摸移动操作。

5.2　利用触摸位置修改游戏场景

前述讨论了如何读取触摸输入数据，并将触摸位置存储于属性中。相应地，可使用该触摸位置调整游戏场景。例如，可在触摸位置绘制精灵对象。在 Painter 游戏中，可根据玩家在屏幕上的触摸位置调整炮管的旋转状态。这里，大炮通过玩家进行控制，进而可向绑有油漆桶的气球射击。本节主要讨论如何向游戏场景中添加可旋转的武器对象，例如大炮。

对此，需要声明多个属性实现这一任务。无论何时，读者都需要使用到属性存储背景和炮管精灵对象。相应地，可声明下列属性并对其进行初始化操作。

```
var background = SKSpriteNode(imageNamed: "spr_background")
var cannonBarrel = SKSpriteNode(imageNamed: "spr_cannon_barrel")
```

在 didMoveToView 方法中，需要将此类对象设置于正确的位置处，并确保炮管在背景上方进行绘制，进而将相关对象添加至游戏场景中。除此之外，还需要针对炮管选择正确的原点位置（锚点），其原因在于：当旋转精灵对象时，将围绕其原点旋转，对应代码如下所示：

```
background.zPosition = 0
```

```
cannonBarrel.zPosition = 1
cannonBarrel.position = CGPoint(x:-412, y:-220)
cannonBarrel.anchorPoint = CGPoint(x:0.24, y:0.5)
addChild(background)
addChild(cannonBarrel)
```

　　炮管的位置选取应使其能够与已绘制于背景上的炮架适配。这里炮管图像包含了圆形图案，并与炮架相结合；同时，炮管应围绕圆心旋转。

　　这意味着，需要将该中心位置设置为原点。考虑到圆位于精灵对象的左侧，且半径为炮管高度的 1/2，因而可将炮管原点设置为 (0.24, 0.5)，这一点在代码中也有所体现。另外，读者还可在 Painter1 示例中对代码进行修改，并查看精灵对象旋转时的状态。

　　下一步是计算基于触摸位置的炮管的旋转位置。鉴于该操作在玩家滑动手指时发生，因而较好的实现位置是 update 方法。图 5.1 显示了角度的计算方式。

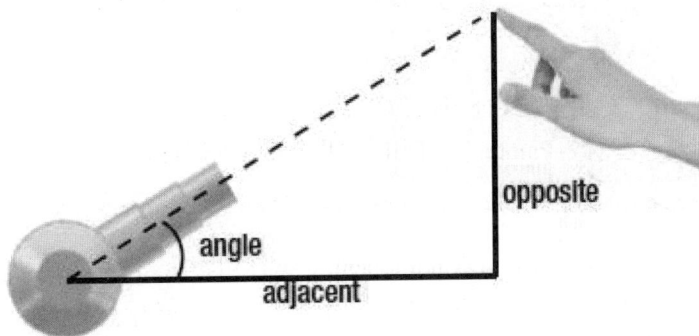

图 5.1　根据触摸位置计算炮管的角度

　　回忆一下，在数学中，角度可通过三角函数计算。在当前示例中，可通过正切函数计算角度，如下所示：

$$\tan(角度)=\frac{对边}{邻边}$$

换而言之，角度最终可表示为：

$$角度 = \arctan\left(\frac{对边}{邻边}\right)$$

通过计算触摸位置和炮管位置之差，可得到对边和邻边的长度，如下所示：

```
let opposite = touchLocation.y - cannonBarrel.position.y
```

```
let adjacent = touchLocation.x - cannonBarrel.position.x
```

当前需要使用这些值计算反正切值。对此，Swift 内置了多种数学函数，包括正弦、余弦、正切等三角函数及其反函数（反正弦、反余弦、反正切）。对于反正切计算，存在两个相关函数。第一个函数接收一个角度值作为参数，当前示例尚无法使用该函数——若触摸位置直接位于炮管上方，由于 adjacent 为 0，此时将会出现"除 0 错"。

在反正切计算过程中，需要考虑这一类特殊情况。针对于此，一种替代方案是使用 atan2 函数。该函数分别采用对边和邻边作为参数，并返回弧度结果。下列代码使用该函数计算角度。

```
cannonBarrel.zRotation = atan2(opposite, adjacent)
```

不难发现，炮管将围绕 z 轴旋转，该轴指向屏幕外侧并朝向读者。

5.3　基于触摸行为的条件执行

为了进一步测试触摸输入处理操作，下面将添加一个文本标记，表明玩家是否触摸到屏幕。针对这一目标，Painter1 示例中声明了相应的属性，如下所示：

```
var touchingLabel = SKLabelNode(text:"not touching")
```

通过观察可知，标记利用文本 not touching 进行初始化。当前需要在 update 方法中检测 nrTouches 属性是否包含大于 0 的数值。若是，文本将被修改为 touching；若 nrTouches 等于 0，文本则表示为 not touching。因此，仅当满足某项条件时，方执行相关指令。利用条件指令可执行这项任务，并使用新的关键字 if。

利用 if 指令，可提供某项条件，若该条件为真，则执行指令代码块（有时也称作分支）。下列内容展示了与条件相关的示例：

❑　玩家是否触摸到屏幕。
❑　自游戏开始起，流逝的秒数是否大于 1000。
❑　炮管是否在 0～90° 旋转。
❑　怪兽角色是否吞噬了游戏角色。

上述各项条件可以是 true 或 false。鉴于条件包含某个值（true 或 false），因而可视为一个表达式；同时，对应值也可称作布尔值。利用 if 指令，当满足条件时，即执行指令代码块。考察下列 if 指令示例：

```
if nrTouches > 0 {
touchingLabel.text = "touching"

}
```

其中，对应条件置于 if 关键字之后，指令代码块被括号所包围。在当前示例中，若所记录的触摸次数大于 0，标记文本即被调整为 touching。必要时，也可在括号间放置多条指令，如下所示：

```
if nrTouches > 0 {
  touchingLabel.text = "touching"
  let opposite = touchLocation.y - cannonBarrel.position.y
  let adjacent = touchLocation.x - cannonBarrel.position.x
  cannonBarrel.zRotation = atan2(opposite, adjacent)
}
```

在上述示例中，当玩家触摸屏幕后，即会调整炮管的旋转状态。下列代码展示了 if 指令的另一个示例。

```
if nrTouches == 0 {
touchingLabel.text = "not touching"

}
```

如果玩家未触摸屏幕，上述指令将把触摸标记文本修改为 not touching。除此之外，当编写 if 指令时，还可定义一种替代方案，如下所示：

```
if nrTouches > 0 {
  touchingLabel.text = "touching"
  let opposite = touchLocation.y - cannonBarrel.position.y
  let adjacent = touchLocation.x - cannonBarrel.position.x
  cannonBarrel.zRotation = atan2(opposite, adjacent)
} else {
touchingLabel.text = "not touching"

}
```

在上述示例中，如果触摸次数大于 0，标记文本将设置为 touching，并精算炮管的旋转状态。对于其他情形（nrTouches 小于等于 0），触摸标记将设置为 not touching。

5.4　测试替代方案

当存在多种数值分类时，可利用 if 指令获取需要处理的情形。在上述示例中，第二个测试置于第一个 if 指令的 else 之后，仅当第一项测试失效后方执行第二项测试。相应地，在第二个 if 指令的 else 之后，还可放置第三项测试，以此类推。

下列代码片段用于确定积分榜，并可向玩家显示不同的消息。

```
if score < 100 {
print("Ouch, you definitely need to play more!")
} else if score < 500 {
  print("Good job, well done.")
  } else if score < 1000 {
    print("Very nice score!")
    } else {
    print("Awesome, you are indestructible!")
    }
```

其中，每个 else（除了最后一个 else）之后是另一个 if 指令。如果玩家的得分较低（低于 100），将会显示"Ouch..."消息且忽略其余指令（均位于 else 之后）。相比较而言，较为优秀的玩家则会通过全部测试，随后即可判断出玩家得到了较高的分值。

代码中采用了缩进格式，并以此表示 else 与 if 间的配对关系。若存在多种不同类别，程序将变得缺少可读性。因此，一种例外情况是，else 后的执行采取缩进格式。对于这一类相对复杂的 if 指令，可采用简单的代码布局格式，如下所示：

```
if score < 100 {
print("Ouch, you definitely need to play more!")
} else if score < 500 {
print("Good job, well done.")
} else if score < 1000 {
print("Very nice score!")
} else {
print("Awesome, you are indestructible!")
}
```

当采用上述布局方案时，指令所处理的各种情况则一目了然。除了 if 指令之外，还存在一类 switch 指令，并适用于不同的处理情形。第 19 章将详细讨论 switch 的使用方法。

图 5.2 显示了 if 指令的语法，if 指令体由括号间的一条或多条指令构成。其中，指令体即为指令代码块，如图 5.3 所示。在 else 关键字之后，箭头返回至 if 关键字，并可进一步定义其他情形。

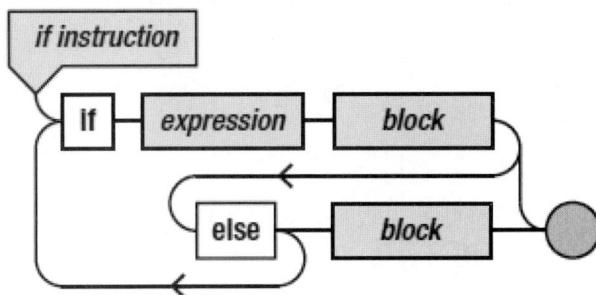

图 5.2　if 指令语法示意图

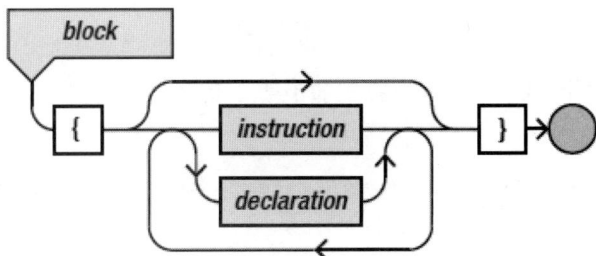

图 5.3　指令块语法示意图

5.5　比较运算符

if 指令头中的条件表示为一个表达式，并返回 true 或 false。若表达式的结果为 true，将执行 if 指令体。在这一背景下，可使用比较运算符，如下所示：

❑　<表示小于。

❑　<=表示小于等于。

❑　>表示大于。

❑　>=表示大于等于。

   ❑　==表示等于。

   ❑　!=表示不等于。

   上述运算符可在两个数值之间使用。在运算符的左侧和右侧，可放置常量值、变量或完整的表达式（包含加法、乘法等）。读者可利用"=="符号测试两个数值间的相等性。注意，"=="不同于"="，后者表示赋值操作，理解这两个符号之间的差别十分重要。例如，"x=5"表示将数值 5 赋予 x；而"x==5"则表示 x 是否等于 5。

5.6　逻辑运算符

   在逻辑术语中，条件也称作断言。逻辑运算中连接断言的运算符（and、or、not）也适用于 Swift，并采用特定的符号表达，如下所示：

   ❑　&&表示逻辑与运算符。

   ❑　||表示逻辑或运算符。

   ❑　! 表示逻辑非运算符。

   读者可利用此类运算符检测复杂的逻辑语句，从而在特定情况下执行相关指令。例如，仅当玩家得分大于 10000、敌方角色生命值等于 0、玩家生命值大于 0 时显示"You win！"消息，如下所示：

```
if playerPoints>10000 && enemyLifeForce==0 && playerLifeForce>0 {
print("You win!")
}
```

5.7　布 尔 类 型

   使用比较运算符的表达式，或者利用逻辑运算符连接其他表达式的表达式也具有相关类型，这一点类似于采用算术运算符的表达式。毕竟，此类表达式的结果也将是某个数值，即 true 或 false。在 Swift 中，相应结果采用 true 或 false 关键字表示。

   除了在 if 语句中表示某项条件之外，逻辑表达式还可用于多种不同场合。除了包含不同的类型之外，逻辑表达式与算术表达式十分相似。例如，可将逻辑表达式的结果存储于某个变量中，作为参数进行传递；或者在另一个表达式中再次使用当前结果。

真值类型定义为布尔值,并以英国数学家和哲学家 George Boole(1815—1864)命名。布尔变量的声明和赋值示例如下所示:

```
var test: Bool
test = x > 3 && y < 5
```

其中,若 x 为 6,y 为 3,布尔表达式 x > 3 && y < 5 将计算为 true,该值存储于变量 test 中。此外,还可将布尔值 true 或 false 直接存储于某个变量中,如下所示:

```
var isAlive: Bool = false
```

当存储游戏中不同对象状态时,布尔变量使用起来十分方便。例如,可利用布尔变量存储玩家的存活状态;玩家是否处于跳跃状态;关卡是否结束等。除此之外,还可在 if 指令中将变量用作表达式,如下所示:

```
if isAlive {
// do something
}
```

在该示例中,如果表达式 isAlive 计算为 true,则执行 if 指令体。读者可能会认为,上述代码将产生编译器错误,且应按照下列方式进行布尔变量比较:

```
if isAlive == true {
// do something
}
```

实际上,这一额外的比较行为并无必要——if 指令中的条件表达式的计算结果为 true 或 false。鉴于布尔变量已经体现了这两种结果(之一),因而无须再次执行比较操作。

读者可使用布尔类型存储复杂的表达式(true 或 false)。下面考察其他一些示例。

```
var a = 12 > 5
var b = a && 3 + 4 == 8
var c = a || b
if !c {
a = false
}
```

在上述指令执行完毕后,下面尝试确定变量 a、b、c 的结果值。在第一行代码中,声明并初始化了一个布尔变量 a,存储于该布尔变量的结果值根据表达式 12 > 5 计算,对应结果为 true。随后，该值赋予变量 a。在第二行代码中，声明了一个新变量 b，用以存储复杂表达式的结果。该表达式的第一部分为变量 a（包含了 true 值），表达式的第二部分则是比较表达式 3 + 4 == 8，其值为 false（3+4 不等于 8）。因此，逻辑与的计算结果最终为 false。在该指令执行完毕后，变量 b 包含 false 值。

第三条指令将变量 a 和 b 的逻辑或结果存储于变量 c 中。由于 a 包含了 true，该表达式的结果也为 true——这一结果将赋予 c。最后是一条 if 指令，并将 false 值赋予 a（仅当!c 的计算结果为 true 时）。当前，c 为 true，因而!c 为 false。也就是说，if 指令代码体将不被执行。因此，在全部指令执行完毕后，a 和 c 的结果值均为 true，而 b 则包含了 false 值。

上述操作表明，代码中极易出现逻辑错误，这一过程类似于代码的调试处理——逐一执行指令，并在不同阶段确定变量值。一点差错即会得到截然不同的结果。

5.8　调整颜色

前述章节曾讨论了 if 指令的使用方法，并以此检测玩家是否触摸了屏幕。下面对相关程序进行扩展，即炮管中心的单击操作将改变射击物的颜色。读者可尝试运行本章的 Painter2 示例程序，进而查看相应的操作过程。

对此，需要使用到 3 个附加的精灵对象，分别对应于每种颜色。当在 Xcode 中打开 Painter2 项目中的 Images.xcassets 文件夹后，即会看到列出的附加精灵对象。在 GameScene 类中，可添加相关属性，并引用此类精灵对象，如下所示：

```
var cannonRed = SKSpriteNode(imageNamed: "spr_cannon_red")
var cannonGreen = SKSpriteNode(imageNamed: "spr_cannon_green")
var cannonBlue = SKSpriteNode(imageNamed: "spr_cannon_blue")
```

上述精灵对象应与炮管具有相同位置（原点设置于转盘的中心处），如下所示：

```
cannonRed.position = cannonBarrel.position
cannonGreen.position = cannonBarrel.position
cannonBlue.position = cannonBarrel.position
```

除此之外，还应确保精灵对象绘制于炮管上方（而非后方）。针对于此，可将精灵对象的 z 值设置为大于炮管的 z 值（炮管的 z 值为 1），如下所示：

```
cannonRed.zPosition = 2
cannonGreen.zPosition = 2
cannonBlue.zPosition = 2
```

这里的问题是，考虑到大炮射出的油漆颜色，并不需要绘制全部 3 个精灵对象——仅绘制其中的一个即可。对此，可利用 SpriteKit 框架中各个（精灵对象）节点均包含的 hidden 属性。相应地，在初始状态下，可隐藏 cannonGreen 和 cannonBlue 精灵对象，如下所示：

```
cannonGreen.hidden = true
cannonBlue.hidden = true
```

目前，仅 cannonRed 精灵对象将在屏幕上进行绘制。当然，该精灵对象需要添加至场景中以实现正常工作，如下所示：

```
addChild(cannonRed)
addChild(cannonGreen)
addChild(cannonBlue)
```

下一步是处理大炮圆盘中心位置处玩家的单击行为，并以此变换射击时的颜色。这里，需要处理的一项具有挑战性的问题是，如何检测单击操作行为？目前，程序仅存储了触摸位置盘，且尚无具体方法可了解到玩家是否将手指置于屏幕上，或者是否触摸屏幕上的同一位置。一种简单的处理方法是，添加额外的变量维护玩家的单击行为。例如，可定义一个布尔类型变量，并在初始状态下将其设置为 false，如下所示：

```
var hasTapped: Bool = false
```

当玩家触摸屏幕时，可将该属性设置为 true。这一个过程实现于 touchesBegan 方法中，如下所示：

```
override func touchesBegan(touches: Set<UITouch>, withEvent event:
UIEvent?) {
  let touch = touches.first!
  touchLocation = touch.locationInNode(self)
  nrTouches = nrTouches + touches.count
  hasTapped = true
}
```

当仅处理单击行为时，需要在 update 方法结尾处再次将该属性设置为 false。通过这一方式，当玩家开始触摸屏幕时，hasTapped 属性变为 true；此外，还可在 update 方法中对其进行设置，随后，该属性即可再次变为 false。

当玩家触摸屏幕时，需要处理两种不同的情形。第一种情况是玩家在大炮圆盘中心之外触摸屏幕。此时，需要计算炮管的角度。第二种情况是玩家触摸大炮的圆盘中心位置。对此，需要改变对应的颜色，即隐藏或显示已添加至游戏场景中的、配以相关颜色的精灵对象。那么，如何检测玩家是否触摸到大炮的圆盘中心位置？对于这一问题，可判断触摸位置是否位于精灵对象的边界内。每一个精灵对象节点均设置了一个属性，以此计算包围该对象的矩形（即包围盒）。cannonRed 精灵对象包围盒的获取方式如下所示：

```
let rect = cannonRed.frame
```

rect 变量表示为 CGRect 类型，其中定义了一些有用的方法和属性。例如 contains 方法，该方法用于判断某点是否位于矩形中，其应用方法如下所示：

```
if rect.contains(touchLocation) {
// the player is touching the screen inside the cannonRed bounding box!
}
```

下面通过 contains 方法处理 Painter 游戏中的各种情形。第一种情况是，玩家在大炮圆盘之外触摸屏幕，如下所示：

```
if !cannonRed.frame.contains(touchLocation) {
  let opposite = touchLocation.y - cannonBarrel.position.y
  let adjacent = touchLocation.x - cannonBarrel.position.x
  cannonBarrel.zRotation = atan2(opposite, adjacent)
}
```

此处应留意如何利用逻辑非（!）运算符构造 if 条件。在其他情形中（玩家触摸 cannonRed 的包围盒内部），当玩家执行单击操作时，可实现下列任务：

```
if !cannonRed.frame.contains(touchLocation) {
// update the cannon barrel angle
}
else if cannonRed.frame.contains(touchLocation) && hasTapped {
// change the color of the cannon barrel disc
}
```

若 if 条件不为 true，那么将执行 else 语句（换而言之，cannonRed.frame 涵盖触摸位置）。对此，可实现更加简短的 if 指令，并实现相同功能，如下所示：

```
if !cannonRed.frame.contains(touchLocation) {
// update the cannon barrel angle
}
else if hasTapped {
```

```
// change the color of the cannon barrel disc
}
```

在 else 语句中，需要改变大炮圆盘的颜色。如果当前颜色为红色，则需要调整为绿色；若为绿色，则应修改为蓝色；若为蓝色，则需要再次变为红色。通过这一方式，玩家切换了不同的颜色。也就是说，多次单击大炮的圆盘图案。这种调整色彩的方式可通过修改 3 个圆盘精灵对象的 hidden 属性实现。其中，某个对象中的该属性应为 false，而另外两个为 true。考察下列代码：

```
let tmp = cannonBlue.hidden
cannonBlue.hidden = cannonGreen.hidden
cannonGreen.hidden = cannonRed.hidden
cannonRed.hidden = tmp
```

在第一行代码中，cannonBlue 的 hidden 状态存储在临时变量中。随后，cannonGreen 的 hidden 状态存储于 cannonBlue 中。因此，如果绿色圆盘处于可见状态，那么，蓝色圆盘也将处于可见状态。接下来，cannonRed.hidden 状态将被赋予 cannonGreen.hidden。最后，cannonRed.hidden 设置为存储于 tmp 变量中的 hidden 状态，即原 cannonBlue.hidden 状态。通过这种方式在变量 hidden 值之间进行切换十分有效。读者也可尝试对此进程操作，假设红、绿、蓝的 hidden 状态分别为 true、false、true（也就是说，绿色处于可见状态），执行后的结果为 true、true、false（即蓝色处于可见状态）。再次运行上述指令后，将会得到 false、true、true（即红色处于可见状态）。再次运行 Painter2 后，对应结果如图 5.4 所示。

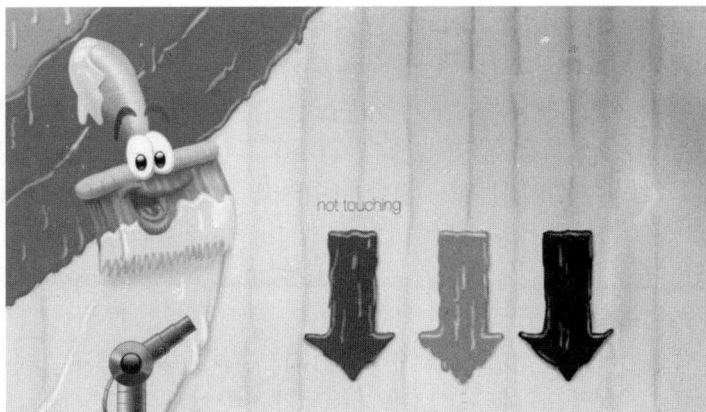

图 5.4　Painter2 示例

5.9　注　意　事　项

update 方法中包含了较为复杂的代码片段，如下所示：

```
if nrTouches > 0 {
  touchingLabel.text = "touching"
  if !cannonRed.frame.contains(touchLocation) {
    let opposite = touchLocation.y - cannonBarrel.position.y
    let adjacent = touchLocation.x - cannonBarrel.position.x
    cannonBarrel.zRotation = atan2(opposite, adjacent)
  } else if hasTapped {
    let tmp = cannonBlue.hidden
    cannonBlue.hidden = cannonGreen.hidden
    cannonGreen.hidden = cannonRed.hidden
    cannonRed.hidden = tmp
  }
} else {
touchingLabel.text = "not touching"
}
hasTapped = false
```

其原因在于 if 指令间的嵌套。然而，在查看了执行代码中的各种可能性后，情况并非那么糟糕。如果玩家触摸屏幕，则会改变触摸文本标记；或者是炮管处于旋转状态；抑或是大炮的圆盘颜色发生变化（如果玩家执行单击操作）。总体而言，当前存在 3 种所谓的控制路径，如图 5.5 所示。该图也称作流程图，向开发人员提供了程序执行内容的视觉反馈。当考察代码的工作流程时，读者也可尝试绘制自己的流程图；或者制定不同的程序处理方案。另一种提升代码可读性的方法是添加注释，这一点在 Painter2 示例中已有所体现。

随着程序变得越加复杂，代码所处理的各种情况也变得难以理解，期间常会导致 bug 的出现。程序员往往会认为能够处理各种不同情况，但程序员也是人，是人就会犯下错误。另外，代码测试过程是一项繁重的工作，但也并不能发现所有的 bug。这就是为什么许多游戏公司会发布游戏补丁，以修复那些在众多玩家体验后才会显现的 bug。

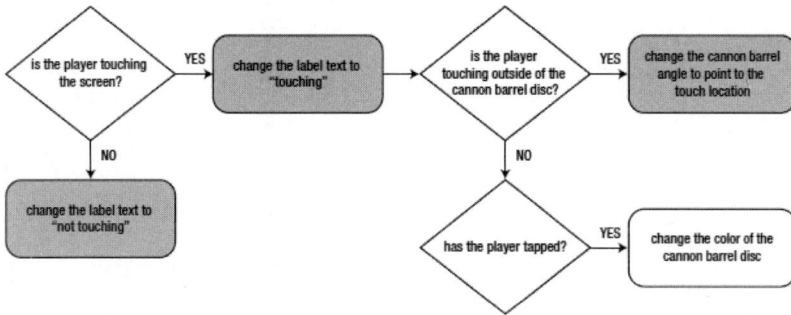

图 5.5　在 Painter2 中，触摸输入处理流程图

5.10　本 章 小 结

本章主要涉及以下内容：

❑　如何与触摸输入进行交互，例如基于 if 指令的单击或手指滑动操作。

❑　通过布尔值针对相关指令定义各种条件。

❑　处理条件语句中的各种情况。

第6章 处理飞行的球体

本章尝试整合 Painter 游戏中的源代码，随着游戏复杂度的不断增加，这一措施十分必要。本章将讨论如何通过方法在逻辑上实现代码的结构化操作。相应地，还将在游戏中加入运动的球体对象。

6.1 方   法

前述章节使用了大量的不同类型的方法和函数。例如，UIColor.blackColor 和 print 函数间存在显著的差别：后者需要接收一个字符串类型的参数，而前者则不需要使用任何参数。blackColor 方法隶属于 UIColor，而 print 函数则表示为独立函数。除此之外，函数/方法还可包含结果值，并可用于执行方法调用的指令中。例如，将结果值存储于某个变量中，如下所示：

```
var myColor = UIColor.blackColor()
```

此处调用了定义于 UIColor 中的 blackColor 方法，并将结果值存储于 myColor 变量中。不难发现，blackColor 提供了可供存储的结果值。另外一方面，print 函数则未提供可存储于变量中的结果值。当然，该函数向控制台输出文本内容，这也可视作一种函数调用结果。当谈及函数的结果时，并不仅意味着屏幕上的显示结果；通常是指函数调用返回某个值，并可存储于某个变量中。这也称作函数或方法的返回值。在数学中，较为常见的情形是函数包含某个结果。例如，数学函数 $f(x)=x^2$ 将 x 值定义为参数，并返回其平方值作为结果。在 Swift 中，其数学函数表达如下所示：

```
func square(x : Int) -> Int {
return x*x
}
```

当考察上述方法头部内容时，将会看到：该方法接收一个参数，即 x。在括号之后是一个箭头和 Int。这表示，该方法返回一个整数值，并可存储于变量中，如下所示：

```
var sx = square(10)
```

在上述指令执行完毕后，变量 sx 包含值 100。在函数体中，可利用关键字 return 指明函数返回的实际值。在上述平方计算示例中，函数返回表达式 x*x 的结果值。需要注意的是，执行 return 指令也意味着终止函数中其余指令的执行。任何置于 return 指令之后的指令都不会被执行。例如，考察下列函数：

```
func square(x : Int) -> Int {
  return 12
  var tmp = 45
}
```

在该示例中，第二条指令（var tmp = 45）将不会被执行——上一条指令已经终止了函数。这也是 return 指令的一个常见特征，对应使用方法如下所示：

```
func squareRoot(x : Int) -> Int {
  if x < 0 {
    print("Error: cannot compute square root of a negative number!")
    return 0
  }
  // Calculate the square root, we are now sure that x >=0.
  return ...
}
```

在上述示例中，可采用 return 指令防止方法的使用者产生错误的输入内容。也就是说，无法计算负数的平方根。对此，可事先处理此类情形，进而避免出现潜在的错误。需要注意的是，返回值函数应通过全部可能的逻辑路径返回相关值。因此，如果函数中包含了处理多种情况的 if 指令，应确保该函数在每种情况下均返回值。在上述示例中，存在两种情形且均需要返回相关值。

atan2 函数则是另一个示例，该函数接收参数，并返回一个存储于变量的结果值，正如 Painter2 示例中所做的那样，如下所示：

```
cannonBarrel.zRotation = atan2(opposite, adjacent)
```

不包含返回值的另一个方法示例则是 GameScene 类中的 update 方法，如下所示：

```
override func update(currentTime: NSTimeInterval) {
```

```
if nrTouches > 0 {
  touchingLabel.text = "touching"
  if !cannonRed.frame.contains(touchLocation) {
    let opposite = touchLocation.y - cannonBarrel.position.y
    let adjacent = touchLocation.x - cannonBarrel.position.x
    cannonBarrel.zRotation = atan2(opposite, adjacent)
  } else if hasTapped {
    let tmp = cannonBlue.hidden
    cannonBlue.hidden = cannonGreen.hidden
    cannonGreen.hidden = cannonRed.hidden
    cannonRed.hidden = tmp
  }
} else {
    touchingLabel.text = "not touching"
}
hasTapped = false
}
```

由于该方法并未包含返回值，因而在方法体中无须使用 return 关键字。但某些时候，添加该关键字可包含一定的用途。例如，可使用 return 关键字提升代码的可读性，并移除 if 嵌套语句，如下所示：

```
override func update(currentTime: NSTimeInterval) {
  if nrTouches <= 0 {
    hasTapped = false
    touchingLabel.text = "not touching"
    return
  }
  touchingLabel.text = "touching"
  if !cannonRed.frame.contains(touchLocation) {
    let opposite = touchLocation.y - cannonBarrel.position.y
    let adjacent = touchLocation.x - cannonBarrel.position.x
    cannonBarrel.zRotation = atan2(opposite, adjacent)
```

```
  } else if hasTapped {
    let tmp = cannonBlue.hidden
    cannonBlue.hidden = cannonGreen.hidden
    cannonGreen.hidden = cannonRed.hidden
    cannonRed.hidden = tmp
  }
  hasTapped = false
}
```

在该方法中，首先判断玩家是否触摸屏幕。若否，则重置 hasTapped，改变文本标记并从方法中返回。任何位于 return 之后的语句都不会被执行。

注意，当调用不包含返回值的方法时，不存在可存储于变量中的结果值。例如：

```
var what = print("hello!")
```

其中，print 不存在返回值，因而在程序中编写上述指令时，编译器将会显示一条警告信息。

如果方法或函数包含返回值，对应值不必一定要存储于变量中。例如，可直接在 if 指令中对其加以使用，正如 update 方法中所做的那样，如下所示：

```
if !cannonRed.frame.contains(touchLocation) {
// do something
}
```

这里，contains 方法返回一个布尔值，若该值为 false，则执行 if 指令体（"！"意味着否定）。对于是否存在返回值，其差异类似于指令（不包含对应值）和表达式（包含了相关值）之间的不同。因此，!cannonRed.frame.contains(touchLocation)可视为一个表达式，而 print("hello!")则表示为一条指令。

总而言之，对于包含/不包含参数的方法或函数，方法/函数均可返回或不返回相关值。读者可使用函数和方法将代码组织在某个指令逻辑代码中。例如，atan2 函数整合了全部指令，并计算三角形两边的反正切值。通过这一方式，此类指令仅需编写一次，后续操作过程中无须关注其计算方式——可简单地调用该函数即可。游戏中一般会包含大量的此类方法或函数。例如，检测图像是否位于屏幕外侧。若对象进入/离开屏幕时，或者玩家落入屏幕下方并死亡时（该情形出现于大多数平台游戏中），该方法将十分有用。取决于具体操作，程序员有权决定是否需要使用参数和返回值。

6.2　参数名和标记

下面讨论参数的声明和调用方式。考察下列函数：

```
func sign(val: Int) -> Int {
  if val < 0 {
      return -1
  } else if val > 0 {
      return 1
  } else {
      return 0
  }
}
```

该函数计算整数值的符号。如果参数值大于 0，则函数返回 1；如果参数值为负数，则函数返回 - 1；如果参数值为 0，则函数的调用结果也将为 0，如下所示：

```
var someVariable = sign(3) // someVariable will contain the value 1
someVariable=sign(-12) //someVariable will now contain the value -1
someVariable = sign(0) // someVariable now contains the value 0
```

当查看函数头时，将会发现参数包含了一个名称 val。在函数体内部，可通过该名称引用参数。当函数被调用时，可简单地将所需参数值写入至括号中。若函数包含多个参数，可简单地在括号中写入多个参数值。例如下列 atan2 函数头：

```
func atan2(lhs: CGFloat, rhs:CGFloat) -> CGFloat
```

该函数包含了两个参数，其调用方式如下所示：

```
cannonBarrel.zRotation = atan2(opposite, adjacent)
```

除了函数之外，Swift 也对方法提供了支持。回忆一下，方法采用了与函数类似的方式整合指令。但与函数不同，方法隶属于类中。对于方法的定义方式（参数的处理方式），Swift 涵盖了不同的规则。包含单一参数的方法其工作方式通常与函数相同：当调用该方法时，可简单地在括号间写入参数值。若方法包含多个参数，情况则有所变化。假设在 GameScene 类中定义了下列方法：

```
func max(val1: Int, val2: Int) -> Int {
  if val1 < val2 {
      return val2
  } else {
      return val1
  }
}
```

该方法接收两个参数，并返回二者的最大值。由于包含了两个参数，因而在调用方法时，需要确定参数值与参数名之间的映射关系，如下所示：

```
var maxValue = max(3, val2: 12)
```

在 Swift 语言中，一般不需要在第一个参数之前添加标记，而是应对方法中的后续参数添加标记。除了对象创建方法之外，这一规则对于所有方法均适用。对于对象创建方法，第一个参数需要添加标记，如下所示：

```
var background = SKSpriteNode(imageNamed: "spr_background")
```

此处创建了类型为 SKSpriteNode 的对象，并将其存储于变量中。Swift 需要使用到参数标记 imageNamed。

Swift 对内部和外部参数标签进行了区分。下面重写 max 方法，如下所示：

```
func max(val1: Int, b val2: Int) -> Int {
  if val1 < val2 {
      return val2
  } else {
      return val1
  }
}
```

不难发现，第二个参数包含两个标记。其中，第一个标记（b）表示为外部参数标记名。当调用该方法时，应采用该标记而不是 val2 以引用第二个参数，如下所示：

```
var result = max(12, b: 3)
```

标记 val 和 val2 表示为内部标记名称，用于方法体内部。另外，还可使用外部标记名，强制用户也针对第一个参数提供一个标记。对此，可采用下列代码修改 max 方法。

```
func max(firstValue val1: Int, secondValue val2: Int) -> Int
```

当前，在调用 max 方法时，需提供两个标记，如下所示：

```
result = max(firstValue: 12, secondValue: 3)
```

如果认为对应标记并非必需，可在方法头中针对外部标记使用下画线标明，如下所示：

```
func max(val1: Int, _ val2: Int) -> Int
```

当前，调用 max 方法无须再提供任何标记，如下所示：

```
result = max(12, 3)
```

需要注意的是，仅需在第二个参数前添加下画线——默认状态下，第一个参数已被忽略。通过观察可知，对于定义参数名，Swift 提供了多种选择方案，以及多种方式引用函数或方法体内部/外部的参数。除此之外，利用不同的函数和方法规则，某些时候，当调用某个方法或函数时，反而难以明晰是否应编写相应的标记名。然而，Xcode 开发环境可自动检测错误，并提供相应的修正方案。读者可尝试向 Painter2 程序中的 atan2 添加标记，此时，Xcode 建议标记应被移除，以修正编译器错误。

较好的方法是，在不同场合下，使用相应的参数类型。对此，显式参数标记可使得参数的含义更加明晰。例如，max 函数中的 firstValue 和 secondValue 标记体现了哪一个函数值返回了最大值。作为另一个示例，考察下列函数：

```
func calculateAgeInMonths(years y: Int, months m: Int) {
return y * 12 + m
}
```

当调用该函数时，应理解两个参数的具体含义。相应地，显式的 years 和 months 标记有助于使问题更加明晰化，如下所示：

```
var myAgeInMonths = calculateAgeInMonths(years: 18, months: 3)
```

声明和参数

变量的声明与方法头中的参数具有共同之处。实际上，这一类参数也可视作一种声明，但包含以下几点不同：

❑　变量声明于方法体中；参数则声明十方法头的括号内。
❑　变量通过赋值操作获取相关值；参数则在方法被调用时自动获得数值。
❑　变量声明始于关键字 var，而参数则不存在这一类要求。

6.3　默认参数值

在方法或函数体中，还可针对特定参数指定默认值。鉴于提供了一种方便、简洁的方式调用方法/函数，因而该机制十分有用。例如，考察使玩家处于跳跃状态的 jump 方法，其方法头如下所示：

```
func jump(speed: Int = 200, animate: Bool = true)
```

在方法头中，当前方法包含了两个参数，即角色的跳跃速度和跳跃时是否采用动画方式。其中，每个参数均包含默认值。相应地，程序员希望玩家的初始速度为 200，且处于动画状态。考虑到这些默认值，方法调用可实现为下列形式：

```
jump()
```

这等同于以下列方式调用方法：

```
jump(speed: 200, animate: true)
```

当参数包含默认值并调用该方法（针对该参数包含了不同的数值）时，一般需要在其前方添加标记，如上述方法调用所示。下面是另一个例子。

```
jump(animate: false)
```

这将通过默认的速度值 200 调用 jump 方法，但却禁用了动画操作。使用默认参数值可简化方法调用，但某些时候也并非必需。例如，可通过下列方式重定义 max 方法：

```
func max(val1: Int = 12, b val2: Int = 34) -> Int
```

其中针对两个参数定义了默认值，但实际意义并不明显——这里并不存在相应的数值集合以供 max 方法调用使用。如果某个参数的默认值具有特定含义（如 jump 方法那样），则强烈建议在方法头中指定默认值。当调用方法时，这不仅可简化代码，同时还向方法调用者指明该方法的使用方式。如果方法中定义了多个底层参数，且用户并不了解选择什么值，那么，最后一个参数就显得尤为重要。此时，对于方法的具体应用来说，默认值提供了一种"基准线"，用户无须了解参数的具体含义。

6.4　将指令整合至方法中

　　第 5 章中的 Painter2 示例仅显示了背景和可旋转的炮管。与此相比，商业游戏一般较为复杂，其中包含了大量的不同对象（涉及复杂的操作和交互行为），这也是方法的用武之地。考察本章的 Painter3 示例，读者将会看到，相关指令将会整合至方法中。例如，initCannon 方法包含了初始化大炮游戏对象的所有指令，如下所示：

```
func initCannon() {
  cannonRed.zPosition = 1
  cannonGreen.zPosition = 1
  cannonBlue.zPosition = 1
  cannonBarrel.anchorPoint = CGPoint(x:0.233, y:0.5)
  cannon.position = CGPoint(x:-430, y:-280)
  cannon.zPosition = 1
  cannonGreen.hidden = true
  cannonBlue.hidden = true
  cannon.addChild(cannonRed)
  cannon.addChild(cannonGreen)
  cannon.addChild(cannonBlue)
  cannon.addChild(cannonBarrel)
}
```

　　其中，cannon 表示为存储于 GameScene 类中的属性，如下所示：

```
var cannon = SKNode()
```

　　大炮的全部组件（炮管以及 3 种颜色指示器）现在均为该对象中的部分内容。相应地，cannon 对象则表示为 gameWorld 对象中的组成部分。这可通过 didMoveToView 方法中的下列代码实现：

```
gameWorld.addChild(cannon)
```

　　图 6.1 显示了当前示例中游戏对象的完整层次结构，进而可对对象进行有效的分组，并在整体上简化对象的操控过程。例如，大炮的定位通过 initCannon 方法中的一条指令即可实现，如下所示：

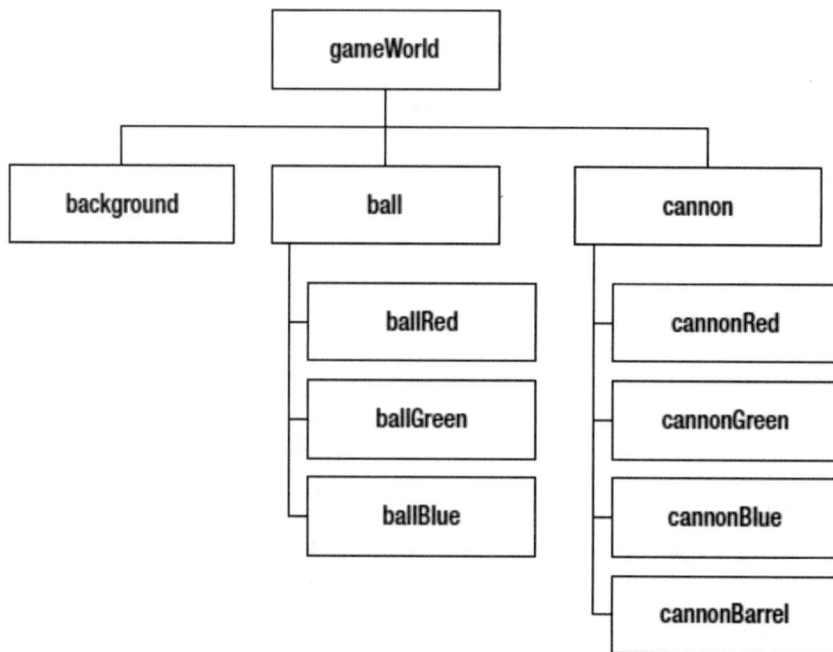

图 6.1　Painter3 示例中游戏对象的层次结构

　　由于 cannon 对象在独立的方法中进行初始化,初始化游戏场景的方法(即 didMoveTo View 方法)也变得更加易读,如下所示:

```
override func didMoveToView(view: SKView) {
 anchorPoint = CGPoint(x: 0.5, y: 0.5)

 background.zPosition = 0
 gameWorld.addChild(background)

 initCannon()
 gameWorld.addChild(cannon)

 initBall()
 gameWorld.addChild(ball)

 addChild(gameWorld)
```

```
delta = NSTimeInterval(view.frameInterval) / 60
}
```

在 Painter3 中，游戏对象包含了自身的初始化方法，除了当前背景之外——这是一类非常基础的对象。不难发现，Painter3 示例不仅包含了大炮对象，同时还定义了球体对象（稍后将对此加以处理）。

6.5   局部坐标系和世界坐标系

在编写程序过程中，游戏对象往往会处于不同的局部坐标系中。在 Painter2 示例中，读者可尝试在 GameScene.swift 的 didMoveToView 方法结尾处添加下列代码：

```
print(cannonRed.position)
```

程序运行完毕后，将向控制台输出位置(0,0)。这可表示为 cannon 对象的位置。在 cannon 对象内部，节点 cannonRed 的局部位置为(0,0)。那么，如何得到 cannonRed 节点的世界坐标系位置？对此，可将 cannonRed 的局部位置转换至世界坐标系位置的节点。在当前示例中，该节点定义为 gameWorld。利用下列两行代码替换上述 print 调用，如下所示：

```
let  worldCannonRedPos  =  gameWorld.convertPoint(cannonRed.position,
    fromNode: cannonRed)
print(worldCannonRedPos)
```

其中，第一行代码调用了名为 convertPoint 的方法，该方法将局部坐标系中的一点转换到另一个坐标系中，对应点为 cannonRed.position。另外，转换点的坐标系统隶属于 cannonRed 节点。最后，点被转换到的坐标系统隶属于 gameWorld，转换结果存储于变量中，并于随后输出至屏幕上（根据第二条指令）。当运行代码时，cannonRed 对象的世界坐标将被输出。

convertPoint 方法存在两个版本，版本一将从坐标系中进行转换；而版本二则转换至某个坐标系中。某些场合下，转换至某个坐标系十分有用。如果检测玩家是否在大炮颜色指示器上进行单击操作，则需要将触摸位置转换到颜色指示器对象的局部坐标系中。convertPoint 方法的处理过程如下所示：

```
let localTouch: CGPoint = gameWorld.convertPoint(touchLocation, toNode:
cannonRed)
```

随后，可将这一局部触摸位置与大炮的颜色指示器进行比较，从而判断是否于其上执行了单击操作，如下所示：

```
if !cannonRed.frame.contains(localTouch) {
  // rotate the cannon toward the player touch location
  } else if hasTapped {
  // change the cannon color
}
```

在 Painter3 示例中，读者可查看 GameScene.swift 文件中的 handleInputCannon 方法，以获取大炮输出处理的完整代码。

6.6　向游戏场景中添加球体

在 Painter 游戏中，炮管的瞄准操作遵照玩家滑动的手指位置。当玩家从屏幕上抬起手指后，大炮将射出一个球体对象，该对象与大炮当前的颜色匹配。因此，对于球体来讲，需要设置 3 种不同的精灵对象，即红、绿、蓝。在 Painter3 示例中，此类精灵对象存储为 GameScene 类的属性，如下所示：

```
var ballRed = SKSpriteNode(imageNamed: "spr_ball_red")
var ballGreen = SKSpriteNode(imageNamed: "spr_ball_green")
var ballBlue = SKSpriteNode(imageNamed: "spr_ball_blue")
```

上述 3 个精灵对象节点存储于 ball 节点中。在 initBall 方法中，包含了 ball 的初始化指令，如下所示：

```
func initBall() {
  ball.zPosition = 1
  ball.addChild(ballRed)
  ball.addChild(ballGreen)
  ball.addChild(ballBlue)
  ball.hidden = true
```

```
}
```

初始状态下，ball 处于隐藏状态。当玩家射出球体后，该球体将处于可见状态。由于球体处于运动状态，因而还需存储其速度。这里，速度表示为向量，并定义了球体位置随时间的变化方式。例如，如果球体速度为(0,1)，那么球体的 y 位置每秒将增加 1 个点（即球体向上方运动）。在 Painter3 示例中，速度表示为 ballVelocity 属性。

当玩家射击球体时，需要执行两个步骤。首先，玩家需对大炮执行瞄准动作，这可通过在屏幕上滑动手指来实现，随后球体将被射出。为了记录球体的射击状态，可定义一个布尔属性 readyToShoot，如下所示：

```
var readyToShoot = false
```

在本书所开发的游戏中，大多数对象均包含位置和速度属性。考虑到本书仅涉及 2D 游戏，因而速度由 x 和 y 变量构成。当更新游戏对象时，需要根据速度向量和时间值计算新的位置。本章稍后将对此予以介绍。

SpriteKit 框架包含了物理引擎，从而向游戏中加入了某些物理行为，但当前游戏还未使用到这一引擎。在本书开发的第二款游戏中，读者将学习如何利用该引擎，并依据物理交互打造游戏，最终效果类似于 Cut the Rope 或 Crayon Physics。

6.6.1　球体的射击行为

当玩家的手指离开屏幕时，球体即被射出。球体的速度和运动方向由玩家手指的最终位置所决定。同时，球体将在该位置方向上运动。另外，手指距离大炮越远，其速度也就越快。这也是一种较为直观的球体速度控制方式。当设计一款游戏时，应仔细考虑指令（来自用户）的获取方式，以及相对自然、高效的处理方式。

为了进一步处理输入内容，可向 GameScene 类中添加 handleInputBall 方法。在该方法中，第一步是检测玩家是否触摸屏幕。若是，并且玩家尚未触摸到大炮的颜色指示器，这表明玩家正在执行瞄准操作。如果球体未被射出，则玩家即可启动球体的射击行为。换而言之，球体应处于隐藏状态。如果所有内容均为 true，则可将 readyToShoot 设置为 true，如下所示：

```
let localTouch: CGPoint = gameWorld.convertPoint(touchLocation, toNode:
  cannonRed)
if nrTouches > 0 && !cannonRed.frame.contains(localTouch) &&
  ball.hidden {
```

```
    readyToShoot = true
}
```

其中，第二个 if 指令检测玩家的手指是否离开了屏幕——此时，nrTouches 等于 0，且 readyToShoot 属性为 true，如下所示：

```
if (nrTouches <= 0 && readyToShoot && ball.hidden) {
    // shoot the ball!
}
```

在 if 指令中，需要完成多项任务。当前，已知玩家触摸屏幕的某个位置，其球体从炮管中射出。对此，首先需要改变球体的 hidden 状态——当射击时，球体应处于可见状态，如下所示：

```
ball.hidden = false
```

其次，由于球体已被射出，还需要将 readyToShoot 属性设置为 false，如下所示：

```
readyToShoot = false
```

考虑到球体处于运动状态，因此需要定义相关速度。该速度表示为一个向量，其位置方向与玩家最后一次触摸屏幕的位置相关。对此，可以通过从触摸位置减去球体的位置来计算这个方向。由于速度包含了 x 分量和 y 分量，因而需要在两个维度上执行该计算过程，如下所示：

```
ballVelocity.x = touchLocation.x - cannon.position.x
ballVelocity.y = touchLocation.y - cannon.position.y
```

通过这种方式计算速度可得到期望的结果。期间，玩家的触摸位置越远，则速度也就越快。也就是说，触摸位置和球体位置之差也就越大。当前，球体的运动速度较慢，对此可乘以一个常量，这在当前游戏环境中十分有用。

```
let velocityMultiplier = CGFloat(1.4)
ballVelocity.x = (touchLocation.x - cannon.position.x) *
  velocityMultiplier
ballVelocity.y = (touchLocation.y - cannon.position.y) *
  velocityMultiplier
```

在经过多次测试后，此处选取了常量值1.4。游戏中基本都包含了这一类体验参数，在游戏测试过程中，需要对此进行不断调试，进而确定最佳值。考虑到游戏的平衡性问题，获取正确的参数值十分重要；同时，还应确保所选取的数值难易适中。例如，若常量值选取为 0.3（而不是 1.4），球体的运动速度将进一步减慢。同时，游戏体验过程也会大打折扣——球体可能永远无法到达屏幕的远端。

6.6.2　更新球体位置

本节将定义球体的运动行为，基本上讲，存在两种可能性，即球体等待被射出或球体在空中飞行。为了将这一类运动行为转换为指令，进而更新球体的速度及其位置，下面编写一个 updateBall 方法，并对相关指令予以整合。完整的方法定义如下所示：

```
func updateBall() {
  if !ball.hidden {
    ballVelocity.x *= 0.99
    ballVelocity.y -= 15
    ball.position.x += ballVelocity.x * CGFloat(delta)
    ball.position.y += ballVelocity.y * CGFloat(delta)
  }
  else {
    // calculate the ball position
    let opposite = sin(cannonBarrel.zRotation) *
    cannonBarrel.size.width * 0.6
    let adjacent = cos(cannonBarrel.zRotation) *
    cannonBarrel.size.width * 0.6
    ball.position = CGPoint(x: cannon.position.x + adjacent,
        y: cannon.position.y + opposite)

    // set the ball color
    ballRed.hidden = cannonRed.hidden
    ballGreen.hidden = cannonGreen.hidden
    ballBlue.hidden = cannonBlue.hidden
  }
  if isOutsideWorld(ball.position) {
```

```
    ball.hidden = true
    readyToShoot = false
  }
}
```

该方法使用了 if 语句区分球体的两种状态。如果球体未处于隐藏状态,则应处于飞行状态。此时,if 指令体将被执行,这里,代码体包含了 4 条指令,前两条指令用于更新速度,后两条指令则负责更新位置。其中,第一条指令更新速度的 x 方向。此处,可将当前速度乘以 0.99,也就是说,速度将稍有减慢。这一过程用于模拟空气摩擦力。第二条语句在每次更新时提升 y 速度,从而模拟球体上的重力效果。当然,在真实世界中,重力值并非 15,也不会包含像素。游戏中的物理一般并不会真实反映现实生活中的物理行为。如果希望将某些物理行为整合至游戏中,物理真实感并不是首要条件,而是应确保游戏的可玩性。这也是在战略游戏中,飞机的速度与地面上行走的士兵之间相差无几的原因。如果游戏针对两个对象采用真实的速度,那么,游戏的体验性将大大降低。

通过当前速度添加至 x 和 y 分量上,即可更新球体的位置,如下所示:

```
ball.position.x += ballVelocity.x * CGFloat(delta)
ball.position.y += ballVelocity.y * CGFloat(delta)
```

不难发现,速度乘以了一个因子 delta,下面将对此加以讨论。

6.7　固定时间步和可变时间步

delta 是定义于 GameScene 中的一个属性,如下所示:

```
var delta: NSTimeInterval = 1/60
```

也就是说,delta 定义为 1/60 秒的时间间隔,对应于 SpriteKit 中设置的默认帧速率,即每秒 60 帧。实际上,delta 表示为两个游戏循环之间的时间量。

在将速度乘以 delta 因子后,实际上是计算游戏引擎的帧速率。此处,帧速率与 iOS 设备的屏幕刷新率关系紧密。这一频率值一般为 60Hz(换而言之,类似于每秒 60 次的帧速率)。在 SpriteKit 中,可以将帧速率修改为其他值,即调整 SKView 类中的 frameInterval 属性。

例如,在 didMoveToView 方法中,可将帧间隔设置为 2,这意味着,帧速率将降至每秒 30 帧，如下所示：

```
view.frameInterval = 2
```

显然，后续操作还需要更新 delta 因子，以使其匹配于新的帧速率，如下所示：

```
delta = NSTimeInterval(view.frameInterval) / 60
```

如果在较慢的设备上运行游戏，且引擎无法执行每秒 60 次的游戏循环（例如每秒运行 50 帧），情况又当如何？由于 delta 并未代表实际的时间值，这也意味着，整个游戏将会减慢——游戏逻辑仍会使用设置于 delta 变量中的、最近一次调用 update 后的固定时间值（1/60 秒）。鉴于 delta 值固定不变，因而此类游戏循环也称作固定时间步方案。

在一些场合下，游戏速度减慢本身并非坏事。需要指出的是，从结构上来看，游戏的运行速度并非减少太多，但这也会包含一定的副作用。但是，由于对象的运动方式缺乏真实感，玩家可能对游戏失去兴趣。其次，游戏的体验难度将会大大降低，这也使得持有早期设备的玩家获得不公平的优势。

一种处理方式是记录最近一次更新以来，实际的时间流逝值，这也是 GameScene 中的 update 方法设置了 currentTime 参数的原因。该参数包含了当前系统时间，读者可执行多次计算获取自最近一次更新以来的时间量。对此，首先需要添加一个变量，并存储最近一次更新时的时间值，如下所示：

```
var lastUpdateTimeInterval: NSTimeInterval = 0
```

在 update 方法中，随后可按照如下方式计算时间量：

```
let timePassed: NSTimeInterval = currentTime - lastUpdateTimeInterval
lastUpdateTimeInterval = currentTime
```

当前任务是计算 delta 值与实际时间值之差。若该结果值过大，可适当增加帧间隔，并计算新的 delta 值，以使游戏体验较好地匹配于设备。必要时，读者还可尝试编写更加高级的版本，并计算最后几帧中基于 delta 的平均差值；随后，根据这一差值结果，进一步确定减缓或提升帧速率。

与固定 delta 值相比，一种完全不同的方案是在每次调用 update 方法时简单地计算 delta 值，并于随后在游戏中使用该 delta 值。这也称作可变时间步，如下所示：

```
delta = currentTime - lastUpdateTimeInterval
lastUpdateTimeInterval = currentTime
```

与前一方案相比，可变时间步包含以下优点。首先，无须再担心帧速率问题。此时，

delta 值对应于实际流逝的时间量。这意味着，游戏将在同一速度下运行，且无须考虑实际的帧速率。如果帧速率下降，游戏场景速度将自动进行适配。当采用较高的帧速率时，可变时间步在游戏中十分有用，例如第一人称射击游戏，其中，考虑到相机直接被玩家控制，因而其移动速度较快。对此，可变时间步可生成平滑的运动状态，以及更好的游戏体验。

可变时间步的缺点在于，游戏逻辑应足够健壮，进而处理 delta 值中的较大波动。例如，假设把一支箭射向空中，在某点处，由于系统的卡顿使得 delta 值变得较大；通过将速度乘以 delta 值并将其添加至当前位置，即可得到最新位置。这可能导致箭头在未经碰撞处理的情况下穿越某个对象（例如敌方角色）。另外，也可能会导致玩家进入本来无法访问的游戏场景外部。因此，应慎重使用此类 delta 值，这往往会导致难以预料的错误。

可变时间步的另一个缺点是，当玩家暂时执行其他任务时，时间仍会持续流逝（例如打开游戏菜单，或者保存游戏）。类似地，当玩家查看道具时，其所控制的角色不应被敌方角色杀死。同样，当玩家在不同的 App 之间切换时，也应防止出现此类情况。

注意：

早些时候，计算机的计算速度较慢，因此尚未出现固定时间步这一概念。游戏开发者假设用户均在同等慢速的设备上运行游戏，进而频繁调用游戏循环方法，并利用恒定速度因子更新对象的位置。随着计算机计算速度的不断提高，此类游戏的体验度大打折扣。因此，当计算速度和位置时，通常会考虑使用流逝的时间量，确保在帧速率和设备功能之间实现较好的匹配。

6.8　更新球体颜色

如果球体当前处于射出状态，玩家应可对其颜色进行修改。对此，需获取大炮当前颜色，并相应地调整球体的颜色。通过这一方式，可保证球体颜色与大炮的颜色保持一致。之前的方案将大炮颜色指示器对象的 hidden 状态简单地映射至不同的颜色球体，如下所示：

```
ballRed.hidden = cannonRed.hidden
ballGreen.hidden = cannonGreen.hidden
ballBlue.hidden = cannonBlue.hidden
```

　　除此之外，还需要更新球体的位置。这一操作不可或缺，其原因在于，当球体并未处于空中时，玩家可通过旋转炮管调整其射击位置。因此，此处需要计算准确的球体位置，确保与当前炮管方向匹配。当采用正弦和余弦函数时，位置计算如下所示：

```
let opposite = sin(cannonBarrel.zRotation) * cannonBarrel.size.width * 0.6
let adjacent = cos(cannonBarrel.zRotation) * cannonBarrel.size.width * 0.6
ball.position = CGPoint(x: cannon.position.x + adjacent, y:
  cannon.position.y + opposite)
```

不难发现，对边和邻边均乘以 0.6。

updateBall 方法的第二部分内容则是一条 if 指令，如下所示：

```
if isOutsideWorld(ball.position) {
  ball.hidden = true
  readyToShoot = false
}
```

　　该方法处理球体离开游戏场景这一类事件。对此，可向 GameScene 添加一个 OutsideWorld 方法。该方法旨在检测既定位置是否位于游戏场景外部。通过若干规则，可定义游戏场景的边界。回忆一下，SpriteKit 的原点位于屏幕的左下角。本书中所开发的游戏，游戏场景的原点（或锚点）设置为屏幕中心位置，以方便地适应于不同的设备。在该设置中，如果 x 位置小于 - 1/2 的屏幕宽度，或者大于屏幕的 1/2 宽度，那么，对象将位于游戏场景外部。此外，如果 y 位置小于 - 1/2 的屏幕高度，该对象也将位于游戏场景外部。需要注意的是，当 y 位置较大时，并不意味着对象一定位于场景外部。例如，玩家射击后，球体可能短暂位于屏幕上方，并于随后再次回落。这种效果在平台类游戏中较为常见，其中，角色跳跃后部分消失于屏幕外侧，这与跌落于屏幕底部完全不同（通常意味着该角色死亡）。

　　下面考察方法头，其中接收一个位置参数，如下所示：

```
func isOutsideWorld(pos: CGPoint) -> Bool
```

　　该方法的返回值表示为一个布尔值，当检测某个位置是否位于屏幕外侧时，需要知晓屏幕的宽度和高度。Painter3 示例向 GameScene 类加入了一个 gameSize 属性，并在 GameScene 的 init 方法中被赋值，如下所示：

```
override init(size: CGSize) {
  super.init(size: size)
```

```
  gameSize = size
}
```

稍后讲详细讨论该方法的细节内容。当前，假设该方法在 App 启动时被调用。

在 isOutsideWorld 方法中，通过 gameSize 属性判断某个位置是否位于屏幕外侧。方法体由一条指令构成，使用关键字 return 计算布尔值，其中的逻辑或操作涵盖了位置位于屏幕外侧这一不同情况，如下所示：

```
return pos.x < -gameSize.width/2 || pos.x > gameSize.width/2 || pos.y
  < -gameSize.height/2
```

此处不必关心 y 坐标是否大于 gameSize.height/2，如前所述，这将使对象飞离屏幕并再次落回。

下面返回至 updateBall 方法，其中第二条 if 语句在判断条件中调用了 isOutsideWorld 方法。若该方法返回 true，则球体再次处于隐藏状态，readyToShoot 属性将设置为 false（因而球体可被玩家再次射出）。

诸如 isOutsideWorld 这一类方法可在程序的不同处加以复用，进而节省开发时间，并可编写更加简洁、具有可读性的程序。例如，isOutsideWorld 方法还可供其他对象使用，如稍后将介绍的游戏中的油漆桶，并用以测试其是否下落至屏幕之外。

当运行 Painter3 示例程序时，玩家可瞄准炮管、选取颜色并射出球体，如图 6.2 所示。在第 7 章中，还将向游戏中加入油漆桶对象。

图 6.2　Painter3 示例程序

6.9　本 章 小 结

本章主要涉及以下内容：

❑　不同的方法/函数类型（是否包含参数和返回值）。

❑　固定和可变时间步之间的差异。

❑　如何向游戏场景中加入处于飞行状态的球体。

第7章 游戏对象类型

第 6 章考察了如何创建包含多个不同游戏对象的游戏场景,例如大炮和球体。此外,还介绍了游戏对象间的交互方式。例如,球体对象根据大炮圆盘的颜色更新其颜色。本章将会向游戏场景中加入下落的油漆桶。在此之前,读者需要回顾一下如何在 Swift 中创建和管理对象。同时,本章还将引入类这一概念,进而可生成某一特定类型的多个游戏对象。随后,将会讨论如何将类这一概念应用于 Painter 游戏应用程序中的其他部分。进一步讲,读者将学习到如何向游戏中引入随机性特征。

7.1 创建同一类型的多个对象

截止到目前,前述内容仅在 Painter 中使用了游戏对象的单一实例,例如,仅存在单一的大炮对象以及单一的球体。在 Painter 示例中,此类对象通过 GameScene 类中的多个属性予以表示。例如,下列属性实现了 cannon 对象。

```
var cannon = SKNode()
var cannonBarrel = SKSpriteNode(imageNamed:"spr_cannon_barrel")
var cannonRed = SKSpriteNode(imageNamed: "spr_cannon_red")
var cannonGreen = SKSpriteNode(imageNamed: "spr_cannon_green")
var cannonBlue = SKSpriteNode(imageNamed: "spr_cannon_blue")
```

类似地,ball 对象应包含与其关联的多个属性,如下所示:

```
var ball = SKNode()
var ballRed = SKSpriteNode(imageNamed: "spr_ball_red")
var ballGreen = SKSpriteNode(imageNamed: "spr_ball_green")
var ballBlue = SKSpriteNode(imageNamed: "spr_ball_blue")
var ballVelocity = CGPoint.zeroPoint
var readyToShoot = false
```

在 Painter 游戏中,假设需要同时射击多个球体,当采用目前的对象处理方式时,对于加入游戏的每个球体，需要创建上述属性的副本。最终，GameScene 类将变得十分庞大，因而难以理解。进一步讲，复制代码这一行为通常并不是一种良好的习惯。如果在后续操作中需要利用第 4 种颜色扩展球体，对于添加至游戏中的每个球体，则需更新相应的属性列表。

7.2　类

在 Swift 中，通过类可以将属性整合至新类型中。Painter4 示例展示了如何使用类将逻辑上相近的属性进行整合。考察下列类定义：

```
class Cannon {
  var node = SKNode()
  var barrel = SKSpriteNode(imageNamed:"spr_cannon_barrel")
  var red = SKSpriteNode(imageNamed: "spr_cannon_red")
  var green = SKSpriteNode(imageNamed: "spr_cannon_green")
  var blue = SKSpriteNode(imageNamed: "spr_cannon_blue")
}
```

类创建了一种新类型，因此，在定义了 Cannon 类之后，即可创建 Cannon 类型实例。Cannon 类确立了以下内容：表示场景图中对象的节点；炮管精灵对象，以及代表大炮颜色的 3 种精灵对象。在 Painter4 中，该类定义于 GameScene 类之上。在 GameScene 内部，无须再编写包含大炮对象的全部属性。此处，仅需简单地创建一个 Cannon 类型属性即可，如下所示：

```
var cannon = Cannon()
```

cannon 属性包含了定义于 Cannon 类中的数据，通过 "." 符号可访问其中的数据。例如，下列代码定义了 initCannon 方法的新版本，并初始化 cannon 属性，如下所示：

```
func initCannon() {
  cannon.red.zPosition = 1
  cannon.green.zPosition = 1
  cannon.blue.zPosition = 1
  cannon.barrel.anchorPoint = CGPoint(x:0.233, y:0.5)
```

```
cannon.node.position = CGPoint(x:-430, y:-280)
cannon.node.zPosition = 1
cannon.green.hidden = true
cannon.blue.hidden = true
cannon.node.addChild(cannon.red)
cannon.node.addChild(cannon.green)
cannon.node.addChild(cannon.blue)
cannon.node.addChild(cannon.barrel)
}
```

因此，不必像 Painter3 中那样直接访问属性，现在可将其作为 cannon 对象的一部分予以访问。采用类似的方式，还可定义 Ball 类，如下所示：

```
class Ball {
  var node = SKNode()
  var red = SKSpriteNode(imageNamed: "spr_ball_red")
  var green = SKSpriteNode(imageNamed: "spr_ball_green")
  var blue = SKSpriteNode(imageNamed: "spr_ball_blue")
  var velocity = CGPoint.zeroPoint
  var readyToShoot = false
}
```

再次强调，此处仅需在 GameScene 中定义单一属性，如下所示：

```
var ball = Ball()
```

相应地，ball 对象中数据的访问类似于 cannon 对象。下列代码显示了最新 updateBall 方法中的部分内容。

```
if !ball.node.hidden {
  ball.velocity.x *= 0.99
  ball.velocity.y -= 15
  ball.node.position.x += ball.velocity.x * CGFloat(delta)
  ball.node.position.y += ball.velocity.y * CGFloat(delta)
}
```

该方案的可取之处在于，可方便地向游戏中加入更多的球体，如下所示：

```
var ball2 = Ball()
var ball3 = Ball()
var ball4 = Ball()
```

这里不必针对每个球体定义所有属性，只需简单地创建 Ball 类的一个实例即可。此处唯一的问题是，updateBall 方法仅更新了 ball 所引用的对象。如果打算添加 ball2、ball3、ball4，将无法实现自动更新。针对这一问题，一种相对简单的处理方式是：复制 updateBall 中的代码 3 次，并将 ball 替换为每个副本中的 ball2、ball3 和 ball4。当然，这并不是一种较好的处理方法。其中，复制代码意味着需处理版本管理问题。例如，如果 updateBall 方法中出现了 bug，情况又当如何？对此，需确保将修改后的代码复制至其他 Ball 对象中，如果忘记了其中的一个副本，bug 仍将继续存在。另一个问题是该方案无法实现进一步扩展。例如，可能需要对当前游戏进行扩展，使得玩家同时射击 20 个球体。对此，是否需要复制 20 次代码？除此之外，Swift 文件变得越大，编译器将其转换为机器码的时间也就越长。最后，重复的代码看起来很难看，会使源代码文件显得混乱不堪，并且很难找到所需的代码内容；此外，还会导致页面的过度滚动，并降低编码效率。

针对上述问题，一种解决方案是将 Ball 对象作为 updateBall 方法的参数，如下所示：

```
func updateBall(aBall: Ball) {
 if !aBall.node.hidden {
   aBall.velocity.x *= 0.99
   aBall.velocity.y -= 15
   aBall.node.position.x += aBall.velocity.x * CGFloat(delta)
   aBall.node.position.y += aBall.velocity.y * CGFloat(delta)
 }
 else {
    // more code manipulating the aBall object
 }
}
```

随后，在 update 方法中，可简单地调用该方法，并作为参数传递各个 ball 对象，如下所示：

```
override func update(currentTime: NSTimeInterval) {
 ...
 updateBall(ball)
```

```
updateBall(ball2)
updateBall(ball3)
updateBall(ball4)
...
}
```

对于各个球体对象的初始化操作及其输入处理，需要执行相同的操作。虽然这是一类可令人接受的方案，但从长远角度来看，这并不是一种最佳方法。在 Painter 游戏中，仅存在少量的不同的游戏对象，其中包括大炮、球体以及 3 个油漆桶。相比较而言，商业游戏往往涉及数百个游戏对象。如果需要针对每种对象类型，向 GameScene 类中添加初始化操作、输入处理以及更新方法，那么，该类将变得十分臃肿，同时也会使得代码的编辑过程变得越发困难。

针对于此，一种较好的方法是将 initBall、handleInputBall 和 updateBall 方法定义为 Ball 类中的部分内容，而非 GameScene 类。考察本章中的 Painter5 示例，该示例在前述内容的基础上稍加修改。首先，Ball 和 Cannon 类在独立文件中加以定义——这可视作一种较好的方法，此时，源代码将变得易于浏览。另一个变化则是 ball 的初始化操作、ball 输入处理以及 ball 的更新行为均为 Ball 类中的一部分内容。类似地，Cannon 类应包含自身的方法。至此，handleInput 和 updateDelta 将用作游戏循环方法（处理游戏场景的输入和更新操作）的默认名称。

7.3　独立类中的输入处理

当把输入处理方法置于 Ball 和 Cannon 类中时，需要通过某种方式访问玩家的屏幕触摸位置。一种方法是针对输入处理定义单独的类。对此，可将该类命名为 InputHelper。

在 InputHelper 类中，设置了相关属性用以跟踪玩家的触摸点。另外，还可定义一个方法，用以判断玩家是否触碰了屏幕上的某个位置。InputHelper 类的完整内容如下所示：

```
class InputHelper {
  var touchLocation = CGPoint(x: 0, y: 0)
  var nrTouches = 0
  var hasTapped: Bool = false


  func isTouching() -> Bool {
```

```
    return nrTouches > 0
  }
}
```

GameScene 类中添加了 InputHelper 类型的属性，如下所示：

```
var inputHelper = InputHelper()
```

随后，当调用 ball 和 cannon 的 handleInput 方法时，可作为参数传递 InputHelper 对象，如下所示：

```
cannon.handleInput(inputHelper)
ball.handleInput(inputHelper)
```

最终，用户可访问各个游戏对象中的触摸信息。例如，在 Cannon 类中，可利用 InputHelper 类中的 isTouching 方法判断是否应旋转 cannon。若玩家尚未触摸屏幕，则无须执行任何操作，从 handleInput 方法中返回即可，如下所示：

```
if !inputHelper.isTouching() {
return
}
```

7.4　初始化对象

当创建对象实例（例如 ball 或 cannon）时，生成的对象需要执行初始化操作。例如，当创建一个球体对象时，需要加载若干精灵对象，设置初始速度，确保球体处于隐藏状态，等等。在 Swift 中，每个类均包含了自身的初始化器执行此类工作。读者可通过方法名识别初始化器。相应地，初始化器一般称作 init。进一步讲，当定义一个初始化器时，可省略关键字 func。下列代码展示了 Ball 类的初始化器。

```
init() {
  node.zPosition = 1
  node.addChild(red)
  node.addChild(green)
  node.addChild(blue)
```

```
node.hidden = true
}
```

在初始化器代码体中，可对 node 属性进行操控：z 位置将发生变化（因而球体总是呈现于背景前方）；同时还增加了红、绿、蓝球体精灵对象；另外，该节点被设置为 hidden。当创建 Ball 实例时，init 方法将被自动调用，如下所示：

```
var b = Ball()
```

上述指令执行下列任务：

- ❑ 获取存储 Ball 实例的内存空间。
- ❑ Ball 中所存储的属性被赋予某个值，对应值存储于内存空间中。
- ❑ 调用 Ball 初始化器。
- ❑ 指向新创建实例的引用被赋予变量 b。

鉴于初始化器与方法十分类似，同时还可向其添加参数。例如，考察下列初始化器：

```
init(position: CGPoint) {
  node.zPosition = 1
  node.addChild(red)
  node.addChild(green)
  node.addChild(blue)
  node.hidden = true
  node.position = position
}
```

上述初始化器接收一个位置参数，并按照下列方式创建 Ball 实例。

```
var ballPosition = CGPoint(x: 10, y: -50)
var anotherBall = Ball(position: ballPosition)
```

需要注意的是，当调用初始化器时，初始化器参数需要添加一个标记。当然，如方法调用那样，也可显式地指出不使用任何标记，如下所示：

```
init(_ position: CGPoint) {
// initializer code here
}
```

类中可定义多个不同的初始化器，甚至包含不同的参数用以创建类实例。除此之外，类定义中还可不添加 init 方法。此时，Swift 使用内建的默认初始化器，并针对属性设置所定义的默认值。例如，在 Painter4 中，Ball 类定义如下所示：

```
class Ball {
  var node = SKNode()
  var red = SKSpriteNode(imageNamed: "spr_ball_red")
  var green = SKSpriteNode(imageNamed: "spr_ball_green")
  var blue = SKSpriteNode(imageNamed: "spr_ball_blue")
  var velocity = CGPoint.zeroPoint
  var readyToShoot = false
}
```

Ball 类中的每个属性均包含了相应的默认值。例如，readyToShoot 的默认值为 false；球体速度的默认值为 0。当创建 Ball 类实例时，将调用默认的初始化器，同时将默认值赋予相关属性中。Swift 编译器要求，当创建类实例时，类中的每个属性都需执行初始化操作，从而迫使开发人员保证实例中的全部数据均已被正确地初始化，从而将减少与未初始化数据相关的 bug。

最后一点需要了解的是，初始化器还可包含其他初始化器。Swift 将对指定初始化器和便利初始化器进行区分。其中，指定初始化器将初始化一个实例，包括全部属性内容，例如 Ball 中的 init 方法；而 convenience 初始化器则包含不同的语法，如下所示：

```
convenience init(position: CGPoint) {
  self.init()
  node.position = position
}
```

其中使用了 convenience 关键字，并标明这并非指定初始化器。convenience 初始化器在指定初始化器上构建了一个层，进而简化类实例的创建过程。相应地，convenience 初始化器需要在其方法体中调用另一个初始化器，并在属性赋值之前执行这一操作。此处使用了关键字 self，稍后将对此详细介绍。其中，还可调用另一个 convenience 初始化器（并依次调用另一个初始化器），而非指定初始化器，这将形成一个 convenience 初始化器调用链。但需要注意的是，最终仍需调用一个指定初始化器。convenience 初始化器调用另一个初始化器的有效性主要体现在：可编写更加简短的代码。上述 convenience 初始化器仅包含了两行代码，仅为下列指定初始化器代码量的 1/3。

```
init(position: CGPoint) {
```

```
node.zPosition = 1
node.addChild(red)
node.addChild(green)
node.addChild(blue)
node.hidden = true
node.position = position
}
```

进一步讲，基本对象的初始化代码应在类中的独立位置处指定，即位于指定初始化器中。这意味着，如果该代码中存在 bug，则可于其中解决这一问题，并自动处理依赖于指定初始化器的、便利初始化器中的 bug。

注意:

初始化器的另一个称谓是构造函数，后者常用于 C#和 Java 这一类语言中。

7.5　self 关键字

目前，Painter 中针对多种对象类型定义了类。下面再次考察描述对象功能的相关代码。例如，在 Painter4 中，cannon 输入处理过程定义于 handleInputCannon 方法中，该方法隶属于 GameScene 类中，如下所示:

```
let opposite = touchLocation.y - cannon.node.position.y
let adjacent = touchLocation.x - cannon.node.position.x
cannon.barrel.zRotation = atan2(opposite, adjacent)
```

上述代码展示了所操控的对象。在第一行代码中，可得到 cannon 对象节点的 y 位置，并以此计算数据项的对边。在最后一行代码中，对于 cannon 中的炮管，将其旋转状态设置为某个特定值。此处可方便地查看所操控的对象，其原因在于，在简单的情形中，每个对象均定义了唯一的名称以供引用。

下面查看 Cannon 类中的同一代码片段，如下所示:

```
let opposite = touchLocation.y - node.position.y
let adjacent = touchLocation.x - node.position.x
barrel.zRotation = atan2(opposite, adjacent)
```

　　除了不再有 cannon 对象引用之外，两段代码基本相同。在 Cannon 类方法中，无须添加对象的名称，开发人员可在 GameScene 类中编写下列代码：

```
var cannon = Cannon()
var anotherCannon = Cannon()
var chrisTheCrazyCannon = Cannon()
var aVariableNameWayTooLongForSuchASimpleThingAsACannon = Cannon()
cannon.handleInput()
anotherCannon.handleInput()
chrisTheCrazyCannon.handleInput()
aVariableNameWayTooLongForSuchASimpleThingAsACannon.handleInput()
```

　　期间，handleInput 方法在不同的对象上被调用了 4 次，这也表明，在 handleInput 内部，有时 barrel 表示为 anotherCannon.barrel，有时则表示为 cannon.barrel；而某些场合下则表示为另一个 Cannon 实例中的 barrel 对象。换而言之，在 handleInput 体内部，用户并不知道方法所支配的对象名称。

　　下面考察 handleInput 方法体中的下列代码行：

```
let opposite = touchLocation.y - node.position.y
```

　　这里，如何看待 node 引用？如果 cannon.handleInput 被调用，则表示为 cannon.node。当调用某个对象上的方法，编译器将在对象和方法间进行绑定，确保在方法被执行时正确处理属性引用问题。

　　即使并不了解方法中所操控的对象名，仍可对该对象进行引用——使用 self 关键字。换句话说，self 表示为当前正在操控的对象，因而可编写下列代码：

```
let opposite = touchLocation.y - self.node.position.y
```

　　例如，若 cannon.handleInput 被调用，则使用了 handleInput 中的 self，并引用了 cannon 所引用的实例。那么，是否可以简单地避免集中使用 self 而编写下列代码？

```
let opposite = touchLocation.y - cannon.node.position.y
```

　　上述代码无法成功执行，其中包含了多种原因。首先，代码仅适用于与单一 Cannon 实例（cannon）协同工作，这并不是所期望的操作。使用类定义某种类型的要点之一是，可创建多个所需的类实例。其次，由于 cannon 定义于 GameScene 类中，上述代码无法正常工作。因此，如果通过 cannon 名称引用该对象，需要指出其所属位置。在 Painter4 中，对象隶属于 GameScene 实例对象，因而需要知晓对应的实例名称。那么，该实例于何处被创建？下面考察 GameViewController 类，如下所示：

```
let scene = GameScene(size: viewSize)
```

那么，是否可使用 Cannon 类的 handleInput 方法中的 scene.cannon？答案是否定的。这里 scene 变量定义为 GameViewController 类的 viewWillLayoutSubviews 中的局部变量，因而无法在方法外部对其进行访问。

这也体现了 self 关键字的有效性。也就是说，可方便地引用方法中所操控的对象，类用户将不会受到任何限制。期间，用户可采用任何方式命名实例，并可生成任意数量的类实例。

读者可意识到，一旦向游戏中引入了多个类，应确保所需对象的访问权限。例如，考察 Painter4 中的 updateBall 方法，如下所示：

```
ball.red.hidden = cannon.red.hidden
```

其中，球体需要访问 cannon 对象。那么，如何在 Ball 类的 updateDelta 方法中获取该对象？下面对代码进行重新设计以解决这一类问题。

7.6　利用静态变量访问其他对象

在类之间划分代码的主要问题之一是，需要在游戏中访问其他对象，这一类对象（例如球体或油漆桶）作为属性存储于类中。当访问属性时，需要使用到类实例（同样存储于某处）。因此，这将出现一个较长的对象链。当采用这一方式编写代码时，存在一个相应的根对象，并以此访问各项内容。

这里首先创建一个表示游戏场景的对象。在 Painter5 示例中，读者可看到定义了一个名为 GameWorld 的类，该类包含了与游戏场景相关的所有属性，并确保对象上的任意游戏循环方法在必要时可被调用。如果可创建一个 GameWorld 实例并可供任意访问，那么，上述对象链问题将会得到妥善解决。

在 Swift 中，存在多种方式可实现这一任务。一种方法是创建所谓的类属性（有时也称作类型属性）。类属性不同于常规的属性，它不是依附于一个对象，而是一个类。考察下列示例程序：

```
class Car {
```

```
static var nrOfCars: Int = 0
var nrOfSeats: Int = 4

init() {
    Car.nrOfCars++
}
}
```

不难发现，nrOfCars 属性设置了一个 static 关键字，考察下列指令：

```
Car.nrOfCars++
```

当访问该变量时，无须创建一个 Car 实例——属性与类自身绑定。这也表明，无论创建了多少车辆对象，内存空间中仅存在一处地方以供 Car.nrOfCars 引用。在 init 方法中，类属性 nrOfCars 增加 1。最终，可利用这一属性记录所创建的 Car 对象的数量。

在 GameScene 类中，仍然可通过这一"类属性"原则创建 GameWorld 实例，如下所示：

```
static var world = GameWorld()
```

由于 world 表示为 GameScene 类属性，因而可通过 GameScene.world 对其进行访问。随后，一旦创建了实例，用户即可访问其中的各项属性。例如，可在 Ball 的 updateDelta 方法中编写下列指令：

```
red.hidden = GameScene.world.cannon.red.hidden
```

静态变量是类属性的另一个名称，该术语多见于 Java 或 C#语言中（解释了 static 关键字的使用方法，以在 Swift 中定义一个类属性）。

7.7　类的双重角色

程序中的类饰演了两种角色。第一种角色是将同类方法进行整合；第二个角色则是类体现了某种类型。也可以讲，类表示为对象的"蓝图"，并描述了以下两项内容：

❑　加载了对象的数据。在前述球体示例中，类数据由节点、速度、颜色精灵对象，以及表明球体是否射出的一个变量构成。相应地，初始化器负责配置类实例。

❑　方法用于操控数据，在 Ball 类中，此类方法表示为游戏循环方法（handleInput
和 updateDelta）。

类和对象构成了面向对象编程的核心内容。Swift 是一种十分灵活的语言，并未强制
用户使用类。如果愿意，也可仅采用函数和全局变量编写代码。考虑到类所蕴含的强大
功能，以及在游戏工业的广泛应用，本书将对这一概念进行深入讨论。SpriteKit 框架即
在面向对象示意图的基础上构建，正如面向游戏开发的诸多库和引擎那样。通过学习类
的正确使用方式，读者也可利用面向对象编程语言自行设计优秀的软件产品。图 7.1 展示
了类所饰演的角色，以及与其他编程概念的关联方式。

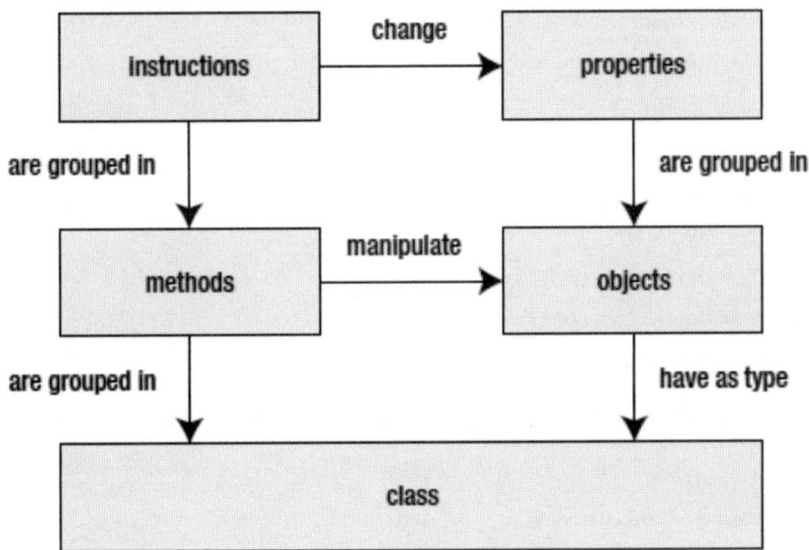

图 7.1　类所饰演的两种角色

📝 注意：

在游戏程序设计过程中，通常会在代码体量和使用频率之间采取某种折中方案。在
Painter 示例中，如果仅创建一个或两个球体对象，则无须对其定义单独的类。但通常情
况下，事态往往会缓慢地发展。在深入了解事务的本质特征之前，鉴于尚未建立一种相
对简单的方式实现相关任务，读者往往会执行大量的代码复制、粘贴工作。当对类进行
设计时，应了解优秀设计所带来的长期效益，甚至会为此做出某种让步，例如实现某些
额外的程序设计工作，以使类设计更具通用性。

7.8　编写包含多个实例的类

作为本章最后一个步骤，下面向 Painter 游戏中添加一些油漆桶对象。其中，此类对象被赋予随机颜色，并从屏幕上方下落。当落入屏幕底部之外时，可对其赋予新的颜色并移回至屏幕上方。对于玩家而言，他们仅会看到油漆桶从上方依次下落。实际上，此处仅需 3 个油漆桶对象以供复用。在 PaintCan 类中，定义了该对象的具体内容及其各种行为。随后，可创建该类的多个实例。在 GameWorld 类中，可将这些实例存储在 3 个不同的属性中。GameWorld 中完整的存储属性列表如下所示：

```swift
var node = SKNode()
var background = SKSpriteNode(imageNamed: "spr_background")
var cannon = Cannon()
var ball = Ball()
var can1 = PaintCan(pOffset: -10)
var can2 = PaintCan(pOffset: 190)
var can3 = PaintCan(pOffset: 390)
```

在 GameWorld 初始化器中，通过向节点添加游戏对象，即可构造场景世界，如下所示：

```swift
init() {
  background.zPosition = 0
  node.addChild(background)
  node.addChild(cannon.node)
  node.addChild(ball.node)
  node.addChild(can1.node)
  node.addChild(can2.node)
  node.addChild(can3.node)
}
```

PaintCan 类、Ball 类和 Cannon 类之间的差别在于：油漆桶对象包含了不同的位置，因而当创建这一类对象时，需要作为参数传递坐标值。对应值表示为期望的油漆桶对象的 x 位置；而此处无须提供 y 位置。y 位置将根据每一个油漆桶对象的 y 向速度计算。为了进一步丰富游戏体验，可以使油漆桶以不同的随机速度下落（稍后将对此予以解释）。

当计算速度时，需知晓油漆桶的最低速度——油漆桶不可下落得过于缓慢。对此，可添加包含该值的 minVelocity 属性。最终，相关属性均定义于 PaintCan 类中，如下所示：

```
var node = SKNode()
var red = SKSpriteNode(imageNamed: "spr_can_red")
var green = SKSpriteNode(imageNamed: "spr_can_green")
var blue = SKSpriteNode(imageNamed: "spr_can_blue")
var velocity = CGPoint.zeroPoint
var positionOffset = CGFloat(0)
var minVelocity = CGFloat(40)
```

类似于 cannon 和 ball 对象，油漆桶也包含了特定的颜色。默认状态下，可选取红色的油漆桶对象。初始状态下，可设置油漆桶的 y 位置，以使其在屏幕上方外侧进行绘制。随着不断下落，此类对象将会显示于屏幕中。在 GameWorld 初始化器中，创建了 3 个 PaintCan 对象，均包含了不同的 x 位置。

7.9　游戏中的随机性

对于油漆桶的运动行为，不可预测性应是较为重要的问题之一，其下落的速度和时间不应被事先预测。对此，需要加入随机因子，玩家每次启动新游戏时，游戏均会呈现出不同的面貌。当然，随机性问题还应处于可控状态。玩家并不希望看到油漆桶花费 3 个小时才到达屏幕底端；而另一个油漆桶仅占用了 1 毫秒时间即完成了相同操作。速度应具备随机性，但应处于可体验的速度范围内。

那么，随机性的真正含义又是什么呢？总体而言，游戏以及其他应用程序中的随机事件和数值通过随机数生成器予以管理。在 Swift 中，存在一个 arc4random()函数，在每次对其进行调用时，将返回一个随机正整数，如下所示：

```
var i = arc4random()
/* i now contains a random integer value in the range 0 - Uint32.max
(= 4294967295) */
```

计算机如何生成呈现完全随机的数值？计算机难道不是一台具有确定性的设备，并执行既定指令构成的程序？实际上，从理论上讲，在游戏场景和计算机程序中，人们可精确预测所发生的事物——计算机仅是执行者。因此，严格来说，计算机并不具备生成随机数的能力。一种"伪装"方法是，从事先定义的大型数值表中挑选一个数字。由于并未真正生成随机数，因而该过程称作伪随机数生成器。某些时候，随机数生成器可生成某一范围内的数字，例如 0～1，但一般也可生成某个任意数值，或者另一范围内的数字。该范围内的每个数字包含了均等的生成概率。在统计学中，这一种分布称作均匀分布。

　　假设当启动游戏时，通过遍历数值表可生成某些"随机"数值。由于数值表并未发生变化，因而每次体验游戏时，将会生成相同的随机数序列。为了有效地避免这一问题，一些随机数生成器可在开始处标明，旨在强调在表中的不同位置处开始。这里，表中的起始位置也称作随机数生成器种子。通常，每次启动游戏时，将得到不同的种子值，例如系统时间。在 arc4random 函数中，该函数将自动提供种子值。

　　那么，如何在游戏场景中使用随机数生成器创建随机数？假设将用户穿越一扇门的次数的 75% 作为标准，并生成敌方角色。对此，可生成 0～1 的随机数，若该随机数小于或等于 0.75，则生成敌方角色；否则不执行这一项操作。鉴于均匀分布特征，用户将得到所期望的操作结果，如下列 Swift 代码所示：

```swift
var spawnEnemyProbability = CGFloat(arc4random()) /
CGFloat(UInt32.max)
if spawnEnemyProbability >= 0.75 {
// spawn an enemy
} else {
// do something else
}
```

　　在上述示例中，首先将随机数转换为浮点值，并于随后除以常量值 UInt32.max，即 32 位整数所能体现的最大值。最终结果为，spawnEnemyProbability 值总是位于 0～1。

　　下面考察另一个示例。假设需要计算 0.5～1 的随机速度。对此，可生成一个位于 0～1 的随机数，随后除以 2 并加 0.5，如下所示：

```swift
var randomNr = CGFloat(arc4random()) / CGFloat(UInt32.max)
var newSpeed = randomNr / 2 + 0.5



func randomCGFloat() -> CGFloat {
return CGFloat(arc4random()) / CGFloat(UInt32.max)
}
```

在理解随机数的"真伪"方面，人类与计算机相比并不占优势。这也是为什么 MP3 播放器在随机播放模式下，有时候会连续播放同一首歌曲。另外，人们一般会认为一些自然生长的条纹并不是随机的，但实际上确实是随机生长的。这也意味着，程序员定义的某些所谓随机函数并不是真正意义上的随机。

在游戏中，需要谨慎处理随机数问题。一种错误的随机单元设计机制是，针对特定玩家生成某种特定类型的单元，进而导致某种不公平现象。进一步讲，当进行游戏设计时，应确保随机事件不会对最终结果产生太大影响。例如，在完成了 80 级的高度挑战的平台游戏后，不要让玩家投掷骰子以决定玩家是否死亡。

7.10 计算随机速度和颜色值

每次油漆桶下落时，应对其生成随机速度和颜色值。对此，可使用 arc4random 以及用户定义的 randomCGFloat 函数。下面首先考察随机速度的计算过程。当对油漆桶设置速度时，需要考察最小速度值，以使油漆桶不会下落得过于缓慢。针对于此，可使用 minVelocity 属性，当创建 PaintCan 实例时，这一属性将被赋予一个初始值，如下所示：

```
var minVelocity = CGFloat(40)
```

当计算随机速度时，可使用最小速度值，如下所示：

```
velocity = CGPoint(x: 0.0, y: randomCGFloat() * -40 - minVelocity)
```

考虑到油漆桶并不会在水平方向上运动（仅处于下落状态），因而 x 方向上的速度为 0。而 y 方向上的速度可通过随机数生成器进行计算。随后，可将该随机数乘以 40，并减去存储于 minVelocity 中的数值，进而得到位于 - minVelocity 和 - minVelocity-40 之间的负 y 速度值。如果 minVelocity 等于 40，将会生成 - 40～ - 80 的 y 向速度。

当计算随机颜色值时，也可使用随机数生成器，但需要在离散数值项（红、绿、蓝）中进行选择，对此可使用 original arc4random_uniform 函数。该函数支持一个可选参数以指定范围：arc4random_uniform(x)将返回一个位于 0～x - 1 的数字。例如，考察下列指令：

```
let randomval = arc4random_uniform(3)
```

当前，变量 randomval 包含 0、1 或 2。利用一些相关的布尔逻辑，可更加直观地设置油漆桶的颜色值，如下所示：

```
red.hidden = randomval != 0
```

```
green.hidden = randomval != 1
blue.hidden = randomval != 2
```

综上所述，在生成了随机颜色值和速度之后，即可定义油漆桶的最终行为。

7.11　更新油漆桶对象

PaintCan 类中的 updateDelta 方法至少应实现以下任务：

❑　如果油漆桶目前尚未处于下落状态，应随机设置速度和颜色值。

❑　更新油漆桶的位置（添加速度值）。

❑　判断油漆桶是否完全落入屏幕之外，随后重置该对象。

针对第一项任务，可使用 if 语句判断油漆桶是否处于隐藏状态。进一步讲，当生成油漆桶对象时，需要引入某些随机性。为了实现这一效果，仅当 randomCGFloat 函数生成的随机数小于阈值 0.01 时，可赋予随机速度和颜色值。考虑到均匀分布特征，只有大约 1 / 100 的随机数将小于 0.01，相应的 if 指令如下所示：

```
if node.hidden {
  if randomCGFloat() > 0.01 {
    return
  }
  // the code that comes here will be executed only once in a while
}
```

随后是初始化操作，通过添加当前速度并查看流逝的时间量，还需要更新油漆桶对象的位置，如球体对象处理过程那样，如下所示：

```
node.position.x += velocity.x * CGFloat(delta)
node.position.y += velocity.y * CGFloat(delta)
```

目前，油漆桶的初始化工作及其位置的更新操作已经完毕，此外还需处理一些特殊情况。对于油漆桶对象，需要检测是否落入游戏场景之外。若是，需要对其进行重置。前述内容已经讨论了相关方法，并判断某一位置是否位于游戏场景之外，即 GameWorld 类中的 isOutsideWorld 方法。此处可再次利用该方法判断油漆桶对象与游戏场景之间的位置关系。如果该对象位于场景外侧，则需重置并将其置于屏幕外侧上方。为了确保在重置前油漆桶完全位于屏幕之外，首先需要计算油漆桶的上方位置，如下所示：

```
let    top   =   CGPoint(x:   node.position.x,   y:   node.position.y   +
red.size.height/2)
```

随后，可利用 if 指令判断其是否位于屏幕之外。若是，则隐藏该对象，如下所示：

```
if GameScene.world.isOutsideWorld(top) {
node.hidden = true
}
```

最后，为了使游戏更具挑战性，每次运行 updateDelta 方法时，还可稍微增加最小速度值，如下所示：

```
minVelocity += 0.02
```

由于最小速度值缓慢增加，游戏将变得越来越困难。

本章 Painter5 示例程序包含了全部源代码，图 7.2 显示了相应的示意图，其中包含了 3 个处于下落状态的油漆桶。

图 7.2　Painter5 示例程序，其中包含了大炮、球体以及 3 个处于下落状态的油漆桶对象

7.12　本 章 小 结

本章主要涉及以下内容：

- ❑　如何在游戏中定义并使用多个类。
- ❑　如何创建多个类型/类实例。
- ❑　如何向游戏中添加随机性以提升游戏体验。

第 8 章　颜色和碰撞检测

截至目前，前述章节已实现了 Painter 游戏中的大部分内容，包括如何通过类机制定义游戏对象类。当采用类时，对于游戏对象的结构方式，以及特定类型游戏对象的创建方式，读者可获取更大的控制权。其中，每个类均定义于自身的 Swift 文件中。通过这一方式，如果在后续操作过程中需要使用包含相同行为的大炮或球体对象，可简单地复制此类文件，并在游戏中创建对象实例即可。

当仔细研究某个类的定义时，可以看到类定义了对象的内部结构（即所包含的属性），以及通过某种方式操控对象的相关方法。对应方法可更加精确地定义对象的各种行为（例如相关功能和局限性）。例如，如果需要复用 Ball 类，用户无须了解与球体对象结构方式相关的详细信息。据此，简单地创建一个对象实例，并调用游戏循环方法即可向游戏中添加飘浮的球体。总体而言，当进行游戏设计（或其他类型的应用程序）时，需要利用类清晰地定义各项功能。相应地，方法便是实现这一任务的主要手段。本章将讨论定义对象功能的另一种方式，即定义计算属性。除此之外，本章还将介绍颜色表达类型，以及如何处理球体与油漆桶对象间的碰撞行为（若发生碰撞，油漆桶需要更换自身的颜色）。

8.1　表达颜色的不同方式

在之前的 Painter 示例程序中，实际上已对颜色进行相关处理。例如，在 Cannon 类中，通过红、绿、蓝 cannon 精灵对象的 hidden 状态跟踪了当前颜色。除了使用颜色球体精灵对象（而非 cannon 颜色精灵对象）之外，Ball 类也采取了类似的做法。下列指令根据当前 cannon 的颜色更新了 ball 颜色。

```
red.hidden = GameScene.world.cannon.red.hidden
green.hidden = GameScene.world.cannon.green.hidden
blue.hidden = GameScene.world.cannon.blue.hidden
```

由于上述指令的工作方式，Ball 类需要了解 Cannon 类内部使用的相关对象——类一般设计为独立的代码，不应引入依赖关系。另一个问题则是，理解代码的实际含义相对困难。对于查看 Cannon 或 Ball 代码的外部人士来说，复制精灵对象隐藏状态这一行为的目的似乎并不清晰。当然，我们可向代码添加注释以解决此类问题，但这仍然无法解决问题的核心内容。理想状态下，代码应采用自解释这一逻辑方式加以编写。

对此，是否可采用统一的方式定义颜色，并在所有的游戏对象类中使用该定义，进而表达不同的颜色？答案是肯定的。除此之外，前述方案的程序内容也较为冗长，当尝试增加颜色种类（例如 4 种、6 种、10 种等）时尤其如此。

本章 Painter6 示例程序可视作 Painter 游戏的新版本。其中，颜色采用不同方式进行处理，即之前曾提到的 UIColor 类型。UIColor 涵盖了可生成不同颜色的多种有效方法，如下所示：

```
let redColor = UIColor.redColor()
let greenColor = UIColor.greenColor()
let blueColor = UIColor.blueColor()
```

8.2　对象的数据访问

如前所述，游戏类表达了特定颜色的相关对象，即 Cannon、Ball 和 PaintCan。出于简单考虑，下面考察如何调整 Cannon 类，并重新设计之前所讨论的颜色定义。Cannon 类中的属性列表如下所示：

```
var node = SKNode()
var barrel = SKSpriteNode(imageNamed:"spr_cannon_barrel")
var red = SKSpriteNode(imageNamed: "spr_cannon_red")
var green = SKSpriteNode(imageNamed: "spr_cannon_green")
var blue = SKSpriteNode(imageNamed: "spr_cannon_blue")
```

除此之外，还可添加表示当前 cannon 对象颜色的另一个存储属性，如下所示：

```
var color = UIColor.redColor()
```

如果希望获取 cannon 对象的颜色，可简单地查看该属性值。然而，这并不是一种理想的解决方案。由于颜色信息通过颜色属性、3 个 cannon 对象的 hidden 状态表示，因而不可避免地包含了冗余信息。当 cannon 对象的颜色发生变化时，如果忘记了修改某项属性，将会引入 bug。

另一种方案是定义两个方法，并使 Cannon 用户可获取、设置颜色信息。随后，可按原样保留属性列表，添加相关方法读取和写入颜色值。例如，可向 Cannon 类添加下列两个方法：

```
func getColor() -> UIColor {
  if (!red.hidden) {
    return UIColor.redColor()
  } else if (!green.hidden) {
    return UIColor.greenColor()
  } else {
    return UIColor.blueColor()
  }
}


func setColor(col : UIColor) {
  if col != UIColor.redColor() && col != UIColor.greenColor()
    && col != UIColor.blueColor() {
    return
  }
  red.hidden = col != UIColor.redColor()
  green.hidden = col != UIColor.greenColor()
  blue.hidden = col != UIColor.blueColor()
}
```

现在，Cannon 类的用户不需要知道在内部使用对象的 hidden 状态来确定当前的 cannon 颜色。用户仅需传递颜色定义，并读取或写入该对象的颜色值，如下所示：

```
myCannon.setColor(UIColor.blueColor())
var cannonColor = myCannon.getColor()
```

注意，上述方法中的代码涵盖了一种安全机制。其中，除了红色、绿色或蓝色之外，getColor 方法将不会返回任何内容。类似地，setColor 仅作为参数接收红、绿、蓝 3 种颜色。作为一种较好的设计方案，其安全性主要体现在，Cannon 类型对象可维护一致的状态。例如，setColor 确保始终有一个没有被隐藏的精灵对象。目前，这并不意味着太多含义，毕竟通过简单地访问对象属性，Cannon 类的用户仍然可以更改 hidden 状态。第 16

章将会考察一种方法，并在对象内部对数据提供保护。

在某些场合下，按照程序员的说法，对象中读取、写入对象的方法也称作 getter 或 setter。在许多面向对象程序设计语言中，方法定义为对象内部数据访问的唯一方式。因此，对于需要在类外部访问的属性，程序员添加了相应的 getter 和 setter。相比于传统的面向对象程序设计语言，Swift 提供了一种新特性，即计算属性。计算属性可视作 getter 和 setter 的替代方案，并定义获取和设置对象数据时的操作内容。

8.3　向类中加入计算属性

在 Swift 中，可方便地向某个类中添加计算属性。例如，此处不再使用 getColor 和 setColor 方法，可分别添加名为 color 的计算属性，如下所示：

```swift
var color: UIColor {
  get {
    if (!red.hidden) {
      return UIColor.redColor()
    } else if (!green.hidden) {
      return UIColor.greenColor()
    } else {
      return UIColor.blueColor()
    }
  }
  set(col) {
    if col != UIColor.redColor() && col != UIColor.greenColor()
      && col != UIColor.blueColor() {
      return
    }
    red.hidden = col != UIColor.redColor()
    green.hidden = col != UIColor.greenColor()
    blue.hidden = col != UIColor.blueColor()
  }
}
```

计算属性包含以下内容:

❑　属性名（例如 color）。

❑　属性类型（当前为 UIColor）。

❑　get 和/或 set 部分。

计算属性与存储属性十分类似，且均包含了名称和类型。二者的差别在于，当使用计算属性时，写入或读取数值时需要对操作内容加以控制。例如，color 属性的读、写操作如下所示:

```
myCannon.color = UIColor.redColor()
if myCannon.color == UIColor.redColor() {
// do something
}
```

其中，第一行代码将数值（UIColor.redColor()）赋予属性，这意味着，将执行属性 set 部分中的指令。第二行代码包含了一条 if 语句。在指令条件中，将读取 color 属性值。相应地，当读取某个属性时，color 属性的 get 部分负责确定具体操作。

在 set 部分之后，可在括号间标明希望使用的参数名（在 color 属性示例中，对应参数称作 col）。如果省略了参数名，默认状态下将使用 newValue 这一名称，如下所示:

```
var color: UIColor {
  get {
     ...
  }
  set {
   if newValue != UIColor.redColor() && newValue !=
    UIColor.greenColor()
    && newValue != UIColor.blueColor() {
    return
   }
   red.hidden = newValue != UIColor.redColor()
   green.hidden = newValue != UIColor.greenColor()
   blue.hidden = newValue != UIColor.blueColor()
  }
}
```

需要说明的是,并非所有的计算属性均包含 get 和 set。例如,考察 Painter6 示例 Cannon 类中的下列属性:

```
var ballPosition: CGPoint {
 get {
  let opposite = sin(barrel.zRotation) * barrel.size.width * 0.6
  let adjacent = cos(barrel.zRotation) * barrel.size.width * 0.6
  return CGPoint(x: node.position.x + adjacent, y: node.position.y +
opposite)
  }
}
```

该属性根据炮管方向计算球体位置,其中包含了 **CGPoint** 类型。在 Ball 类中,该属性用于计算球体位置,如下所示:

```
node.position = GameScene.world.cannon.ballPosition
```

ballPosition 属性并不包含 set 部分。换而言之,该计算属性为只读。下列指令将产生编译器错误:

```
GameScene.world.cannon.ballPosition = CGPoint(x: 0, y: 0)
```

取决于具体需求条件,读者可定义只读属性,或者兼具读、写功能的属性。当在类中定义属性和方法时,游戏代码将变得更加简洁,且易于阅读。在本书中,将使用到存储属性、计算属性以及相关方法,进而定义对象的行为和数据访问。

8.4　处理对象间的碰撞

Painter6 示例程序对当前游戏进行了相应的扩展,即加入了球体与油漆桶之间的碰撞处理。如果两个对象发生碰撞,需要在某个对象的 update 方法中处理碰撞行为。这里,可选择在 Ball 或 PaintCan 类中处理碰撞问题。考虑到如果在 Ball 类中执行这一任务,需要重复相同代码 3 次,分别对应于每一个油漆桶,因此,Painter6 示例程序选择了在 PaintCan 类中处理碰撞问题。

在 SpriteKit 框架中判断碰撞结果较为简单,SKNode 类构成了游戏场景结构的基本内容,同时定义了相关方法和属性用以计算节点的包围盒(包围该节点的盒体)。当表示盒体时，可使用 CGRect 类型。例如，下列代码通过 frame 属性计算节点的盒体。

```
let boundingBox = node.frame
```

然而，frame 属性仅关注节点自身，且不包括其子节点。这意味着，如果节点包含了子节点（例如红、绿、蓝精灵对象），当计算盒体时，这一类对象将不会被考虑——这并非期望中的行为。除了 frame 属性之外，SKNode 还定义了一个 calculateAccumulatedFrame 方法，并考察节点的子节点，如下所示：

```
let accumulatedBoundingBox = node.calculateAccumulatedFrame()
```

CGRect 属性定义了一个 intersects 方法，显示两个盒体是否相交。在 PaintCan 类中，可通过该方法判断油漆桶是否与球体发生碰撞，如下所示：

```
let paintCanBox = node.calculateAccumulatedFrame()
let ballBox = GameScene.world.ball.node.calculateAccumulatedFrame()
if paintCanBox.intersects(ballBox) {
// handle the collision
}
```

若球体和油漆桶之间产生碰撞，需要将油漆桶的颜色调整为球体的颜色。随后，需要重置球体，以供下一次射击使用。下列指令实现了这一过程。

```
color = GameScene.world.ball.color
GameScene.world.ball.reset()
```

在 Ball 类的 reset 方法中，可隐藏球体并重置 readyToShoot 变量，以使玩家可再次射出球体，如下所示：

```
func reset() {
  node.hidden = true
  readyToShoot = false
}
```

读者可尝试运行 Painter6 示例程序，并查看是否正确地处理了球体与油漆桶之间的碰撞问题。

读者可能已经意识到，当前采用的碰撞检测方法并不精确。第 13 章将讨论一种较好的解决方案，并直接使用精灵对象的形状（但会降低游戏的运行速度）。

注意：

对于玩家的游戏体验，少量代码行即可产生显著的变化。在游戏应用程序的构建过程中，一些"微不足道"的事物往往会花费大量的编程精力，而一些重大的变化有时只会占用 1~2 行代码。

8.5　值　和　引　用

本节主要讨论对象和变量在内存中的实际处理方式。当采用诸如 Int 或 Float 类型时，变量直接与内存中的某个位置发生关联。例如，考察下列指令：

```
var i: Int = 12
```

在指令执行完毕后，内存空间如图 8.1 所示。

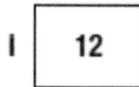

图 8.1　声明和初始化 Int 变量后内存中的状态

下面可创建新的变量 j，并将变量 i 中的值存储于变量 j 中，如下所示：

```
var j: Int = i
```

图 8.2 显示了上述指令执行完毕后，内存空间的变化方式。

图 8.2　声明并初始化两个变量，执行彼此间的赋值操作后，内存空间的状态

此外，还可向变量 j 赋予其他值。例如，执行指令 j=24 后，内存中的结果如图 8.3 所示。

图 8.3　多个声明和赋值操作后的内存空间状态

下面继续查看相对复杂的类型，例如 Cannon 类。考察下列代码：

```
var cannon1 = Cannon()
var cannon2 = cannon1
```

此处，一般认为内存中存在两个 Cannon 对象，分别存储于变量 cannon1 和 cannon2 中，但实际情况并非如此——cannon1 和 cannon2 引用了同一个对象。在第一条指令执行完毕后（创建 Cannon 对象），内存空间状态如图 8.4 所示。

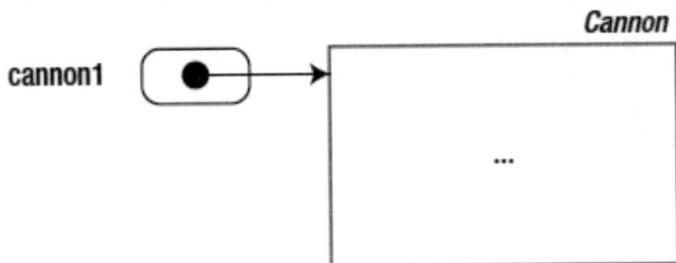

图 8.4　变量 cannon1 包含了指向 Cannon 对象的引用

通过观察可知，Int 或 Bool 这一类基本类型在内存中的表达方式，与 Cannon 类这些复杂类型之间存在着较大的差异。在 Swift 语言中，所有类对象均存储为引用，这一点与数值类型有所不同。这也表明，cannon1 这一类变量并未直接包含 Cannon 对象，而是包含了指向该对象的引用。在声明了 cannon2 变量，并将其赋予 cannon1 之后，内存空间状态如图 8.5 所示。

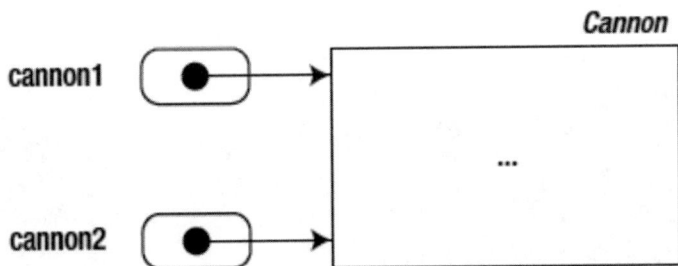

图 8.5　cannon1 和 cannon2 指向同一对象

通过上述代码可以看到，此处仅生成了单一对象——Cannon 初始化器仅在该指令中被调用了一次，如下所示：

```
var cannon1 = Cannon()
```

其原因可解释为：这避免了向内存中复制大量的数据。当前，Cannon 类型对象中仅存储了少量存储属性。对象在每次传递过程中，如果复制了大量数据，程序将变得十分低效。

由于 cannon1 和 cannon2 引用了同一个对象，因此，在 cannon1 引用的对象中更改内容与通过 cannon2 引用更改它们具有相同的效果。例如：

```
cannon2.color = UIColor.redColor()
```

当前，由于 cannon1 和 cannon2 均引用了同一对象，因而表达式 cannon1.color 的结果也为 UIColor.redColor()。这一效果也同样适用于方法和函数的对象传递过程。考察下列函数：

```
func square(n : Int) {
n = n * n
}
```

以及下列指令：

```
var someNumber = 10
square(someNumber)
```

上述指令执行完毕后，someNumber 的结果值仍然为 10（而非 100），其原因在于，当调用 square 函数时，Int 参数采用值传递方式。变量 n 在函数中定义为局部变量，且初始状态下包含 someNumber 变量值。在该函数中，局部变量 n 经调整后包含 n * n，但该操作并未修改 someNumber 变量——该变量位于内存中的另一个位置。由于类对象通过引用方式传递，下列示例将修改对象（作为参数传递）中的内容，如下所示：

```
func changeColor(cannon : Cannon) {
cannon.color = UIColor.redColor()
}
// ...
var cannon1 = Cannon()
changeColor(cannon1) // The object referred to by cannon1 now has a
                     //red color.
```

需要注意的是，也可通过引用方式传递 Int 数据类型，并使用 inout 关键字，如下所示：

```
func squareWithInout(inout n : Int) {
n = n * n
}
```

随后可通过下列方式调用函数：

```
var someNumber = 10
squareWithInout(&someNumber)
// someNumber now contains the value 100!
```

当使用 inout 关键字调用函数或方法时，需要在变量（作为参数传递）前添加&符号。这里，&符号将变量转换为一个引用。

8.6　结　　构

如前所述，取决于具体的数据类型，变量和常量采用值或引用方式进行传递。在 Swift 中，诸如 Int 或 Bool 这一类采用值传递的类型也称作结构；而类变量则通过引用方式传递，这一点与结构完全不同。

结构采用值传递方式，一般用于较为基本的对象类型。例如，CGPoint 和 CGColor 均表示为结构。考察下列变量的声明和初始化操作：

```
var position = CGPoint()
```

图 8.6 显示了当前内存中的状态。注意，变量 position 定义为一个数值，而非引用。这也意味着，下列指令生成了 CGPoint 对象的完整副本，对应结果如图 8.7 所示。

```
var position2 = position
```

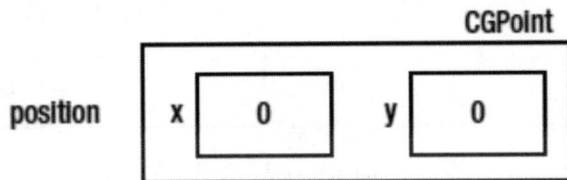

图 8.6　结构变量

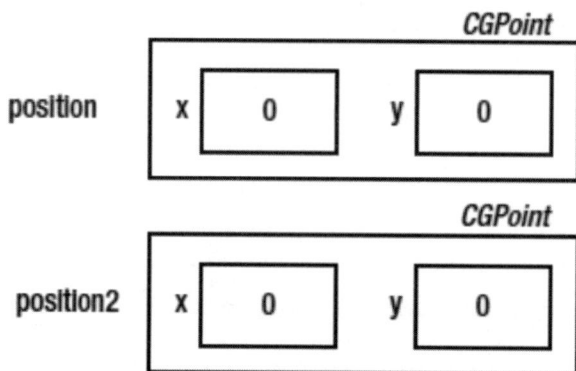

图 8.7　两个结构变量（其中一个变量为副本）

　　一般来讲，类在内存中的表达方式相对复杂，并可包含其他类或结构的属性，而这些类型还可由其他属性构成等。

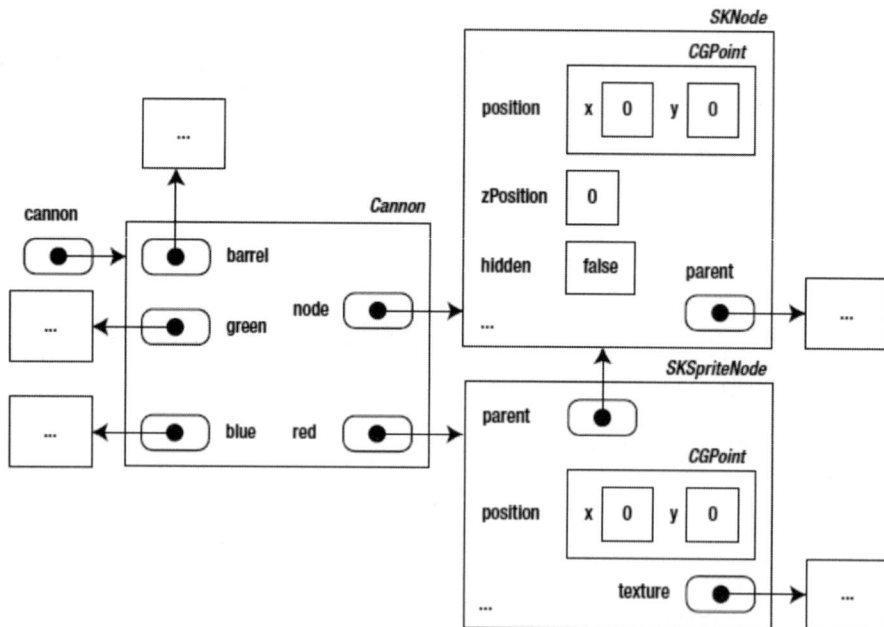

图 8.8　Cannon 对象内存结构示意图

　　当创建新的 Cannon 对象实例时，图 8.8 显示了内存中的状态，其中可看到 Cannon 实例中的不同对象类型，而每个对象由其他对象构成。例如，node 引用的 SKNode 对象包含了一个 CGPoint 结构以表示位置信息；布尔值则用于指示节点是否处于隐藏状态；链接则用于指向父节点；同时还包含了 z 位置等内容。在某些场合下，某些引用指向了同一对象，例如 parent 和 node。当创建类时，读者可尝试绘制这一类示意图以查看对象间的引用和存储关系。

另外，读者也可定义自己的结构，这一点与类完全一致。例如，可定义一个结构，其中包含了职员的姓名和年龄，如下所示：

```
struct Person {
  var name: String = ""
  var age: Int = 0
}
```

8.7 本 章 小 结

本章主要涉及以下内容：
- ❑ 如何向类中添加属性。
- ❑ 如何处理游戏对象间的基本碰撞问题。
- ❑ 如何定义包含不同颜色的游戏对象。
- ❑ 值和引用之间的差别。

第 9 章　生 命 值

本章继续向 Painter 游戏中加入一些有趣的元素，即向玩家赋予有限的生命值。如果玩家错过太多的油漆桶，那么游戏将结束。本章讨论如何处理这一类问题，并向玩家显示当前生命值。对于后者，读者将会学习到一些编程结构，进而重复执行一组指令。

9.1　维护生命值

为了提升游戏的难度并适当给予玩家激励，可规定一定数量的、具有"错误"颜色的油漆桶，并可落入屏幕底部之外。Painter7 示例程序加入了此类效果，并将对应数字限定为 5。

这也体现了游戏设计者和开发人员所制定的决策。如果玩家只具备一次存活机会，那么游戏的难度将大大增加；而玩家若具有数百条"命"，游戏的刺激性也随之大打折扣。这一类参数的制定往往涉及游戏的体验测试，进而确定相对合理的参数值。除了测试游戏自身之外，还可以邀请朋友或家庭成员共同体验游戏，从而得到更加理想的参数值。

当存储生命值时，可向 GameWorld 类添加额外的（存储）属性，如下所示：

```
var lives = 5
```

当在类中声明该属性时，初始状态下，可将其设置为 5。若油漆桶对象落入屏幕之外，则可更新该值。这一检测过程可在 PaintCan 类的 updateDelta 方法中执行。因此，需要在方法中加入某些指令以对此加以处理。当下落并穿越屏幕底部时，只需检测油漆桶的颜色是否等于目标颜色。若否，GameWorld 类中的生命值计数器将递减。

在执行该任务之前，需要扩展 PaintCan 类，以使 PaintCan 对象了解到：当落入屏幕底部之外时，此类对象需设置一个目标颜色。当在 GameWorld 中创建 PaintCan 对象时，Painter7 将作为参数传递这一目标颜色，如下所示：

```
var can1 = PaintCan(positionOffset: -10, targetColor:
  UIColor.redColor())
var can2 = PaintCan(positionOffset: 190, targetColor:
```

```
UIColor.greenColor())
var can3 = PaintCan(positionOffset: 390, targetColor:
UIColor.blueColor())
```

在每个油漆桶对象中,可将目标颜色存储于某个变量中。在 PaintCan 的初始化器中,读者可以查看到下列代码:

```
init(positionOffset: CGFloat, targetColor: UIColor) {
 self.positionOffset = positionOffset
 self.targetColor = targetColor
 node.zPosition = 1
 node.addChild(red)
 node.addChild(green)
 node.addChild(blue)
 node.hidden = true
}
```

当前,可对 PaintCan 的 updateDelta 方法进行扩展,并可处理以下情形:油漆桶落入屏幕底部外侧。如果发生此类情形,需要将油漆桶移回至屏幕上方。若当前油漆桶颜色未匹配目标颜色,则需要将生命值减 1,如下所示:

```
let top = CGPoint(x: node.position.x, y: node.position.y +
 red.size.height/2)
 if GameScene.world.isOutsideWorld(top) {
  if color != targetColor {
     GameScene.world.lives = GameScene.world.lives - 1
  }
  node.hidden = true
}
```

生命值的递减操作可能不止一次,对此,可将惩罚值定义为一个变量,如下所示:

```
let penalty = 1
if GameScene.world.isOutsideWorld(top) {
 if color != targetColor {
    GameScene.world.lives = GameScene.world.lives - penalty
```

```
    }
    node.hidden = true
}
```

通过这种方式，可引入更加严厉的惩罚机制，或者是动态惩罚机制（首次错失减去1，第二次错失减去2，以此类推）。除此之外，还可添加一些较为特殊的油漆桶对象。如果玩家射击到包含正确颜色的油漆桶，那么，惩罚值（油漆桶颜色匹配错误时）将暂时变为 0。另外，读者还可尝试在 Painter 游戏中设计其他惩罚机制。

9.2　向玩家显示生命值

玩家通常希望了解他们在游戏中的各种表现。因此，需要在屏幕上显示其生命值。在 Painter 游戏中，可在屏幕的左上角显示气球的数量。在初始状态下，可添加 5 个需绘制的气球，如下所示：

```
var livesNode = SKNode()
let livesSpr1 = SKSpriteNode(imageNamed: "spr_lives")
livesSpr1.position = CGPoint(x: 0, y: 0)
livesNode.addChild(livesSpr1)
let livesSpr2 = SKSpriteNode(imageNamed: "spr_lives")
livesSpr2.position = CGPoint(x: Int(livesSpr2.size.width), y: 0)
livesNode.addChild(livesSpr2)
let livesSpr3 = SKSpriteNode(imageNamed: "spr_lives")
livesSpr3.position = CGPoint(x: 2 * Int(livesSpr3.size.width), y: 0)
livesNode.addChild(livesSpr3)
let livesSpr4 = SKSpriteNode(imageNamed: "spr_lives")
livesSpr4.position = CGPoint(x: 3 * Int(livesSpr4.size.width), y: 0)
livesNode.addChild(livesSpr4)
let livesSpr5 = SKSpriteNode(imageNamed: "spr_lives")
livesSpr5.position = CGPoint(x: 4 * Int(livesSpr5.size.width), y: 0)
livesNode.addChild(livesSpr5)
```

通过将精灵对象的宽度乘以一个数值，并将其存储为该对象的 x 位置，最终可得到 5

个彼此相邻绘制的气球。当前，可在 update 方法中添加相关代码，并调整此类对象的 hidden 状态，进而正确地显示生命值的数量，如下所示：

```
livesSpr5.hidden = lives > 4
livesSpr4.hidden = lives > 3
livesSpr3.hidden = lives > 2
livesSpr2.hidden = lives > 1
livesSpr1.hidden = lives > 0
```

虽然上述程序可正常工作，但并非一类最佳方案，且需要多次编写类似的指令。如果初始状态下，玩家的生命值为 10（而非 5），情况又当如何？为此，还需要再次编写两遍类似的代码。如果打算完全动态地设置最大生命值，例如奖励玩家额外的生命值，那么上述方案将无法工作。下面讨论一种较好的方法，即循环机制。

9.3　多次执行指令

Swift 中的循环可重复多次执行指令。考察下列代码片段：

```
var x = 10
while x >= 3 {
x = x - 3
}
```

其中，第二条指令称作 while 循环，该指令由循环头（while x >= 3）和花括号中的循环体（x = x - 3）构成，这与 if 指令十分类似。循环头由关键字 while 以及条件构成；而循环体自身即是一条指令。此处，该指令将从某个变量中减去 3。当然，也可以是其他类型的指令，例如调用方法或访问某个属性。图 9.1 显示了 while 的语法示意图。

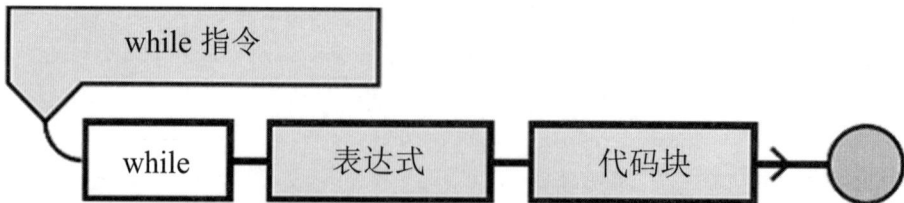

图 9.1　while 指令的语法示意图

当执行 while 指令时，其循环体将多次被执行。实际上，只要条件为 true，该循环体即会被执行。在该示例中，条件表示为：变量 x 是否大于等于 3。开始时，变量的初始值是 10，因而大于 3。因此，while 循环体指令将被执行，随后该变量为 7。接下来，条件将再次被计算且仍然大于 3 并继续执行循环体。此时，当前变量变为 4，在执行完循环体后，变量值为 1。此处，条件计算结果将不再为 true。因此，重复指令终止，并执行后续指令；最终，x 的值为 1。实际上，这里的编程操作可视为基于 while 指令的整数除法运算。相应地，还可使用下列单行代码实现相同功能。

```
var x = 10 % 3
```

如果需要在屏幕上绘制玩家的生命值，可利用 while 指令更加高效地创建对象，如下所示：

```
var livesNode = SKNode()
var index = 0
while index < lives {
  let livesSpr = SKSpriteNode(imageNamed: "spr_lives")
  livesSpr.position =CGPoint(x:index*Int(livesSpr.size.width),y: 0)
  livesNode.addChild(livesSpr)
  index = index + 1
}
```

在上述 while 指令中，只要变量 index 小于 lives（假设该变量于某处被声明和初始化），即执行循环体。每次执行循环体时，将在既定位置向游戏场景添加精灵对象，随后 index 数值加 1。这一过程可描述为：创建 lives 次精灵对象。因此，index 这里用作计数器。

📝 **注意：**

开始时，index 值等于 0，随着循环的执行，index 值最终等于 lives。这意味着，while 循环体针对 index 的 0,1,2,3,4 执行，也就是说，循环体执行了 5 次。

不难发现，在当前示例中，while 指令循环体可包含多条指令。

精灵对象的绘制位置取决于 index 值。通过这一方式，可向右相邻绘制每个对象，最终，对象将被置于一行中。当首次执行循环体时，由于 index 为 0，因而将在 x=0 处绘制对象；随后将分别在 livesSpr.size.width、2* livesSpr.size.width 处进行绘制等。期间，计数器用于确定指令的执行频率，并改变指令的执行内容。对于 while 而言，这也是循环指令的强大之处。考虑到其中的循环特征，while 指令有时也称作 while 循环。图 9.2 在屏幕左上方显示了 Painter 游戏中的生命值。

图 9.2　显示玩家的生命值

9.4　递增计数器的简化形式

许多 while 指令均包含了一条指令，用以递增变量，特别是使用了计数器时。这一行为可通过下列指令实现：

```
i = i + 1
```

注意，上述指令表示为赋值操作，而非"相等"。相应地，i 值永远不会等于 i+1。这里，i 值将变为原始 i 值加 1。这一类指令在程序设计中十分常见，对此，可利用特定的简化标记实现相同任务，如下所示：

```
i++
```

其中，++表示为递增的含义。由于该运算符位于变量之后，因而++运算符称作后缀运算符。另外，当增量值大于 1 时，对应操作可记为：

```
i += 2
```

且等同于：

```
i = i + 2
```

对于其他基本数学运算，也存在类似的标记，如下所示：

```
i -= 12 // this is the same as i = i - 12
i *= 0.99 // this is the same as i = i * 0.99
i /= 5 // this is the same as i = i / 5
i--
```

这一标记形式十分有用，并可编写简洁的代码。例如：

```
lives = lives - penalty
```

将变为：

```
lives -= penalty
```

当查看本章中的示例程序时，读者将会发现，这一类简化形式的标记出现于多种场合，并使得代码更加紧凑。

9.5　更加紧凑的循环语法

大量的 while 指令可用作计数变量，因而涵盖了下列结构：

```
var i = begin value
while i < end value {
// do something useful using i
i++
}
```

考虑到上述指令十分常见，因而可编写更加紧凑的标记，如下所示：

```
for var i = begin value ; i < end value ; i++ {
// do something useful using i
}
```

上述指令的含义等同于前述 while 指令。在当前示例中，for 指令的优点在于：处理计数器的一切事物均置于循环头中，从而可降低遗失计数器递增指令的概率（出现无限循环）。另外，do something useful using i 处目前仅定义了一条指令，因而可去除花括号，以使代码更加紧凑。此外，还可进一步移除 for 指令头中的变量 i 声明。例如，考察下列代码片段：

```
for var index = 0; index < lives; index++ {
  let livesSpr = SKSpriteNode(imageNamed: "spr_lives")
  livesSpr.position=CGPoint(x:index*Int(livesSpr.size.width), y: 0)
  livesNode.addChild(livesSpr)
}
```

因此，对应指令更加紧凑，同样执行了计数器的递增操作，并将精灵对象置于不同位置处。该指令等价于之前讨论的 while 指令。

下面是另一个例子：

```
for var index = 0; index < livesNode.children.count; index++ {
  var livesSpr = livesNode.children[index] as SKNode
  livesSpr.hidden = lives <= index
}
```

作为练习，读者可尝试将上述 for 指令重写为等价的 while 指令。此处，暂不必考虑循环体中执行内容的具体含义。

在 for 循环中，计数器 index 将从 0 增至 livesNode.children.count，后者表示节点 livesNode 中包含的子节点数量。在 for 循环内部，定义了两条指令。其中，第一条指令从当前节点中获取特定的子节点对象，并与数组这一概念协同工作。第 12 章将讨论与数组相关的内容。整体上，读者可将该指令理解为：利用计数器 index 值从节点 livesNode 中获取子节点。对应结果可描述为：for 循环从 livesNode 中逐一得到全部子节点。换而言之，for 循环替代了 GameWorld 中 update 方法的下列语句：

```
livesSpr5.hidden = lives <= 4
livesSpr4.hidden = lives <= 3
livesSpr3.hidden = lives <= 2
livesSpr2.hidden = lives <= 1
livesSpr1.hidden = lives <= 0
```

在最新方案中，for 循环使得修改程序中最大生命值这一操作更加简单。也就是说，仅需要修改 GameWorld 类中的 lives 变量值即可。其余代码将独立于 lives 初始值而工作。该方式可视作一种较好的设计理念，其中，代码变得易于调整且兼具健壮性。此处仅存在单一位置设置 lives 的初始值，这将减少出现 bug 的概率。

while 或 for 中的条件可独立于计数器工作。例如：

```
for var nr = 8; !isPrimeNumber(nr); nr++ {
print(nr)
}
```

其中，for 循环输出数字 8（或者更大），直至下一个质数（11）。因此，上述代码片段的输出表示为：

```
8
9
10
```

在许多场合下，常常需要使用到计数器，因而 Swift 提供了一种简短的语法形式。考察下列示例：

```
for index in 0...9 {
// do something
}
```

该 for 循环等价于：

```
for var index = 0; index <= 9; index++ {
// do something
}
```

另外，还可定义一个范围且不包含最后一个值，如下所示：

```
for index in 0..<5 {
// index will have values 0, 1, 2, 3, 4 respectively
}
```

并等价于：

```
for var index = 0; index < 5; index++ {
// do something
}
```

对于计数器的递增操作，范围标记可较好地与某些操作协同工作，例如执行基于列表对象上的相关任务。除此之外，还可使用变量名（而非常量）确定范围，如下所示：

```
for index in 0..<lives {
  let livesSpr = SKSpriteNode(imageNamed: "spr_lives")
  livesSpr.position=CGPoint(x:index*Int(livesSpr.size.width), y: 0)
  livesNode.addChild(livesSpr)
}
```

如果只是简单地多次执行某个代码块，且不希望使用到计数器，则可省略变量名并替换为下画线。例如，下列代码在屏幕上输出"Hello!"10 次：

```
for _ in 1...10 {
print("Hello!")
}
```

但是，for 循环中的范围应用也存在一个限制：范围的起始值应小于结束值。具体来讲，下列操作不被允许：

```
for index in 3...1 {
// do something
}
```

当在代码中编写此类指令时，Xcode 编译器并不能保证生产编译器错误。相反，当运行该程序时，将会产生运行期错误并立即终止程序的执行，其原因在于：由于范围也可通过变量表达式加以定义，因而编译器无法对此予以检测。因此，不存在一种语法方式可定义此类限制条件。图 9.3 显示了 for 循环指令的语法示意图。不难发现，其中涵盖了范围标记和整体标记的语法内容。

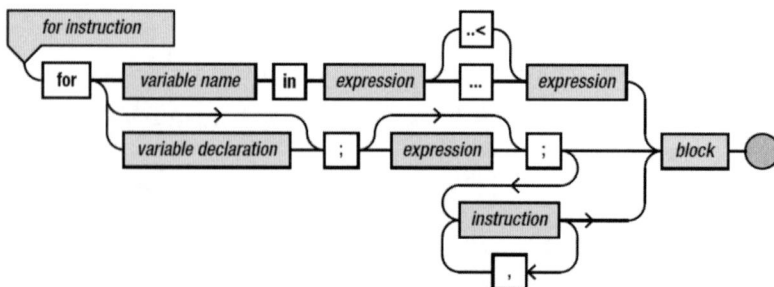

图 9.3　for 指令的语法示意图

9.6 一 些 特 例

当处理 while 和 for 循环时，读者应对某些特例有所了解。

9.6.1 不产生循环

某些时候，while 循环指令头中的条件在开始时即为 false。考察下列代码片段：

```
var x = 1
var y = 0
while x < y {
x++
}
```

此时并不执行 while 指令体中的内容——鉴于一次也未执行，因而变量 x 的值仍保持为 1。

9.6.2 无限循环

while 循环面临的一种危险是无限循环（少量情况下，for 循环也会产生同样的问题），因而务必小心处理。例如，很可能会出现下列语句：

```
while 1 + 1 == 2 {
x = x + 1
}
```

此时，x 值将无休止地递增——无论指令体中执行何种内容，条件 1+1==2 总是成立。这种情况易于避免，但一些编程错误往往也会导致无限循环。考察下列代码：

```
var x = 1
var n = 0
while n < 10 {
x = x * 2
}
```

在上述代码中，程序忘记了在 while 指令体中递增计数器，因而 n 值永远不会大于或等于 10，while 循环体处于无限循环中。相应地，程序员的真实意图如下所示：

```
var x = 1
var n = 0
while n < 10 {
  x = x * 2
  n++
}
```

针对于此，大多数设备的操作系统（包括 Mac、iPad 以及 iPhone）都会强制终止程序。随后，应即刻查找导致这一状况的原因。尽管这一类问题偶尔会出现，但程序员应确保游戏发布之前消除这些错误，这也体现了测试的重要性。

总体而言，如果程序在启动后未执行任何操作，或者处于无限期的挂起状态，那么，应重点查看 while 指令中的相关内容。一种常见的错误是忘记对计数器变量执行递增操作。除此之外，其他一些错误也会导致程序处于无限循环状态。实际上，无限循环十分常见，以至于加利福尼亚州库比蒂诺的一条街道即以此而命名，而 Apple 总部即位于这条街道内。

9.6.3　嵌套循环

while 或 for 指令体表示为花括号限定的指令代码块。在该代码块中，可编写任何类型的指令，例如赋值操作、方法调用或者其他 while 或 for 循环。例如：

```
for y in 0...5 {
  for x in 0...y {
    let livesSpr = SKSpriteNode(imageNamed: "spr_lives")
    livesSpr.position = CGPoint(x: x * Int(livesSpr.size.width),
      y: y * -Int(livesSpr.size.height))
    livesNode.addChild(livesSpr)
  }
}
```

在上述代码片段中，变量 y 从 0 计数至 5。对于每个 y 值，将执行由 for 循环构成的代码体。其中，第二个 for 循环采用了计数器 x，并使用 y 值作为循环上限。因此，在每次外部 for 循环执行时，内部 for 指令涉及更多内容。通过使用 x 和 y 计数器值计算位置，循环指令分别放置一个气球精灵对象。最终结果表示为以三角形形状放置的多个气球对象，如图 9.4 所示。

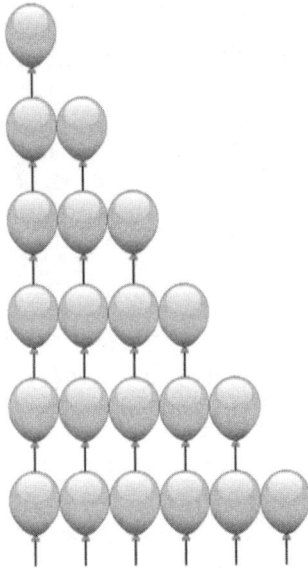

图 9.4 以三角形形状排列的气球对象

9.7 重 启 游 戏

当玩家失去全部生命值后，游戏结束。但如何处理此类情形？在 Painter 游戏中，此处需要显示 Game Over 画面。在玩家单击屏幕后，游戏将重新启动。为了向游戏中加入这一功能，需加载额外的精灵对象，以显示 Game Over 画面。对此，可将该精灵对象存储为类 GameWorld 中的一个属性，如下所示：

```
var gameover = SKSpriteNode(imageNamed: "spr_gameover")
```

在 GameWorld 初始化器中，可将这一精灵对象添加至表达游戏场景的主节点中。其次，还需要向该对象赋予较大的 z 值，从而于最上方进行绘制。最后，还应设置其 hidden 属性，也就是说，暂且不向玩家予以显示。对应代码如下所示：

```
node.addChild(gameover)
gameover.zPosition = 2
```

```
gameover.hidden = true
```

目前，可在游戏循环方法中使用一条 if 指令，以确定所执行的具体操作。如果游戏结束，则 cannon 和 ball 无须再处理输入操作，并检测玩家在屏幕上的单击操作。若是，即可重置当前游戏。因此，GameWorld 类中的 handleInput 方法包含了下列指令：

```
if (lives > 0) {
  cannon.handleInput(inputHelper)
  ball.handleInput(inputHelper)
} else if (inputHelper.hasTapped) {
reset()
}
```

此处向 GameWorld 类中添加了 reset 方法，从而将游戏重置为初始状态。也就是说，重置所有的游戏对象。此外，还需要将生命值数量重置为5。GameWorld 中 reset 方法的完整代码如下所示：

```
func reset() {
  lives = 5
  cannon.reset()
  ball.reset()
  can1.reset()
  can2.reset()
  can3.reset()
}
```

对于 updateDelta 方法，如果游戏尚未结束，仅需更新游戏对象即可。因此，首先利用 if 指令判断是否需要更新游戏对象。若否（换而言之，生命值为0），则从当前方法中返回，如下所示：

```
if (lives <= 0) {
return
}

// since you know that the player is still alive, you can update the game
objects here
```

注意:

在判断生命值是否小于等于 0 时，是否会出现该值小于 0 这种情况？该情况极少出现，但也不排除在某次游戏循环中，两个油漆桶同时落入屏幕之外，这将导致生命值减 2。若当前生命值为 1，那么结果值将为 - 1。

当玩家游戏结束后，仅应显示 Game Over 覆盖图。在 updateDelta 方法中的第一条指令中，可设置 Game Over 精灵对象的 hidden 状态，如下所示:

```
gameover.hidden = lives > 0
```

也就是说，只要玩家的生命值大于 0，则该精灵对象处于隐藏状态。图 9.5 显示了绘制于游戏场景上方的 Game Over 覆盖图。

图 9.5 中需要注意的是，Game Over 叠加图并未完全覆盖其他对象和背景，其原因在于: Game Over 精灵对象包含某些透明像素。通常，精灵对象会包含透明内容，以使其与游戏场景之间实现较好的融合。气球、球体、油漆桶对象以及炮管均包含了透明部分，进而可与游戏场景无缝整合。当设计精灵对象时，应确保图像包含正确设置的透明值。虽然这涉及大量工作，但一些图像编辑工具提供了多种方式可定义图像中的透明度，例如 Adobe Photoshop。另外，图像还应以正确的格式（支持透明度）予以保存，例如 PNG格式。

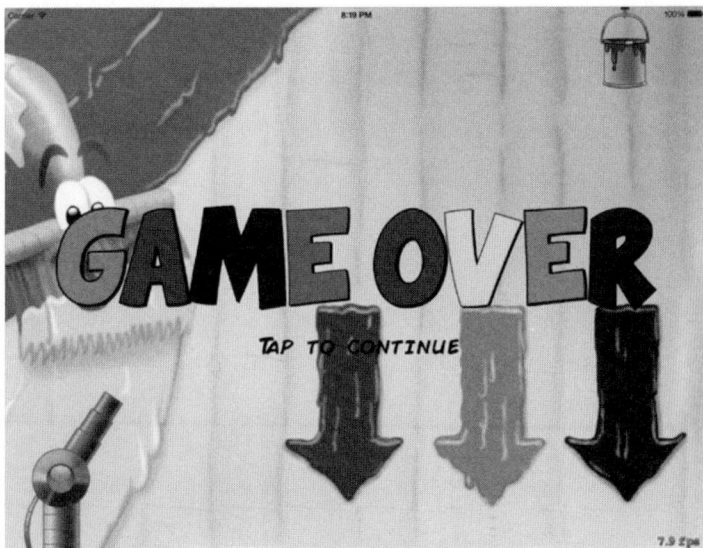

图 9.5　Game Over 示意图

注意:

　　读者可利用覆盖图的透明度（的缺失）控制玩家所见内容。在某些场合下，一些事物可能被遮挡（例如"暂停"画面），而一些对象可能处于可见状态（例如 Painter 游戏中的 Game Over 画面）。

9.8　本　章　小　结

本章主要涉及以下内容:

- ❑　如何存储、显示玩家的当前生命值。
- ❑　利用 while 或 for 指令重复执行一组指令。
- ❑　玩家游戏结束时，如何重置游戏。

第 10 章　组织游戏对象

前述章节讨论了如何定义类并对相关变量进行整合。本章将考察不同游戏对象类型间的相似性，以及如何在 Swift 中体现这种相似性。

10.1　游戏对象间的相似性

当查看 Painter 游戏中不同的游戏对象时，将会发现对象间包含了许多共性。例如，球体、大炮和油漆桶对象均使用了 3 个精灵对象表示各种不同的颜色。另外，游戏中的大多数对象也定义了速度变量。进一步讲，一些游戏对象定义了处理输入的方法，一些对象包含了 updateDelta 方法，而另一些对象则设置了 reset 方法。目前，这些具有相似性的类尚不构成问题。编译器或游戏玩家并不会对此产生任何抱怨。但是，这一过程一直在复制代码中进行。例如，Cannon、Ball 和 PaintCan 均包含了称之为 color 的计算属性，如下所示：

```
var color: UIColor {
  get {
    if (!red.hidden) {
        return UIColor.redColor()
    } else if (!green.hidden) {
        return UIColor.greenColor()
    } else {
        return UIColor.blueColor()
    }
  }
  set(col) {
    if col != UIColor.redColor() && col != UIColor.greenColor()
      && col != UIColor.blueColor() {
        return
```

```
    }
    red.hidden = col != UIColor.redColor()
    green.hidden = col != UIColor.greenColor()
    blue.hidden = col != UIColor.blueColor()
  }
}
```

针对全部 3 个类，需要复制上述具有相同内容的代码。而且，每次需要添加不同颜色类型的游戏对象时，都必须再次复制这一属性。对于单一属性，这一类问题并不突出。但在 Painter 游戏中，类间存在诸多相似性。例如，Painter 游戏中的大多数游戏对象均包含相同的属性，即 velocity、red、green 和 blue。

总体来讲，应尽量避免大量代码的复制行为，其原因在于：如果代码某处存在错误，则需要在多处进行修改。在诸如 Painter 这一类小型游戏中，这一问题并不明显；而对于含有数百个不同游戏对象的商业游戏开发，这将引发十分严重的维护问题。而且，bug 也会连同代码一起被复制。随着游戏的不断成熟，最好留意一下代码的优化问题，即使有时这意味着需要额外的工作来寻找这些重复内容，并对其予以改进。

从概念上讲，读者很容易发现球体、油漆桶、大炮之间的相似性——它们均表示为游戏对象。基本上，这一类对象还将处于某个特定位置上、包含速度值（即使大炮对象也是如此，其速度值为 0），且均包含相关颜色（红、绿、蓝）。另外，大多数对象还将处理输入问题，并不断被更新。

10.2　继　承　机　制

在 Swift 中，可将对象间的相似性整合至一个通用类中，并于随后定义该通用类特定版本的其他类。在面向对象术语中，这称作继承，并可视为一种功能强大的特性。例如，考察下列示例：

```
class Vehicle {
  var numberOfWheels = 4
  var brand = ""


  func what() -> String {
```

```
        return "nrOfWheels = \(numberOfWheels), brand = \(brand)"
    }
}
```

这一简单的类示例定义了车辆对象。出于简单性考虑，车辆通过轮子和品牌加以定义。另外，Vehicle 类还定义了一个名为 what 的方法，该方法返回基于字符串值（文本）的车辆描述内容。当需要创建一个 App 并显示车辆列表时，该方法十分有用。需要注意的是，这里采用了 Swift 的特殊机制整合文本和变量，如下所示：

```
return "nrOfWheels = \(numberOfWheels), brand = \(brand)"
```

在 Swift 中，通过混合常量和文本变量的 String 值创建过程称作字符串插值。如果打算在文本字符串内插入变量值，可简单地在"\( )"之间添加变量名。下列示例创建了 Vehicle 类型的变量，并向控制台输出车辆信息。

```
var v = Vehicle()
v.brand = "volkswagen"
print(v.what()) // outputs "nrOfWheels = 4, brand = volkswagen"
```

下面向当前类中添加初始化器，并作为参数接收品牌名称，如下所示：

```
init(_ b: String) {
brand = b
}
```

随后，可创建车辆对象，并赋予一个品牌名称，如下所示：

```
var v = Vehicle("volkswagen")
print(v.what())
```

车辆的种类多种多样，包括汽车、自行车、摩托车等。对于某些类型，需要存储一些额外信息。例如，对于汽车，可存储车篷是否可开启信息；对于摩托车，可存储气缸数量信息，等等。在 Swift 中，可利用继承机制实现这一功能。下列代码显示了 Car 示例：

```
class Car: Vehicle {
var convertible = false
}
```

不难发现，在类名称之后，添加了一个冒号和 Vehicle。这意味着，Car 类继承自 Vehicle。

实际上，这也表明 Car 复制了 Vehicle 的功能，包括 what 方法，如下所示：

```
var c = Car("mercedes")
print(c.what()) // outputs "nrOfWheels = 4, brand = mercedes"
```

继承的优点体现于：可替换或扩展功能。例如，假设需要 what 方法返回一个字符串，其中包含了车篷是否可开启这一类信息。对此，可覆写原 what 方法。下列代码定义了 Car 类的新版本，并覆写了 what 方法。

```
class Car : Vehicle {
  var convertible = false

  override func what() -> String {
    return "nrOfWheels = \(numberOfWheels), brand = \(brand),
    convertible = \(convertible)"
  }
}
```

在后续操作中，可通过下列方式使用 Car 类：

```
var c = Car("mercedes")
print(c.what()) // outputs "nrOfWheels = 4, brand = mercedes,
  convertible = false"
```

由于 Car 类继承自 Vehicle，这表明，Car 类型对象也将是 Vehicle 类型对象。因此，继承体现了以下两方面重要内容：

- ❑ 对象间存在某种关系（Car 对象也是一个 Vehicle）。
- ❑ 继承自另一个类的类复制其中的功能（Car 具有与 Vehicle 对象相同的存储和计算属性，以及相关方法）。

鉴于 Car 继承自 Vehicle，因而也可以说，Car 表示为 Vehicle 的子类或派生类；相应地，Vehicle 则表示为超类、父类或基类。类之间的继承关系被广泛地加以使用。在较好的类设计中，该关系可解释为"是一类……"。在当前示例中，小汽车是一类车辆。反之则不成立——车辆不仅仅是小汽车，这将涉及 Vehicle 的其他子类，如下所示：

```
class MotorBike: Vehicle {
  var cylinders = 4
```

```
override init(_ b: String) {
  super.init(b)
  numberOfWheels = 2
 }
}
```

相应地，摩托车也是一类车辆。这里，MotorBike 继承自 Vehicle，并加入了自身的属性，以指定气缸的数量。不难发现，MotorBike 覆写了 Vehicle 类的初始化器，该操作不可或缺——摩托车并未配置 4 个轮子。因此，当创建 MotorBike 实例时，应确保轮子的数量被正确设置。虽然覆写方法和覆写初始化器较为类似，但其中的机制却截然不同。当覆写初始化器时，Swift 强制从超类中调用指定初始化器。进一步讲，需要在访问超类属性之前调用该初始化器。这将确保数据访问之前被正确地初始化。此处，Vehicle 类定义了一个（指定）初始化器，对应代码如下所示：

```
super.init(b)
```

上述代码是 Car 初始化器方法体中的第一条指令，确保 Car 对象的 Vehicle 部分被初始化。其中，关键字 super 旨在表明调用了一个隶属于超类中的初始化器。类似于 self，super 也引用了一个对象。self 和 super 之间的主要差别在于，self 引用的是当前方法（或初始化器）正在操作的对象；而 super 引用了同一对象，只是隶属于超类中的对象部分而已。在当前示例中，self 类型表示为 Car，super 类型则表示为 Vehicle。

图 10.1 显示了 vehicle/car 示例中的类层次结构，稍后将讨论该结构的扩展版本。

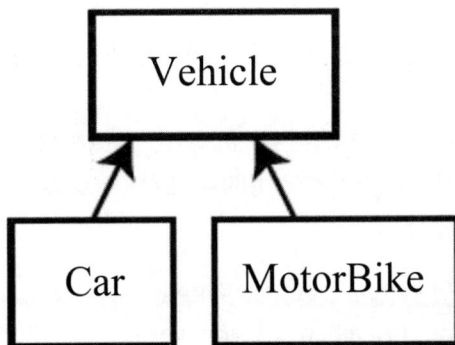

图 10.1　Vehicle 及其子类的层次结构示意图

10.3　游戏对象和继承

上述 "是一类……" 关系同样适用于 Painter 游戏中的游戏对象。例如，球体是一类游戏对象，油漆桶和大炮也是如此。程序中可显式地体现这种关系，即定义一个 ThreeColorGameObject 通用类，令实际的游戏对象类继承自该类。随后，在通用类中定义游戏对象的 3 种颜色；相应地，球体、大炮和油漆桶均表示为该类的特定版本。具体实现参见本章的 Painter8 示例程序。

下面深入考察 ThreeColorGameObject 类，该类中定义了不同游戏对象类型的公共属性。该类的基本框架如下所示：

```
class ThreeColorGameObject {
  var node = SKNode()
  var red = SKSpriteNode()
  var green = SKSpriteNode()
  var blue = SKSpriteNode()
  var velocity = CGPoint.zeroPoint
  ...
}
```

继承自 ThreeColorGameObject 的每个类均包含一个节点、3 个精灵对象以及一个速度值——这一类属性仅在一处加以定义，并可用于继承自 ThreeColorGameObject 的任意类中。

另外，还需要提供一种方法，并初始化 3 种颜色的游戏对象。当定义 ThreeColorGameObject 类时，无须了解所用的精灵对象，这取决于游戏对象的最终类型。针对于此，可添加下列初始化器。

```
init(_ spriteRed: String, _ spriteGreen: String, _ spriteBlue: String) {
  red = SKSpriteNode(imageNamed: spriteRed)
  green = SKSpriteNode(imageNamed: spriteGreen)
  blue = SKSpriteNode(imageNamed: spriteBlue)
  node.addChild(red)
```

```
    node.addChild(green)
    node.addChild(blue)
}
```

对于派生类，需要定义精灵对象的属性值，例如 red、green 和 blue，并将图像名作为参数传递至 ThreeColorGameObject 初始化器中。

接下来，还应定义基本的游戏循环方法。该类的 updateDelta 方法仅定义了更新当前游戏对象位置（根据其速度）的指令，如下所示：

```
func updateDelta(delta: NSTimeInterval) {
    node.position.x += velocity.x * CGFloat(delta)
    node.position.y += velocity.y * CGFloat(delta)
}
```

出于完整性考虑，还需要添加相关方法处理输入问题，以及游戏对象的重置，稍后将对此予以覆写。

```
func handleInput() {
}


func reset() {
}
```

在 Painter8 示例程序中，ThreeColorGameObject 类加入了某些计算属性。第一个属性是 color，用于读取、写入游戏对象的颜色值。第二个属性称作 box，负责计算游戏对象的包围盒。当计算两个游戏对象间是否产生碰撞时，该属性十分有用，其定义如下所示：

```
var box: CGRect {
    get {
        return node.calculateAccumulatedFrame()
    }
}
```

在向 ThreeColorGameObject 中加入相关方法和属性后，任何派生类均包含这些内容，这将节省大量的代码复制时间。本章 Painter8 示例程序中包含了完整的 ThreeColorGameObject 类源代码。

10.4　ThreeColorGameObject 的子类

对于包含一定颜色的游戏对象，10.3 节中创建了基本的类数据。针对实际的游戏对象，可通过继承机制复用这些较为基础的行为。下面首先考察 Cannon 类。在 ThreeColorGameObject 类的基础上，可定义 Cannon 类作为该类的子类。Cannon 类的部分定义如下所示：

```
class Cannon: ThreeColorGameObject {
  var barrel = SKSpriteNode(imageNamed:"spr_cannon_barrel")

  init() {
    super.init("spr_cannon_red", "spr_cannon_green",
      "spr_cannon_blue")
    red.zPosition = 1
    green.zPosition = 1
    blue.zPosition = 1
    barrel.anchorPoint = CGPoint(x:0.233, y:0.5)
    node.position = CGPoint(x:-430, y:-280)
    node.zPosition = 1
    green.hidden = true
    blue.hidden = true
    node.addChild(barrel)
  }
  ...
}
```

Cannon 类引入了附加属性，即 barrel。除此之外，该类还定义了自身的初始化器。Cannon 初始化器中的第一条指令调用父类中的指定初始化器。在括号间，可以看到该初始化器接收的 3 个精灵对象参数。随后，Cannon 对象的其余部分也将被初始化。

至此，新的 Cannon 类定义完毕，下面可向该类中添加属性和方法。例如下列 handleInput 方法：

```
override func handleInput(inputHelper: InputHelper) {
  if !inputHelper.isTouching {
     return
  }
  let localTouch: CGPoint =
  GameScene.world.node.convertPoint(inputHelper.touchLocation,
  toNode: red)
  if !red.frame.contains(localTouch) {
    let opposite = inputHelper.touchLocation.y - node.position.y
    let adjacent = inputHelper.touchLocation.x - node.position.x
    barrel.zRotation = atan2(opposite, adjacent)
  } else if inputHelper.hasTapped {
    let tmp = blue.hidden
    blue.hidden = green.hidden
    green.hidden = red.hidden
    red.hidden = tmp
  }
}
```

此处，可访问 node 和 red 这一类属性。由于 Cannon 继承自 ThreeColorGameObject，因而其中包含了相同的（计算和存储）属性和方法。另外，override 关键字表明，当前方法替换了 ThreeColorGameObject 中的原方法（其中定义了空方法体）。

在 Painter 示例程序的 Cannon 类中，读者将会看到，类定义变得更加短小精悍——所有的通用游戏对象属性和方法均置于 ThreeColorGameObject 类中。将代码组织于不同的类和子类中，有助于减少代码的复制行为；同时，代码的整体设计也更加清晰。但该模式也包含一个缺点：类结构（类间的继承结构）应确保正确。回忆一下，类间存在"是一类……"这种关系时，类可继承自其他类。对此，假设需要在屏幕上方添加一个指示器，并显示球体的当前颜色。可尝试定义一个类，并继承自 Cannon 类（需要采用类似的方式处理输入操作），如下所示：

```
class ColorIndicator : Cannon {
...
}
```

　　然而，这一结构方式并不正确——颜色指示器并不是一类 cannon，通过该方式设计类导致了类应用间缺乏清晰性。进一步讲，颜色指示器现在也包含了一个炮管对象，因而不具备实际意义。对此，读者可尝试绘制类继承示意图，其中包含的逻辑使得开发人员更易于理解。当编写继承自其他类的某个类时，读者应首先思考：类间是否真正具有"是一类……"这种关系。若否，则应改变设计思路。

10.5　Ball 类

　　Ball 类的定义方式与 Cannon 类十分类似。如 Cannon 类中所做的那样，Ball 类继承自 ThreeColorGameObject 类。二者的唯一差别在于，此处加入了额外的属性，表明球体是否已处于射击状态，如下所示：

```
class Ball : ThreeColorGameObject {
  var readyToShoot = false

  init() {
    super.init("spr_ball_red", "spr_ball_green", "spr_ball_blue")
    node.zPosition = 1
    node.hidden = true
  }

  convenience init(position: CGPoint) {
    self.init()
    node.position = position
  }
  ...
}
```

　　在创建 Ball 实例时，需要调用 ThreeColorGameObject 指定初始化器，这一点与 Cannon 类基本一致。这里，可将 Ball 对象作为参数进行传递。

　　当继承自另一个类时，Ball 类清晰地描述了所发生的一切。其中，Ball 类中的一部分内容源自 ThreeColorGameObject；而另一部分内容则在 Ball 类中加以定义。图 10.2 显示了在不使用继承机制时，Ball 对象的内存空间状态；图 10.3 显示了 Ball 实例，同时采用了本章引入的继承机制。

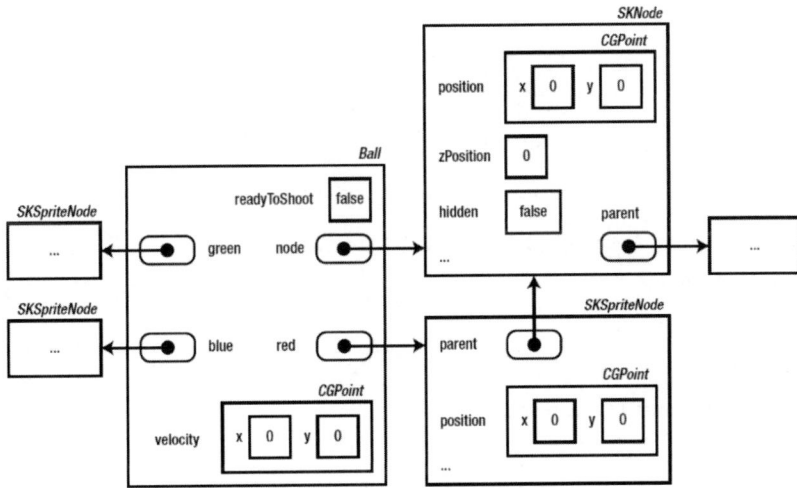

图 10.2　Ball 实例的内存空间状态（未使用继承机制）

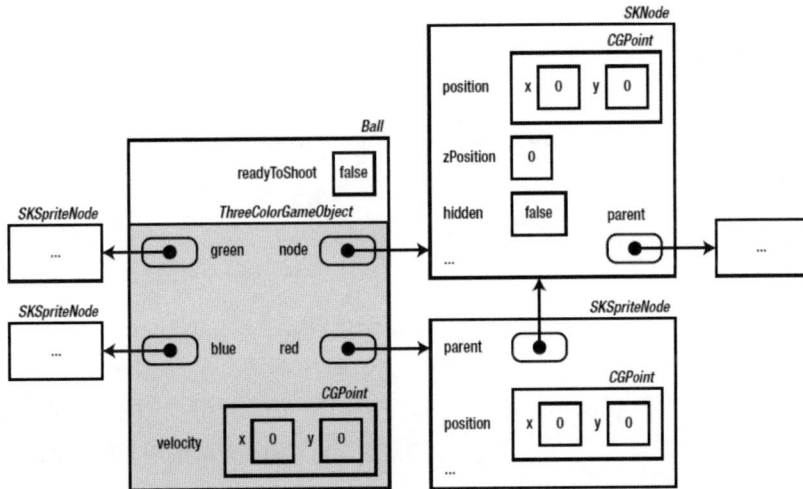

图 10.3　Ball 类实例（继承自 ThreeColorGameObject）

ThreeColorGameObject 类中的 updateDelta 方法仅由两条指令构成，并根据游戏对象的速度、时间量以及对其位置计算其新位置，如下所示：

```
node.position.x += velocity.x * CGFloat(delta)
node.position.y += velocity.y * CGFloat(delta)
```

Ball 对象的情况则稍显复杂。其中，该对象的速度更新过程引入了阻力和重力；必要时，球体的颜色也应被更新；当球体飞出屏幕外侧时，还应将其重置于原始位置处。对此，可简单地复制上一个 Ball 版本中的 updateDelta 方法，并退还 ThreeColorGameObject 中的 updateDelta 方法。一种较好的方式是，在 Ball 类中定义 updateDelta 方法，并复用 ThreeColorGameObject 中的原 updateDelta 方法。这一过程可通过关键字 super 实现，且类似于超类的初始化器的调用方式。Ball 类中 updateDelta 方法的新版本如下所示：

```swift
override func updateDelta(delta: NSTimeInterval) {
  if !node.hidden {
    velocity.x *= 0.99
    velocity.y -= 15
    super.updateDelta(delta)
  } else {
    // calculate the ball position
    node.position = GameScene.world.cannon.ballPosition
    // copy the ball color
    self.color = GameScene.world.cannon.color
  }
  if GameScene.world.isOutsideWorld(node.position) {
    reset()
  }
}
```

在 if 指令体中，更新了速度值，并于随后调用超类中的 updateDelta 方法，进而更新游戏对象的位置。该方案的优点在于：将更新处理的不同部分予以分离。基于位置和速度的游戏对象将在每次游戏循环中根据其速度更新位置，并可在 ThreeColorGameObject 类的 update 方法中加以定义；对于继承自 ThreeColorGameObject 的任意类，可对此实现有效的复用。

10.6　PaintCan 类

PaintCan 类继承自 ThreeColorGameObject，其完整代码位于 Painter8 示例中。PaintCan 覆写了 updateDelta 方法和 reset 方法。如前所述，该类并未处理任何输入操作，因而无须覆写 handleInput 方法。

　　需要注意的是，PaintCan 类使用了 box 计算属性。由于继承自 ThreeColorGameObject 的任意类均包含了该属性，因而可方便地检测两个游戏对象是否发生碰撞。考察下列代码：

```
var ball = GameScene.world.ball
if self.box.intersects(ball.box) {
  color = ball.color
  ball.reset()
}
```

　　尽管仅包含几行代码，但其背后涵盖了丰富的内容。例如计算包围盒以及二者间的碰撞，并修改颜色对象的 hidden 状态。基于这种代码设计方式，读者仅编写少量代码即可实现相关任务。

　　当查看游戏对象类时，由于每个游戏对象类均继承自 ThreeColorGameObject，因而 ThreeColorGameObject 类中的定义决定了方法和属性的外观。从某种意义上讲，ThreeColorGameObject 也向继承自该类的任意游戏对象添加了约束条件。例如，处理输入的方法称作 handleInput（而不是 HandleInput、handleinput 或 handle_input），从而制定了更加一致的类定义，这也可视为继承机制提升代码质量的另一种方式。

10.7　多　　态

　　当采用继承机制时，用户无须了解变量所指向的对象类型。考察下列声明和初始化操作：

```
var someKindOfGameObject : Cannon = Cannon()
```

在代码其他位置处，可执行下列操作：

```
someKindOfGameObject.updateDelta(delta)
```

假设按照下列方式修改声明和初始化操作：

```
var someKindOfGameObject : ThreeColorGameObject = Cannon()
```

　　由于 Cannon 定义为 ThreeColorGameObject 的子类，因而该操作被允许。另外，考虑到并非每一个 ThreeColorGameObject 都是 Cannon 对象（还包括 Ball 或 PaintCan），因

此，将 ThreeColorGameObject 实例赋予 Cannon 类型变量这一类操作将不被允许。

因此，如果 someKindOfGameObject 定义为 ThreeColorGameObject 类型，那么将调用 updateDelta 方法的哪一个版本？这取决于变量所引用的实例。如果该实例恰好为 Cannon 实例，那么 Cannon 的 updateDelta 方法将被调用；而对于 Ball 实例，Ball 的 updateDelta 方法将被调用。当执行程序时，updateDelta 方法的正确版本将被调用。

上述行为称作多态，在某些场合下，该机制十分方便。多态可实现较好的代码分离机制。假设游戏公司需要发布游戏的扩展版本，其中可能会加入新的敌方角色，或者可供玩家学习的新技能。对此，可通过通用 Enemy 和 Skill 类的子类提供扩展。随后，实际的游戏代码将使用此类对象，且无须了解所处理的特定技能或敌方角色，同时，这一类对象可简单地调用定义于通用类中的方法。

10.8 从现有类中继承

用户可继承自其他开发者所编写的类，而非亲自编写子类。在 Painter8 示例程序中，存在两种游戏对象层次结构。一种层次结构通过读者所创建的类表示。例如，GameWorld 实例包含了指向大炮、球体和油漆桶对象的引用。第二种层次结构则通过场景图中的节点加以定义。总体而言，这并非一种理想的解决方案。由于存在两种层次结构需要维护，因而很容易产生不一致问题，从而导致 bug 和难以预期的行为。

一种方法是合并这两种层次结构，读者可参考 Painter9 示例程序。Painter8 和 Painter9 的主要差别在于：在 Painter9 中，游戏对象类均（间接）表示为 SKNode 的子类，这也是 SpriteKit 框架中场景图节点的主要表达方式。例如，ThreeColorGameObject 当前即为 SKNode 的一个子类。这表明，节点子类将不再必需，因为游戏对象已定义节点自身。

当考察 Painter9 中的 ThreeColorGameObject 时，将会发现该类表示为 SKNode 的子类。据此，读者需要执行某些附加任务。例如，需要在自己的初始化器中调用超类中的初始化器，如下所示：

```
override init() {
  super.init()
  self.addChild(red)
  self.addChild(green)
  self.addChild(blue)
}
```

```
init(_ spriteRed: String, _ spriteGreen: String, _ spriteBlue: String) {
  super.init()
  red = SKSpriteNode(imageNamed: spriteRed)
  green = SKSpriteNode(imageNamed: spriteGreen)
  blue = SKSpriteNode(imageNamed: spriteBlue)
  self.addChild(red)
  self.addChild(green)
  self.addChild(blue)
}
```

其中，第一个初始化器覆写了超类的初始化器，确保 3 个精灵对象添加至游戏场景中，以实现内容的一致性（无论调用何种初始化器）。除了调用超类的初始化器之外，第二个初始化器并无太多变化。因此，精灵对象添加至游戏场景自身中，而不是独立的节点。最后，考察下列初始化器：

```
required init?(coder aDecoder: NSCoder) {
fatalError("init(coder:) has not been implemented")
}
```

当继承自 SKNode 时，需要添加该初始化器（通过关键字 required 标明）。这里，之所以采用该初始化器的原因在于：SKNode 支持序列化操作。序列化意味着可以从数据中初始化对象（例如存储于文件中的数据）。鉴于这构成了游戏保存机制的基本内容，因而对于大多数游戏来说十分有用。在 Painter 游戏中，暂且未使用到这一机制，因而初始化器中仅定义了一条指令，用以终止错误程序。

ThreeColorGameObject 表示为 SKNode 的子类，任何继承自 ThreeColorGameObject 的类也定义为 SKNode 的子类，包括 Cannon、Ball 和 PaintCan 类。在 Paint 游戏中，GameWorld 类也采用了与 ThreeColorGameObject 类似的方式设置：该类继承自 SKNode，因而不再需要独立的节点属性。

10.9　类的层次结构

前述内容展示了多个继承自基类的类关系。仅当两个类之间包含"是一类……"的关系时，一个类方可继承自另一个类。例如，Ball 是一类 ThreeColorGameObject，后者同时也是 SKNode。据此，还可进一步扩展类间的层次结构。又如，可编写一个继承自 Ball 类的类（假设定义为 BouncingBall），表示为相对于油漆桶反弹的、标准球体对象的特殊版本，而不是仅实现了二者间的碰撞行为。除此之外，还可定义另一个类 Bouncing ElasticBall，并继承自 BouncingBall——当从油漆桶处反弹时，将根据弹性属性变形。每次派生一个类时，即得到了来自基类的数据（编码为属性）和操作行为（编码为方法）。

商业游戏一般会包含不同对象的类层次结构。在本章开始处，曾讨论了相对复杂的车辆对象层次结构，图 10.4 显示了对应的示意图，其中使用了箭头表明类间的继承关系。

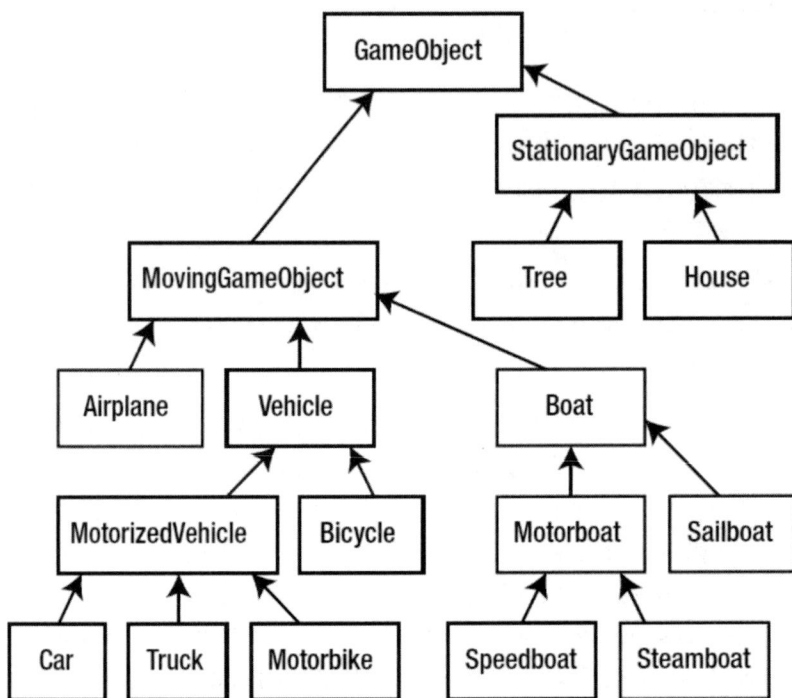

图 10.4　交通环境下复杂的游戏对象层次结构

其中，继承树的根节点表示为 GameObject 类，该类仅定义了一些基本信息，例如游戏对象的速度和位置。针对每个子类，将会加入新的属性和方法，并与特定的类和子类紧密相关。例如，属性 numberOfWheels 通常隶属于 Vehicle 类，而非 MovingGameObject 类（游艇一般不会配置轮子）；属性 flightAltitude 包含于 Airplane 类中；而属性 bellIsWorking 则隶属于 Bicycle 类。

当确定类的结构方式时，需要制定多方决策。一般并不存在一种单一的最优层次结构，取决于具体的应用程序，相比于某种方案，另一种方法可能更加有效。例如，可通过对象的适用环境划分 MovingGameObject 类，其中包括陆地、天空或水面。随后，对应类可划分为不同的子类，如机动化或非机动化。当然，读者还可选择其他方案处理此类问题。对于某些类，其隶属关系可能尚不清晰：摩托车是否可视作自行车的特殊类型（配置了发动机），或者是机动车辆的某种特定类型（仅包含两个轮子）？

因此，清晰的类间关系十分重要。例如，帆船可视为一种船类，而船类不仅仅包含帆船；自行车可视作一种车辆，但车辆并非仅限于自行车。

10.10　本　章　小　结

本章主要涉及以下内容：

❑　　如何利用继承机制构建层次结构中的相关类。

❑　　如何覆写子类中的方法，并针对该类提供特定的行为。

❑　　如何通过 super 关键字调用超类中的方法或初始化器。

第 11 章　完成 Painter 游戏

本章将添加一些额外的特性，例如运动效果、声效和音乐、维护并显示积分榜，进而完成 Painter 游戏。最后，本章还将深入讨论字符和字符串方面的内容。

11.1　添加运动效果

为了使游戏更具视觉吸引力，可令油漆桶左右摆动，以模拟下落过程中的风和摩擦力效果。本章中的 PainterFinal 示例程序可视作当前游戏的最终版本，向油漆桶对象中加入了运动效果。在前述内容的基础上，这一效果的实现过程并不复杂，只需在 PaintCan 类的 updateDelta 方法中添加一行代码即可。由于 PaintCan 表示为 ThreeColorGameObject 的子类（后者定义为 SKNode 的子类），因而包含了可供油漆桶对象旋转的 zRotation 属性。

为了实现运动效果，可利用 sin 函数完成此项功能。根据油漆桶对象的当前位置，可获得不同的数值结果。随后，可通过该值在精灵对象上执行旋转操作。在 PaintCan 类中，可向 updateDelta 方法中添加下列代码：

```
self.zRotation = sin(position.y / 50) * 0.04
```

上述指令使用了油漆桶对象的 y 坐标得到不同的旋转值。进一步来讲，可将其除以 50 以实现慢速运动效果；另外，将结果乘以 0.04 可适当减少正弦函数的振幅，以使旋转行为更具真实性。如果读者愿意，还可尝试使用不同的数值，并查看如何影响油漆桶对象的运动行为。

创建精灵对象

即使读者并不是一名美工师，但依然可尝试构建简单的精灵对象。一方面，这可以使读者快速制作游戏原型，另一方面，这一过程也可挖掘读者自身的艺术潜力。工欲善其事，必先利其器。大多数美工设计师会使用一些绘制软件，例如 Adobe Photoshop，或者是向量绘制软件，例如 Adobe Illustrator；但一些设计工作也可通过简单的工具完成，如 Paintbrush，或者具有一定扩展性同时可供用户免费使用的 GIMP。无论如何，每种工具都需要读者通过大量的实际操作方可熟练掌握。针对于此，读者可通过相关教程了解软件的不同操作特性。通常情况下，一些设计效果往往可采用简单的方式予以实现。

一种较好的方法是，可设计较大的游戏对象图像，并于随后将其缩减至合适的尺寸。该方法的优点主要体现在：可在游戏中将图像调整至所需的存储，并消除像素图像所带来的锯齿效果。当缩放图像时，抗锯齿技术可对像素执行混合操作，以使图像看起来更加平滑。如果将游戏对象外部置于图像的透明部分中，那么，当缩放图像时，边界像素将自动变为部分透明。仅当构建经典的像素风格图像时，方可设计实际尺寸的精灵对象。

最后，读者还可借助于网络免费使用大量的精灵对象资源。对此，需要查看相应的授权许可，以确保合法使用精灵对象数据包。随后，可将此作为实际对象的基础内容加以使用。在经过经验丰富的设计师一手打造后，游戏的质量将会得到显著提升。

11.2　添加音效和音乐

另一种改善游戏娱乐性的方法是添加音效。当前游戏均采用了背景音乐和声音效果。为了在 Swift 中简化音效的处理过程，可定义 Sound 类并播放音效。该类的部分定义如下所示（完整的类定义位于 PainterFinal 示例程序中）：

```swift
class Sound {

  var audioPlayer = AVAudioPlayer()

  init(_ fileName: String) {
    let soundURL = NSBundle.mainBundle().URLForResource(fileName,
      withExtension: "mp3")
    audioPlayer = try! AVAudioPlayer(contentsOfURL: soundURL!)
  }
  ...

}
```

Sound 类包含了名为 audioPlayer 的存储属性，并负责播放声音。在初始化器中，可根据作为参数的传递的文件名创建新的音频播放器。当前，读者可能还不了解 AVAudioPlayer 对象的创建过程。AVAudioPlayer 对象的定义过程可能会出现错误，例如不存在相应的声音文件。Swift 强制用户处理或忽略相关错误。鉴于错误处理超出了本书的讨论范围，因而本节仅采用 "try!" 忽略所产生的错误。

下面向 Sound 类中加入某些功能项，并播放各种不同的音效。其中，许多游戏中的一个常见选项是：是否循环播放音效。一般来讲，背景音乐一般采取循环播放模式，而音效通常不设置为循环播放。

　　Sound 类定义了名为 looping 的计算属性，进而表明音效是否应循环播放。通过将 audioPlayer 对象中的 numberOfLoops 值设置为相应值，即可实现音效的循环播放。当选取 0 值时，将关闭音效的循环播放模式（适用于音效）；而正值则表示声音的循环次数。另外，－1 表示无限次地播放声音，直至程序结束（适用于背景音乐）。looping 的完整属性如下所示：

```
var looping: Bool {
  get {
    return audioPlayer.numberOfLoops < 0
  }
  set {
    if newValue {
      audioPlayer.numberOfLoops = -1
    } else {
      audioPlayer.numberOfLoops = 0
    }
  }
}
```

　　此外，还可定义相关属性并调整声音的播放音量。相比于背景音乐，如果需要突出音效，那么此类属性十分有用。在某些游戏中，玩家可手动调整音量（稍后将讨论其实现方式）。无论何时，当在游戏中引入声音效果时，应确保提供音量以及静音功能。相应地，volume 属性的实现过程较为直观，如下所示：

```
var volume: Float {
  get {
    return audioPlayer.volume
  }
  set {
    audioPlayer.volume = newValue
  }
}
```

最后，还需要添加 play 方法，该方法执行两项任务。首先设置声音播放的起始位置（即时刻 0）；随后可在对象中调用 play 方法，如下所示：

```
func play() {
  audioPlayer.currentTime = 0
  audioPlayer.play()
}
```

当前，读者可使用 Sound 类并方便地加载和播放游戏中的各种声音。Painter 游戏配置了背景音乐和音效功能。对于需播放的每种特定音效，可向类中添加相应的属性，进而使用该音效。例如，对于背景音乐，可向 GameWorld 中添加下列属性：

```
var backgroundMusic = Sound("snd_music")
```

在初始化器中，可以较低的音量循环播放背景音乐，如下所示：

```
backgroundMusic.looping = true
backgroundMusic.volume = 0.5
backgroundMusic.play()
```

同时，音效的播放往往也不可或缺。例如，当玩家射击球体时，应伴随相应的声音效果。在 Ball 类中，可添加一个属性表示音效，如下所示：

```
var shootPaintSound = Sound("snd_shoot_paint")
```

随后，当射中球体时，即可播放对应的音效。在 Ball 类中，将采用 handleInput 方法进行处理，如下所示：

```
if (!inputHelper.isTouching && readyToShoot && self.hidden) {
  self.hidden = false
  readyToShoot = false
  velocity.x = (inputHelper.touchLocation.x -
      GameScene.world.cannon.position.x) * 1.4
  velocity.y = (inputHelper.touchLocation.y -
      GameScene.world.cannon.position.y) * 1.4
  shootPaintSound.play()
}
```

类似地，如果包含正确颜色的油漆桶对象落至屏幕外侧，也需要播放相应的音效（对应代码位于 PainterFinal 示例程序的 PaintCan 类中）。

11.3　维护积分榜

积分榜是激励玩家的一种方式，并向游戏中引入了一种竞争机制：玩家会竭尽全力击败 AAA 或 XYZ（一些早期的街机游戏在积分榜中仅支持 3 个玩家，且常会出现一些较为奇怪的名称）。另外，积分榜也使得第三方系统整合至游戏中，以使用户可参与至全球玩家的竞争中。Painter 游戏则简化了这一过程，仅向 GameWorld 中添加了 score 属性，并存储当前分值，如下所示：

```
var score = 0
```

其中，玩家的初始积分值为 0。每次油漆桶对象落入屏幕外侧时，积分将被更新。如果包含了正确颜色的油漆桶对象落至屏幕之外，积分将加 10。若油漆桶未包含正确颜色，那么玩家将被视作失败。

积分榜体现了游戏经济中的一方面内容。游戏经济大致描述了游戏成本和收益之间的关系。当读者开发自己的游戏作品时，也应对此予以考虑。也就是说，需要对成本、玩家收益以及二者间的平衡关系加以考察。

当更新 PaintCan 游戏中的积分榜时，可检测油漆桶对象是否落入屏幕之外。若是，则进一步判断是否包含了正确的颜色，并更新积分榜和玩家的声明值。随后，可隐藏 PaintCan 对象，以使其再次下落，如下所示：

```
let top = CGPoint(x: self.position.x, y: self.position.y +
red.size.height/2)
if GameScene.world.isOutsideWorld(top) {
  if color != targetColor {
    GameScene.world.lives -= 1
  } else {
    GameScene.world.score += 10
    collectPointsSound.play()
  }
  self.hidden = true
}
```

在上述代码中，还可查看包含正确颜色的油漆桶对象何时落入屏幕外侧，并随之播放存储于 collectPointsSound 属性中的音效。

11.4　字符和字符串

对于积分榜来说，还需要将具体内容显示于屏幕上，这意味着，应在屏幕上绘制相应的数值。为了使玩家清楚地辨识积分榜中的分值（而不是某个随机数字），需要在数字前绘制文本 "Score:"。对于文本表达，Swift 中定义了一种 String 类型。类似于数字和布尔类型，字符串在 Swift 中也表示为一种结构。字符串的声明示例如下所示：

```
var name = "Patrick"
```

在 Swift 中，字符串通过双引号字符表示。当采用字符串值并将其与其他变量结合时，需要仔细处理引号问题。在 Swift 中，字符串通过双引号字符表示。当采用字符串值并将其与其他变量结合时，需要仔细处理引号的使用问题。关于是否使用引号，下列内容展示了其中的差别：

- ❑　字符串 "hello" 和变量 hello。
- ❑　字符串 "123" 和数值 123。
- ❑　字符串 "+" 和运算符+。

另外，读者还可使用加号运算符整合（连接）多个字符串，如下所示：

```
var string1 = "hello "
var string2 = "world"
var string3 = string1 + string2 // string3 now contains "hello world"
```

注意，仅当处理文本内容时，连接操作方具有实际意义。例如，一般不会连接两个数字：表达式 1+2 的结果为 3，而非 "12"。当然，读者也可通过文本方式连接 "1" 和 "2"，对应结果为 "12"。不难发现，判别文本和数字间的差别是通过双引号完成的。如果打算将字符串和数字（或者其他类型的变量，例如布尔类型）整合为单一字符串，可使用 "\()" 标记，如下所示：

```
var age = 24
var info = "Peter is \(age) years old"
print(info) // prints the string "Peter is 24 years old"
```

这一特性称作字符串的插值操作,当显示积分榜时,这一操作在 Painter 游戏中十分有用。首先,可向游戏场景中添加标记节点,如下所示:

```
var scoreLabel = SKLabelNode(fontNamed: "Chalkduster")
```

随后,可使用字符串插值操作,将当前积分赋予 GameWorld 的 updateDelta 方法中的标记,如下所示:

```
scoreLabel.text = "Score: \(score)"
```

由于标记在每次游戏循环迭代时将被更新,因而当前积分总显示于屏幕上。

11.5　特 殊 字 符

除了"\()"之外,还存在一些使用"\"的其他特殊字符,其中包括:
- \n 表示换行符。
- \r 表示回车符。
- \t 表示制表符。

这也引入了一个新的问题:如何显示"\"自身?这里,该字符可通过"\\"表示。类似地,"\"还可用于表示双引号,如下所示:
- "\\"表示"\"字符。
- "\""表示双引号字符。

对应代码如下所示:

```
print("\"You are crazy,\" she said.") // output: "You are crazy," she
                                        //said.
```

11.6　添加 App 图标

最后,还应向 Painter 游戏中添加 App 图标。针对不同场合,需要使用到不同尺寸的 App 图标。另外,一些图标需通过不同的分辨率加以使用(1×、2×或 3×)。图 11.1 显示了 Painter 游戏图标在 Xcode 中的显示结果。

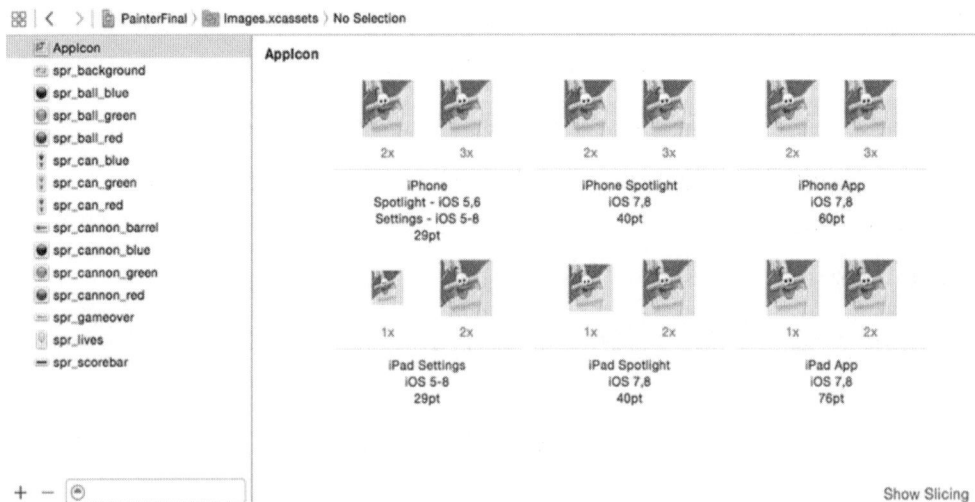

图 11.1　Painter 游戏中的图标

　　设计高质量的 App 图标十分重要。在游戏的安装过程中，或者是在 App Store 中搜索游戏时，图标总会首先映入人们的眼中。如果图标设计得较为普通，可能会对游戏的销量产生负面影响。另外，图标中应尽量避免加入文本内容——在较小的设备屏幕上，用户一般不会留意文本内容。最后，App 图标应与游戏图标保持一致。如果具有鲜明的卡通特征，那么，App 图标也应保持同样的风格。如果游戏的风格较为阴冷，图标中也应对此有所反映。如设计其他常规的图像素材那样，应在较高的分辨率下设计 App 图标，随后将其导出至缩放后的图形文件中。网络上存在大量的工具，可设计并自动将 App 图标导出为正确的格式，例如 http://appicontemplate.com 或 http://makeappicon.com。

11.7　其他注意事项

　　至此，读者已经实现了第一款游戏。图 11.2 显示了游戏的最终效果。在游戏的开发过程中，我们也学习到了许多概念。在下一个游戏中，我们将对现有工作成果进行扩展。同时，读者也不要忘记体验自己的游戏作品，其中将会发现，游戏难度将不断增加，油漆桶的运动速度将变得越来越快。

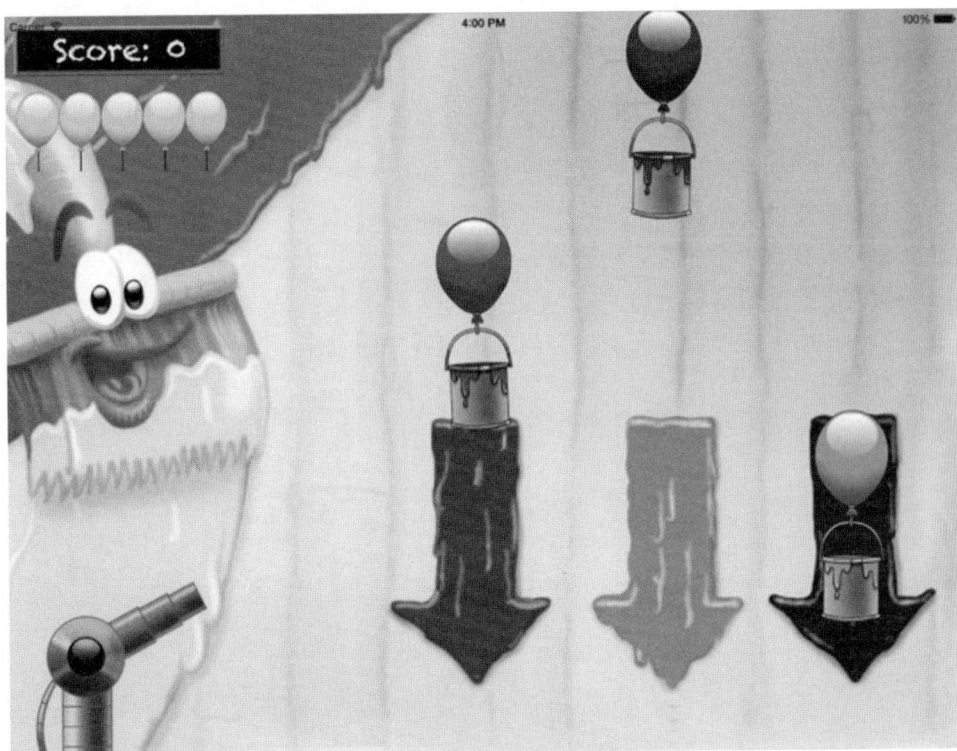

图 11.2　Painter 游戏的最终版本

游戏面向的玩家

　　读者可能会认为，游戏所面向的玩家主要是年轻群体，但实际情况并非如此。据一组数字统计，在美国，存在 1.8 亿的活跃游戏用户，这一数字占据了全部人口的 1/2，其中涉及了多种不同的平台：智能手机大约为 53%，无线设备大约占据了 41%。

　　当计划开发一款游戏时，应对目标人群进行准确的定位。例如，孩子们所体验的游戏与中年人的嗜好之间存在着较大的差异，其中涵盖了不同类型的游戏体验、视觉风格和任务目标。

　　游戏机游戏一般均包含大型 3D 场景；而移动设备上的休闲类游戏一般为 2D 游戏。除此之外，游戏机游戏应具备持久的可玩性，而休闲型游戏往往会在休息时供玩家体验。除此之外，还存在一种所谓的"严肃"游戏，以供消防人员、医护人员专业训练所用。因此，开发人员应明确一点内容：你喜欢的游戏并不一定是目标群体所喜爱的游戏。

11.8　本章小结

本章主要涉及以下内容：

- ❑　如何向游戏中添加音乐和音效。
- ❑　如何维护并显示积分榜。
- ❑　如何使用字符串显示文本，并与文本内容协同工作。

第 3 部分　Tut's Tomb 游戏

　　在 Tut's Tomb 游戏中，玩家需要采集 Pharaoh Tut 中的宝物，如图 III.1 所示。其中，所有的宝物均落入墓穴中，通过拖动、采集相同的宝物，玩家将获得相应的积分。注意，如果宝物在墓穴中遗留过久，将转变为石头并占据一定的墓穴空间。同时，宝物的下落速度将越来越快，如果未从墓穴中移出足够量的宝物，墓穴空间将被完全填满，同时游戏结束。后续章节将围绕该款游戏进行开发。完整的游戏作品以及游戏体验将在第 16 章予以展示。

图 III.1　Tut's Tomb 游戏截图

第 12 章　高级输入处理

本章将讨论更加高级的输入处理机制。与此同时，还将介绍一些较为重要的编程概念，例如数组和字典。在 Painter 游戏中，与输入处理相关的内容均较为基础，仅跟踪玩家最后一次的触摸位置。当然，这对于 Painter 游戏而言已然足够——玩家仅通过单指即可体验游戏。在更为复杂的游戏中，基本的输入处理过程则显得力不从心。特别地，在 Tut's Tomb 游戏中，玩家需要利用多个手指在屏幕上拖动对象。因此，本章将在 InputHelper 类的基础上进行扩展，以使其适用于多点触摸输入处理。

12.1　创建 Touch 对象

InputHelper 类目前仅跟踪单次触摸信息，这也是此处需要解决的主要问题。也就是说，该类存储了最后一次所记录的触摸位置，以及玩家是否执行了单击操作（换而言之，玩家是否利用单指开始触屏）。相应地，下列两个属性用于存储此类信息。

```
var touchLocation = CGPoint(x: 0, y: 0)
var hasTapped: Bool = false
```

为了处理多点触摸输入，需要同时存储、跟踪多个位置的信息。除此之外，还需要某种方式区分彼此间的触摸行为，以使玩家可通过某一手指拖曳对象，并利用另一个手指单击按钮。这意味着，每个触摸位置需要使用到唯一的 ID。对此，可定义一种类型以表示某次触摸行为。截止到目前，前述内容均利用类创建自定义类型。相应地，另一种方式则是使用结构。如前所述，与类不同，结构采用值复制方式，而非引用机制。这也表明，对于包含某一类型的结构变量，需要将该变量值复制到内存中。因此，结构主要用于表示小型数据结构，且适用于触摸行为。下列代码定义了表示触摸行为的对应结构。

```
struct Touch {
  var id = 0
  var location = CGPoint()
  var tapped = true
}
```

不难发现，除了使用关键字 struct（而非关键字 class）之外，定义一个结构与类定义相同。该结构包含了 3 个属性，即标识符、位置和表示是否执行单击操作的布尔变量。读者可通过一种较为简单的方式创建 Touch 对象，如下所示：

```
var myTouch = Touch()
```

默认状态下，Touch 对象包含了一个 id（0），且每个 Touch 对象均包含一个唯一的标识符，其创建方式十分简单。回忆一下，类属性隶属于类范围内，而非对象。例如，在前述 world 属性示例中，该属性仅隶属于 GameScene 类。无论存在多少个 GameScene 实例，都只包含单一 world 属性，并可通过下列方式进行访问：

```
GameScene.world
```

类似地，结构中也可定义静态属性。如果某个属性表示为静态，则该属性隶属于机构，而不是结构实例。考察下列结构定义：

```
struct Touch {
  var id = 0
  var location = CGPoint()
  var tapped = true

  static var idgen: Int = 0
}
```

该结构中定义了静态属性 idgen，且初始化为 0。由于该属性隶属于结构，而非特定实例，因而可以生成唯一的标识符。当构建实例时，可将当前 idgen 属性值赋予 id 属性，随后将 idgen 属性值加 1，进而生成新 Touch 实例的 id。这项任务可在初始化器中完成，如下所示：

```
init() {
  id = Touch.idgen
  Touch.idgen++
}
```

此外，还存在一种相对简洁的方法实现这一功能，即使用++后缀运算符。当增加某个变量值时，原值（变量增加前的数值）通过++后缀运算符返回，并可将该结果存储于另一个变量中，如下所示：

```
var a = 12
var b = a++ // after this instruction, a = 13 and b = 12
```

在执行了代码中的第二条指令后，变量 b 包含了 a 的原值（增加之前的数值），a 中则包含了递增值。除此之外，还可在变量前使用++运算符。++前缀运算符将返回新值（增值后的数值），如下所示：

```
var c = 10
var d = ++c // after this instruction, c = 11, d = 11
```

在上述示例中，在第二条指令执行完毕后，c 和 d 均包含了增值后的结果，即 11。当对 Touch 结构执行这项操作时，无须再使用初始化器。可简单地增加 idgen 属性值，并将原值赋予 id 属性，如下所示：

```
struct Touch {
  var id = idgen++
  var location = CGPoint()
  var tapped = true

  static var idgen: Int = 0
}
```

最终结果可描述为：当前，可创建一个 Touch 实例，每个实例均自动获得一个唯一的标识符，如下所示。

```
var aTouch = Touch() // aTouch has id 0
var anotherTouch = Touch() // anotherTouch has id 1
var yetAnotherTouch = Touch() // yetAnotherTouch has id 2
```

12.2　数　　组

前述内容介绍了一种简单的方式生成包含唯一标识符的触摸位置。相应地，还需要对 InputHelper 进行适当扩展，并可存储此类触摸行为的多个实例。在 Swift 中，一种较为方便的方法是使用数组。基本上，数组表示为一个有序列表。考察如下示例：

```
var emptyArray: [Int] = []
var intArray = [4, 8, 15, 16, 23, 42]
```

其中可看到两项声明和数组变量的初始化操作。第一项声明表示为一个基于 Int 的空数组，第二个变量 intArray 定义了长度为 6 的数组。通过索引，读者可访问数组中的数据元素。相应地，数组中的第一个数据元素包含索引 0，如下所示：

```
var v = intArray[0] // contains the value 4
var v2 = intArray[4] // contains the value 23
```

其中，可采用方括号访问数组中的数据元素。另外，还可通过方括号修改数组中的数据值，如下所示：

```
intArray[1] = 13 // intArray now is [4, 13, 15, 16, 23, 42]
```

此外，还可向数组中添加数据元素，如下所示：

```
intArray.append(-3) // intArray now is [4, 13, 15, 16, 23, 42, -3]
```

最后，每个数组中均包含一个 count 变量，可访问该变量并获取数组的长度，如下所示：

```
var l = intArray.count // contains the value 7
```

同时，数组还可与 for 循环结合使用，如下所示：

```
for var i = 0; i < intArray.count; i++ {
intArray[i] += 10
}
```

这将遍历所有的数组元素，并向其加 10。因此，代码执行完毕后，数组 intArray 将变为[14, 23, 25, 26, 33, 52, 7]。或者，也可使用包含范围的 for 循环实现相同功能，如下所示：

```
for i in 0..<intArray.count {
intArray[i] += 10
}
```

除了数组的初始化操作之外，还存在一种与类相似的数组创建方式，如下所示：

```
var myArray = Array<Int>(count: 3, repeatedValue: 10)
```

该示例定义了尺寸为 3 的数组，每个数组元素均为 10。因此，上述指令等同于下列代码：

```
var myArray = [10, 10, 10]
```

在 Swift 中，甚至还可定义多维数组，如下所示：

```
var anotherArray: [[Int]] = [[1, 2, 3], [4, 5, 6]]
```

这里，anotherArray 变量表示为整型数组的数组。也就是说，数组元素也表示为数组。当描述网格结构时，数组的数组十分有用。许多游戏会采用某种类型的网格结构表示游戏场景。例如，可利用二维数组设置 Tic Tac Toe 游戏中的游戏区域，如下所示：

```
var tictactoe : [[String]] = [["x", "o", " "], [" ", "x", "o"],
 [" ", "o", "x"]]
```

下列代码通过一维数组描述了二维网格结构：

```
var rows = 10, cols = 15
var myGrid = Array<Int>(count: rows * cols, repeatedValue: 0)
```

访问第 i 行、第 j 列数据元素可通过下列代码加以实现：

```
var elem = myGrid[i * cols + j]
```

图 12.1 显示了表达式语法示意图中的部分内容，其中特地标明了数组的语法。

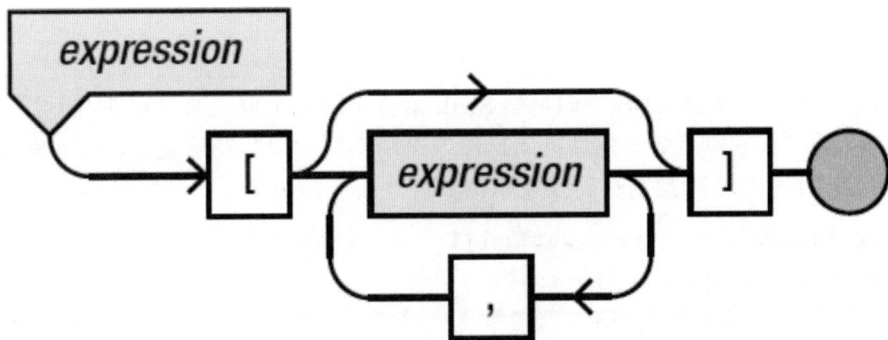

图 12.1　数组的语法示意图

12.3　字　　典

除了数组之外，Swift 还支持一种称作字典的集合类型。除了有序列表这一项之外，字典与数组十分相似。字典体现了一种类型间的映射关系，并表示为一系列的键、值对，其中使用了唯一的键访问关联值。另外，键-值可表示为任意类型。相比于数组，"键"可视作数组索引，对应代码如下所示：

```
var translator = [String:String]()
translator["house"] = "maison"
translator["tree"] = "arbre"
translator["dog"] = "chien"
```

不难发现，字典可存储某种映射行为。此处，映射存在于字符串之间（即键和值之间），当实现转换表时，映射机制十分有用。其中，字典所使用的类型不必相同，例如：

```
var ages = [String:Int]()
ages["mary"] = 45
ages["john"] = 12
```

12.4　可 选 类 型

在深入讨论代码示例之前，下面考察 Swift 语言中的一个重大改进特性，即可选类型。可选类型数据涉及各种类型，并且可选择性地引用实际对象。初看之下，该机制似乎并无实际用途。下面再次考察前述转换表示例。

```
var translator = [String:String]()
translator["house"] = "maison"
translator["tree"] = "arbre"
translator["dog"] = "chien"
```

假设输入下列指令：

```
var houseTranslated = translator["house"]
```

由于字典中存储了 house 键，因而可将查找值结果存储于某个变量中，但假设输入了下列命令：

```
var carTranslated = translator["car"]
```

当前，转换表并未包含 car 数据项。此时将会产生何种结果？当编译该程序时，可假定编译器生成错误消息。但编译器并不知晓各种情况下转换表中的内容。读者可设想程序启动时将从某个服务器中获取字典内容；或者是程序运行过程中用户输入的内容。一般情况下，编译器并不了解字典中的具体内容，因而无法检测到此类错误。既然编译器无法进行错误检测，如果数据项不存在，那么，carTranslated 变量中存储了哪一种数据？在某些场合下，表达式 translator["car"]的返回值可能是 nil，这也是该表达式称作可选类型的原因。可选类型可通过"名称+?"这一形式予以识别。例如，carTranslated 类型即为 String?。另外，还可在声明变量时定义可选类型，如下所示：

```
var carTranslated: String? = translator["car"]
```

由于 carTranslated 变量定义为可选类型，因而可将其赋值为 nil，如下所示：

```
carTranslated = nil
```

相应地，可在 if 语句中测试 nil，如下所示：

```
if carTranslated == nil {
print("Translation unavailable.")
}
```

假设希望将转换结果改写为大写字母。对此，String 类型包含一个 capitalizedString 属性可执行此项任务。但是，下列代码依然会产生编译器错误：

```
var strWithCapitals = carTranslated.capitalizedString
```

其原因在于，carTranslated 可能引用了 nil，而不是一个字符串值，如果出现这种情况，将无法使用 capitalizedString 属性。针对这一问题，可利用可选链，如下所示：

```
var strWithCapitals = carTranslated?.capitalizedString
```

可选链检测 carTranslated 是否为 nil。如果未出现这一情况，属性结果将存储于 strWithCapitals 中。若 carTranslated 为 nil，那么，nil 值将存储于 strWithCapitals 中。这也表明，strWithCapitals 变量自身也表示为可选类型，即 String?。

如果确定 carTranslated 不包含 nil 值，则可将其解包（unwrap）为实际的 String 类型。

该操作可通过"!"完成，如下所示：

```
var strWithCapitals = carTranslated!.capitalizedString
```

鉴于上述假设条件为 carTranslated 不会为 nil，因而 strWithCapitals 类型为 String，而非 String?。读者应谨慎处理此类情形。如果程序包含 bug，并导致 carTranslated 为 nil，程序执行过程中将包含错误并终止。

Swift 对 if 指令提供了一种较好的扩展，如果数值解包成功，则执行相应的代码块，如下所示：

```
if let carTranslated = translator["car"] {
// do something
}
```

此处，仅当 carTranslated 不为 nil 时，方执行 if 代码体。相应地，carTranslated 表示为 String 类型，同时包含了 translator["car"]解包值。因此，上述 if 指令执行了与下列代码相同的功能：

```
let carTranslatedOptional = translator["car"]
if carTranslatedOptional != nil {
  let carTranslated = carTranslatedOptional!
  // do something
}
```

不难发现，结合了数值解包操作的 if 指令是一类十分有用的扩展，并可生成简短、易读的代码。

✍ 注意：

通过显式地处理可选值，Swift 强制程序员检测某个数值是否真实存在，并在前期处理代码中的某些特殊情况，进而编写更为健壮的程序。然而，如果未精心地设计类和方法，代码中将会充斥大量的"？"和"!"，使得代码的可读性大大降低。

12.5　存储多点触摸

本节将介绍如何使用数组、字典和可选类型来处理多点触摸问题。对此，可定义一个 InputHelper 类，其中包含了 touches 属性，该属性表示为 Touch 对象数组，如下所示：

```
var touches: [Touch] = []
```

读者需要处理 3 种事件类型，如下所示：
- ❏ 玩家利用单指开始触摸屏幕。
- ❏ 玩家在触屏时移动手指。
- ❏ 玩家从屏幕上移开手指。

针对上述每种情形，可分别向 InputHelper 中添加一个方法对其进行处理，随后将把对应方法连接至实际的触摸事件中。在第一种情况下，当玩家开始触摸屏幕时，需要创建 Touch 实例，并设置位置信息以记录触摸点。最后，Touch 实例应添加至数组中，完整的方法定义如下所示：

```
func touchBegan(loc: CGPoint) -> Int {
  var touch = Touch()
  touch.location = loc
  touches.append(touch)
  return touch.id
}
```

该方法接收 CGPoint 对象，并作为参数表达触摸位置。该方法返回所生成的 Touch 实例标识符，当后续操作中使用 InputHelper 实例时，方法调用者将知晓如何引用特定的触摸操作。

当玩家移动手指时，InputHelper 中的 touchMoved 方法将被调用，如下所示：

```
func touchMoved(id: Int, loc: CGPoint) {
  if let index = findIndex(id) {
     touches[index].location = loc
  }
}
```

作为参数，该方法接收一个触摸标识符，以及新的触摸位置。相应地，findIndex 将搜索触摸数组中与标识符对应的索引，并返回可选类型的 Int 值。在该方法中，将通过 for 循环遍历 touches 数组中的所有数据元素，并返回对应数据。如果未搜索到触摸数据，方法将返回 nil。findIndex 方法定义如下：

```
func findIndex(id: Int) -> Int? {
```

```
for index in 0..<touches.count {
  if touches[index].id == id {
     return index
  }
}
return nil
}
```

一旦获取了索引，可将数组中 Touch 实例的 location 属性设置为新位置，这也是 touchMoved 方法中第二条指令所执行的内容。

最后，当玩家从屏幕上移开手指后，touchEnded 方法将被调用，这将从数组中移除 Touch 实例，如下所示：

```
func touchEnded(id: Int) {
  if let index = findIndex(id) {
     touches.removeAtIndex(index)
  }
}
```

其中，从数组中移除数据元素通过 removeAtIndex 方法加以实现，该方法通过参数接收索引，该索引表示元素的移除位置，例如：

```
var fib = [1, 1, 2, 3, 5, 8, 13]
fib.removeAtIndex(3) // fib now is [1, 1, 2, 5, 8, 13]
```

12.6　简化触摸输入行为

读者可向 InputHelper 类中添加更多方法，以简化触摸输入行为在游戏中的应用。下列方法用于获取包含既定 id 的、触摸的位置信息。

```
func getTouch(id: Int) -> CGPoint {
  if let index = findIndex(id) {
     return touches[index].location
  } else {
```

```
    return CGPoint.zeroPoint
  }
}
```

另外，还可判断玩家是否触摸了屏幕上的特定区域。例如，如果希望向游戏中添加一个按钮，则需要判断玩家是否单击了按钮区域。对此，可使用下列方法：

```
func containsTouch(rect: CGRect) -> Bool {
  for touch in touches {
    if rect.contains(touch.location) {
      return true
    }
  }
  return false
}
```

方法体中包含了一个 for 循环，用以检测数组中的每次触摸行为其位置是否位于矩形内。取决于最终结果，该方法将返回 true 或 false。为了获取矩形中的触摸操作 id，可调用下列方法：

```
func getIDInRect(rect: CGRect) -> Int? {
  for touch in touches {
    if rect.contains(touch.location) {
      return touch.id
    }
  }
  return nil
}
```

该方法可用于检测触摸操作 id 是否有效。

```
func isTouching(id: Int) -> Bool {
return findIndex(id) != nil
}
```

最后，上述方法将表明玩家是否单击（仅是开始触摸）了盒体内部，如下所示：

```
func containsTap(rect: CGRect) -> Bool {
```

```
for touch in touches {
  if rect.contains(touch.location) && touch.tapped {
      return true
  }
}
return false
}
```

　　InputHelper 类中还可定义其他方法，以供后续游戏开发使用。完整的 InputHelper 类代码位于本章的 TutsTomb1 示例程序中。

12.7　将触摸事件链接至输入帮助类

　　12.6 节定义了 InputHelper 类，读者应确保必要时可调用 touchBegan、touchMoved 和 touchEnded 方法。在 Painter 游戏中，曾向 GameScene 类中添加了触摸事件处理方法。例如，下列方法用于处理触摸行为的开始阶段。

```
override func touchesBegan(touches: Set<UITouch>, withEvent event:
UIEvent?) {
  let touch = touches.first!
  inputHelper.touchLocation = touch.locationInNode(self)
  inputHelper.nrTouches += touches.count
  inputHelper.hasTapped = true
}
```

　　该方法的第一个参数为 Set<UITouch>类型。需要注意的是，Set<UITouch>也表示为一种集合类型，这一点与数组有几分相似。这里，数组和集合之间的差别在于：数组包含了有序信息，而集合则不包含这一特征。除此之外，集合还不包含重复元素，而这在数组中则是允许的。取决于游戏中的具体需求，读者可选取不同的数据结构。例如，集合适用于玩家的道具库。

　　由于特定的触摸操作仅存储一次，因而该操作可存储于集合中，而触摸行为的顺序并不重要。在 InputHelper 类中，也可利用集合存储触摸操作（而非数组）。在 Set 之后，则是尖括号中的 UITouch 类型。回忆一下，Swift 以及其他编程语言均支持泛型这一概念，这也意味着，当前集合包含了 UITouch 类型的对象。Set 类型自身表示为泛型，其中可包含特定的对象类型。例如，可声明一个字符串集合，如下所示：

```
var stringSet = Set<String>()
```

在 touchesBegan 方法内部，需要处理多点触摸这种情况。也就是说，需要处理集合中的所有触摸行为。针对集合中的每个数据元素，可采用特定的 for 循环。考察下列示例代码：

```
var intArray = [2, 3, 4, 6]
for value: Int in intArray {
print(value)
}
```

该示例采用了 for 循环针对数组中的各个元素执行某项任务。大多数时候，由于可从所遍历的集合中进行类型推断，因而可忽略相关类型，如下所示：

```
var intArray = [2, 3, 4, 6]
for value in intArray {
print(value)
}
```

类似地，还可针对集合中的每项元素执行相关任务，如下所示：

```
for touch in touches {
// handle the touch
}
```

在 for 循环体内部，使用了 touch 变量（为 UITouch 类型）计算触摸位置，并将其存储于某个常量中，如下所示：

```
let location = touch.locationInNode(self)
```

随后，可调用 InputHelper 中的 touchBegan 方法，将触摸行为添加至数组中。该方法返回一个 id，并存储于某个变量中，如下所示：

```
let id = inputHelper.touchBegan(location)
```

除此之外，还可使用字典存储 UITouch 对象间的映射关系，以及针对 InputHelper 类生成的 id，如下所示：

```
var touchmap = [UITouch:Int]()
```

在 touchesBegan 事件处理方法中的最后一条指令中，将所生成的 id 存储于当前映射中，如下所示：

```
touchmap[touch] = inputHelper.touchBegan(location)
```

在 touchesMoved 方法中，需要使用该 id 更新输入中的触摸位置。类似于 touchesBegan，可通过 for 循环针对每次运动触摸位置执行该任务。完整的方法定义如下所示：

```
override func touchesMoved(touches: Set<UITouch>, withEvent event: UIEvent)
{
  for touch in touches {
    let touchid = touchmap[touch]!
    inputHelper.touchMoved(touchid, loc:
      touch.locationInNode(self))
  }
}
```

其中，首先查找与字典中对象对应的 id。随后，将调用 InputHelper 类中的 touchMoved 方法，并更新触摸位置信息，如下所示：

```
let touchid = touchmap[touch]!
```

注意指令结尾处的"!"，由于需要解包字典查找所返回的可选 Int 值，因而"!"不可或缺。

当玩家终止单击屏幕时，触摸 id 应从字典中移除。对此，可将 nil 值赋予字典中的对应元素，如下所示：

```
let touchid = touchmap[touch]!
touchmap[touch] = nil
```

最后，可调用 touchEnded 方法更新输入，如下所示：

```
inputHelper.touchEnded(touchid)
```

读者可参考本章 TutsTomb1 示例程序中的 InputHelper 和 GameScene 类，以查看完整的多点触摸处理代码。

12.8 拖曳精灵对象

作为示例，下面使用新的 InputHelper 类，并尝试在屏幕上拖曳对象。在 TutsTomb1 示例程序中，将会看到更新后的 InputHelper 类，以及一些简单的示例，例如加载精灵对象、在屏幕上绘制精灵对象，以及通过拖曳方式在屏幕上移动对象。同时，该程序还定义了名为 Treasure 的基础类，用于表示 Tut's Tomb 游戏中的各种宝物。

在 TutsTomb1 示例程序中，还存在少量内容尚未实现。目前，仅存在两种可在屏幕上绘制的 Treasure 对象，同时，玩家可利用手指对其进行拖曳。对象的拖曳操作实现于该类的 handleInput 方法中，该方法定义了两部分内容。第一部分内容将检测玩家是否开始拖曳对象。若是，则存储触摸操作的 id，并以此跟踪玩家手指的运动位置。在 Treasure 类中，定义了一个 touchid 属性（Int?类型），用于存储对象拖曳时的触摸 id。如果该对象未被拖曳，id 设置为 nil。当玩家开始执行拖曳操作时，可将触摸 id 存储于该属性中，如下所示：

```
if inputHelper.containsTap(self.box) {
    touchid = inputHelper.getIDInRect(self.box)
}
```

handleInput 方法中的下一步操作是更新宝物的位置，并跟随用户的手指位置。一旦玩家终止了该手指的屏幕触摸行为，则将 touchid 属性重置为 nil。该过程的对应代码如下所示：

```
if let touchUnwrap = touchid {
  if inputHelper.isTouching(touchUnwrap) {
      self.position = inputHelper.getTouch(touchUnwrap)
  } else {
      touchid = nil
  }
}
```

通过观察可知，拖曳操作并不复杂（对应结果如图 12.2 所示），但需要定义相关方法处理（多点）触摸输入。当前，containsTap 方法通过相对简单的方法可知晓玩家何时开始拖曳一个对象。

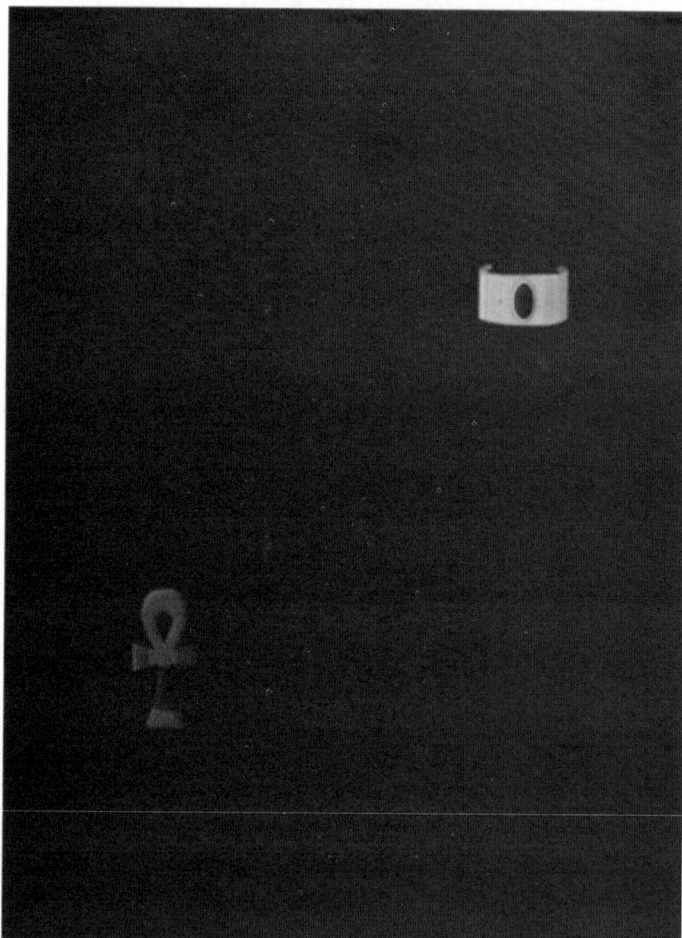

图 12.2　TutsTomb1 示例程序

12.9　本章小结

本章主要涉及以下内容：

- ❑　如何处理游戏中的多点触摸输入。
- ❑　数组和字典的含义及其使用方式。
- ❑　可选类型的含义及其使用方式。

第 13 章 游戏物理学

在 Painter 游戏中，曾构建了较为基础的操作机制，用以处理对象在游戏场景中的运动和彼此间的碰撞问题。在 Tut's Tomb 游戏中，该机制则无法胜任。其中，对象依据重力下落，并从墙壁处反弹，且需要利用不同方式处理碰撞问题。本章将定义相关游戏结构以供此类高级交互行为使用。读者将会发现，在向 SpriteKit 中的游戏对象添加正确的物理行为时，其过程并不复杂。

13.1 游戏对象的基本类

大多数游戏均包含复杂的游戏对象结构。首先，一般会显示特定的背景，并由不同的运动对象层（例如山峦、空气、树木等）构成。接下来是一些处于运动状态的交互对象，其中包括敌方角色，因而需要设置不同的智能级别。除此之外，游戏中还会设置一些静态对象，例如能量棒、树木、门或梯子。相应地，表现房屋的游戏对象可能会由多个其他游戏对象构成，例如门、阶梯、窗户以及厨房（可能还会涵盖其他游戏对象）。

当指定了不同的游戏对象类型及其关系后，这一类对象一般会形成某种层次结构，进而体现相应的游戏场景。大多数又均采用了某种游戏对象层次结构，特别是 3D 游戏。考虑到三维场景的复杂性，这一类结构十分重要。正常情况下，3D 游戏中的对象并不采用精灵对象表示，而是使用一或多个 3D 模型。层次结构的优点主要体现在：此类对象可整合在一起，例如，如果玩家拿起一个瓶子，里面有一卷有魔力的卷轴，那么卷轴就会随着花瓶一起移动。

在 Painter 游戏中，游戏对象的基本类型通过 ThreeColorGameObject 类加以描述。截止到目前，这也是对象的主要表达方式——对于较为基础的工作示例，这已然足够。然而，如果希望开发相对复杂的大型游戏，这一方式将不再适用。

在 SpriteKit 中，大多数基本的游戏对象均定义为 SKNode 类型，其中，游戏对象表示为某种层次结构（表示游戏场景）中的部分内容。本书中的游戏采取了以下设计：定义了游戏对象与游戏对象类中游戏循环的关系。例如，在 Painter 游戏中，Cannon 类处理与大炮对象相关的输入；Ball 类处理与球体相关的输入。另外，球体位置和任意游戏对象的交互过程在 Ball 类中的 update 方法中进行处理。最后，当游戏重新启动时，每个游戏对象将重置为其原始状态。上述各项操作主要体现在游戏对象中定义的 handleInput、update 和 reset 方法中。

　　在 TutsTomb2 游戏示例程序中，定义了一个 GameObjectNode 类，并表示为 SKNode 的子类。GameObjectNode 类中添加了刚刚提及的 3 个游戏循环方法。由于 GameObjectNode 类型的对象同样也是 SKNode 对象，则可定义相应的子类。具体而言，如果 handleInput 方法在 GameObjectNode 实例中被调用，则需要确保 GameObjectNode 类型的任何子类也可处理输入。因此，在 handleInput 方法体内部，可通过 for 循环遍历子类，并将其转换为 GameObjectNode 实例。如果转换成功即可调用子对象上的 handleInput 方法，如下所示：

```
func handleInput(inputHelper: InputHelper) {
  for obj in children {
    if let node = obj as? GameObjectNode {
       node.handleInput(inputHelper)
    }
  }
}
```

　　在 if 语句中，需要注意将可选值赋予变量时所用的特殊符号。这里，as?运算符将某个对象转换为既定类型（此处为 GameObjectNode 类型）。如果转换操作失败，该运算符将返回 nil。因此，如果 node 包含了 GameObjectNode 实例，则会调用其上的 handleInput 方法。当考察 GameObjectNode 类时将会发现，updateDelta 和 reset 方法也包含了相似内容。

13.2　游戏对象子类

　　由于 Tut's Tomb 游戏将处理下落的宝物，因而 TutsTomb2 示例程序中定义了 Treasure 类，即 GameObjectNode 的子类。其中，Treasure 类覆写了 handleInput 方法，以实现相应的拖曳操作。

　　GameWorld 类则是另一个 GameObjectNode 的子类。游戏场景利用 setup 方法中的游戏对象进行填充，当初始化场景时，该方法将在 GameScene 类中被调用。下列代码显示了 setup 方法中的部分内容，并向游戏场景中加入了一些 Treasure 实例。

```
for i in 0...4 {
  var treasure = Treasure()
  treasure.position = CGPoint(x: -250 + i * 120, y: 200)
  treasures.addChild(treasure)
}
```

不难发现，上述代码生成了 5 个 Treasure 实例，同时根据循环计数器 i 对其进行定位，并将其添加至 treasures 节点中（该节点表示为游戏场景中的部分内容）。

GameWorld 定义为 GameObjectNode 的子类，其优点主要体现在：根据 GameObject Node 的设计方式，游戏对象循环方法可在其子类中自动被调用。这表明，如果作为另一个游戏对象的子类添加了 Treasure 实例，那么，handleInput 方法调用将自动传播至当前 treasures 上。例如，GameWorld 的 handleInput 方法在 GameScene 中被调用，并依次调用游戏场景中游戏对象的全部子节点（以及子节点中的子节点）中的 handleInput 方法。这种良好、简洁的设计方式可在后续操作过程中方便地创建更加复杂的游戏对象交互操作。在 TutsTomb2 示例程序中，Treasure 类的 handleInput 方法将调用其超类（GameObjectNode）的 handleInput 方法。通过这种方式，可确保 handleInput 方法调用链不被破坏，即使在后续操作中决定向 Treasure 实例中添加子节点。

13.3　向游戏对象中添加物理行为

截止到目前，通过在游戏循环中改变游戏对象的位置，可使其处于运动状态。在 Painter 游戏中，一些对象还包含了速度属性，例如球体对象，以使该对象可处于运动状态。在物理世界中，情况则变得稍加复杂。其中，物体的运动行为源自其上所施加的作用力。例如，场景中的对象均处于重力作用下。如果在某个方向上推动某个对象，则可以说向该对象施加了作用力。当对象间彼此碰撞时，需要以较为自然的方式响应于碰撞行为。

如果希望游戏场景以正确的物理方式运作，则需要定义模型以模拟游戏中的物理世界。对此，SpriteKit 框架整合了物理引擎，从而可实现令人可信的物理行为。在 Painter 游戏中，可对物理行为自身进行编码。例如，下列代码显示了 Ball 类中的物理计算。

```
velocity.x *= 0.99
velocity.y -= 15
```

其中，第一行代码表示为空气阻力模型；第二行代码则根据对象的速度近似计算重力。在 Tut's Tomb 游戏中，将使用 SpriteKit 的物理引擎模拟物理行为，而不再采用编码方式。读者将会看到，向游戏场景中添加物理内容并不复杂。SKNode（以及子类）的实例定义了 physicsBody 属性，进而控制对象与物理系统之间的关系。如果希望向某个对象中添加物理行为，physicsBody 属性应引用 SKPhysicsBody 实例，该实例常视为物理世界中游戏对象的简化表达方式。例如，在 Treasure 类中，可向初始化器中添加下列代码：

```
self.physicsBody = SKPhysicsBody(circleOfRadius: 100)
```

这将创建宝物对象的物理表达形式。此处，对应内容表示为包含既定半径的一个圆形。另外，读者也可尝试使用其他形状，例如矩形，如下所示：

```
    self.physicsBody = SKPhysicsBody(rectangleOfSize: CGSize(width: 100,
height: 100))
```

此外，还可采用精灵对象（纹理）形状创建物理体的形状，如下所示：

```
self.physicsBody = SKPhysicsBody(texture: sprite.texture!, size: sprite.
  size)
```

若希望游戏在大多数设备上流畅地运行，应确保物理计算相对简单。对于 2D 游戏，计算过程一般不会过于复杂。但是，如果游戏中包含了大量基于物理行为的游戏对象，分别处于运动和碰撞状态，则需要选择并使用一种简化形状进而高效地处理物理操作。相应地，若对应形状与矩形或圆形相符，那么，采用简化形状执行物理计算将会得到较好的结果。

在 Tut's Tomb 游戏中，可针对物理计算使用精灵对象的真实形状。由于 Treasure 实例包含了 physicsBody 属性，因而可随时展示其物理行为。在 TutsTomb2 实例程序中，出于测试目的，游戏场景中加入了一些 Treasure 实例。

如果未添加其他额外的对象并运行当前游戏，将会看到 5 个现有的对象会立即落入屏幕之外，其原因在于：默认状态下，此类对象将受到重力作用。因此，为了在场景中设置游戏对象，还需要添加地面和墙壁。下面向场景中加入地面对象，该对象同样需要设定物理内容，进而可与其他游戏对象进行交互，如下所示：

```
let floor = SKNode()
floor.position.y = -400
var square = CGSize(width: GameScene.world.size.width, height: 200)
```

```
floor.physicsBody = SKPhysicsBody(rectangleOfSize: square)
```

其中，地面表示为 SKNode 对象，并绑定了相应的物理内容，因而不存在实际的地面精灵对象。当在物理场景中表达地面时，可采用简化的形状——此处使用了矩形。然而，鉴于地面也表示为物理对象，那么，该对象是否会像其他游戏对象那样不停地下落？是的，地面对象同样会下落，因此需要显式地通知物理系统，地面应处于游戏场景中的固定位置，且不包含任何动力学反馈（包括作用力），其实现过程如下所示：

```
floor.physicsBody?.dynamic = false
```

最后，可将地面对象添加至游戏场景中，如下所示：

```
addChild(floor)
```

类似地，还需要进一步向游戏场景中添加天花板、左侧墙壁和右侧墙壁。完整代码可参考 TutsTomb2 示例程序。

至此，游戏场景中设置了地面、天花板和侧墙，游戏对象在下落过程中将与地面以及其他对象发生碰撞。当采用 SpriteKit 物理引擎时，将会对此进行有效的处理。某些时候，出于调试目的，可能会在屏幕上展示实际的物理对象体。对此，可设置 SKView 对象中的 showPhysics 属性。GameViewController 类中的下列代码实现了这一功能。

```
skView.showsPhysics = true
```

13.4　交　互　行　为

由于针对每个游戏对象均定义了物理对象体，因而可向其施加作用力以控制对象。例如，可采用下列方式向物理对象体添加速度：

```
physicsBody?.velocity = CGVector(dx: 10, dy: 10)
```

其中，physicsBody 属性定义为可选类型——如果当前对象并非物理系统中的一部分，那么，该属性将为 nil。另外，physicsBody 的 velocity 属性表示为 CGVector 类型，即一个二维向量。在将某个速度赋予对象中时，在游戏进程中，将根据该速度自动计算自身的位置。在 Treasure 类中，可据此执行物理对象的拖曳操作，如下所示：

```
var moveVector = inputHelper.getTouch(touchid)
```

```
moveVector.x -= position.x
moveVector.y -= position.y
physicsBody?.velocity = CGVector(dx: moveVector.x * 10, dy:
  moveVector.y * 10)
```

代码首先计算方向向量，且物理对象体沿此方向运动。针对于此，可获取触摸位置，并从中减去当前对象的位置。为了使对象快速朝向触摸位置移动，速度向量的 x 和 y 因子可以乘以一个常量（此处为 10）。一旦将该向量赋予物理对象体的速度属性，即可自动更新对象的位置。

另一种需要处理的交互类型是对象间的碰撞问题。在游戏中，若对象间产生碰撞，需要执行一系列的相关操作。如果玩家与能量棒发生碰撞，玩家的生命值将会随之增加。如果玩家与敌方角色碰撞，玩家将受到一定程度上的伤害。如果玩家与星星碰撞，则应奖励适当的分值。在 SpriteKit 中，可定义相关对象负责处理碰撞（接触）问题。

如果该对象定义了特定方法，且物理体之间存在接触，将会调用该方法。SpriteKit 使用了 Swift 中的协议以强调这一特征。这里，协议可简单地表示为方法头（或属性）集合定义，以帮助开发人员编写更加一致的代码。下列代码显示了 SKPhysicsContactDelegate 协议示例：

```
protocol SKPhysicsContactDelegate : NSObjectProtocol {
  optional func didBeginContact(contact: SKPhysicsContact)
  optional func didEndContact(contact: SKPhysicsContact)
}
```

不难发现，该协议包含了两个方法头，即 didBeginContact 和 didEndContact。下面将调整 GameWorld 类，以使其符合 SKPhysicsContactDelegate 协议，这与继承机制有几分类似，如下所示：

```
class GameWorld : GameObjectNode, SKPhysicsContactDelegate {
// To do: class body
}
```

如果某个类遵循协议，也可以说该类实现了协议。此处，GameWorld 实现了 SKPhysicsContactDelegate 协议。协议描述了实现该协议的相关类，并定义了 didBeginContact 和 didEndContact 方法（可选）。另外，某些协议还会强制定义实现该协议的类，并定义相应的方法和属性，甚至是初始化器。考察下列协议：

```
protocol NSCoding {
  func encodeWithCoder(aCoder: NSCoder)
  init(coder aDecoder: NSCoder)
}
```

如果类实现了上述协议，则需要制定定义于该协议中的方法和初始化器。这里，协议有 SKNode 予以实现，因此，SKNode 的子类（包括 GameObjectNode）需要定义特定的初始化器，如下所示：

```
required init?(coder aDecoder: NSCoder) {
fatalError("init(coder:) has not been implemented")
}
```

在 GameWorld 类中，可添加下列定义于 SKPhysicsContactDelegate 协议中的方法：

```
func didBeginContact(contact: SKPhysicsContact) {
  let firstBody = contact.bodyA.node as? Treasure
  let secondBody = contact.bodyB.node as? Treasure
  print("Contact at position \(contact.contactPoint)")
}
```

在方法体中，contact 参数包含了碰撞体相关的信息，以及在游戏场景中的碰撞位置。出于测试目的，当两个物理对象体出现碰撞时，碰撞位置将输出至屏幕上。除此之外，还可实现 didEndContact 方法，并在两个对象结束碰撞后执行相关操作。例如，当玩家从桌子上取下一颗钻石时，即可触发警报。在后续内容中，当游戏对象间产生碰撞时，将定义更加复杂的行为。

当两个物理体碰撞时，应确保 didBeginContact 被调用。也就是说，需要通知当前场景，负责碰撞处理的对象应为 GameWorld 实例。对此，可向 GameScene 的 didMoveToView 方法中添加下列代码：

```
physicsWorld.contactDelegate = GameScene.world
```

图 13.1 显示了当前 TutsTomb2 示例程序的运行结果。读者可尝试运行该示例程序来查看其工作方式。另外，还可对物理引擎设置其他参数。例如，是否可调整重力值？同时，还可改变游戏对象物理体的形状，进而观察游戏体验的变化方式。

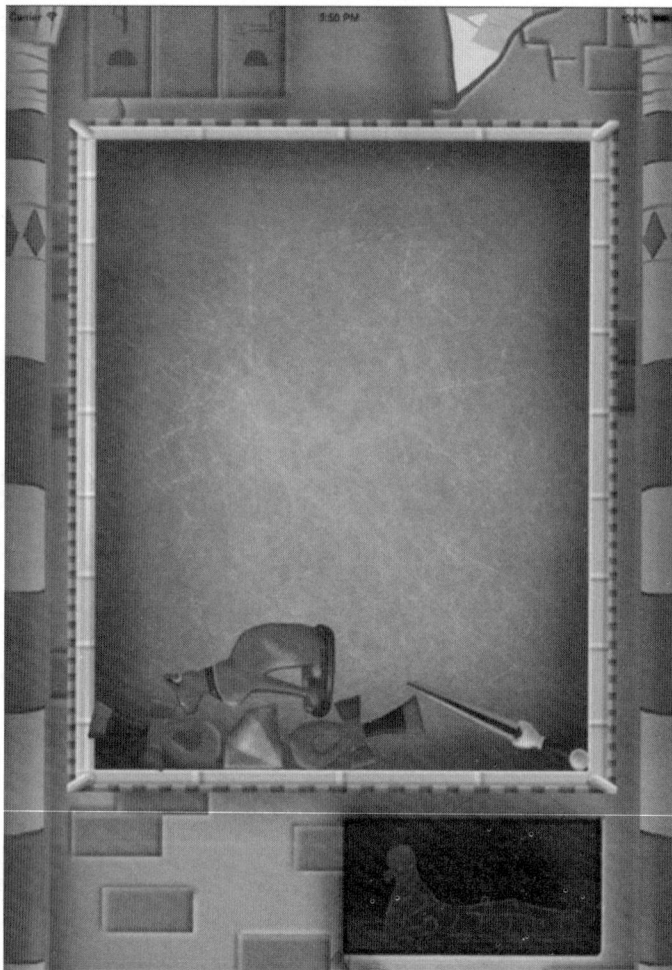

图 13.1　TutsTomb2 示例程序截图

注意：

　　读者可调试不同的物理引擎参数。大多数物理引擎（也包括 SpriteKit 中的物理引擎）均可修正重力或者重力所作用的对象等内容，这对于包含不同重力值的外星世界十分有用。另外还需注意的是，与正确的物理行为相比，游戏的体验性则更加重要。在战略游戏中，飞机的飞行速度与士兵在地面上行走的速度一样快，这在现实世界中是不切实际的行为，但在游戏中，却可提升游戏的体验程度。对此，读者可查看 SKPhysicsBody 类中的方法和属性，并尝试各种可能性。

13.5　本　章　小　结

本章主要涉及以下内容：

❑　如何通过基本的游戏对象类将游戏对象整合至游戏场景中。

❑　如何向游戏中加入物理行为。

❑　如何通过拖曳方式与物理场景中的对象进行交互。

❑　当两个对象彼此碰撞时，如何执行正确的操作。

第 14 章　游戏设置程序设计

本章介绍 Tut's Tomb 中与游戏设置相关的程序设计。作为一种简便的方式，读者将学习到如何利用动作向游戏场景中添加行为。除此之外，本章还将处理游戏对象间的碰撞问题（例如两个相同类型的宝物发生碰撞）。

14.1　游戏对象行为

如前所述，向游戏中加入行为的具体操作可描述为：将 handleInput 和 update 方法定义为每个游戏对象类中部分内容，随后确保此类方法在游戏循环的每个实例中被调用。该方案的优点在于，每个游戏对象负责其自身的行为。例如，在 Painter 游戏中，球体对象定义于 Ball 类中；在 Tut's Tomb 游戏中，宝物对象的行为定义于 Treasure 类中。

在类中定义方法行为的优势体现在：当查看类定义时，可即刻看到该类实例所包含的内容。但是，这一方案也包含了一定的局限性。更为重要的是，无法在不同类之间复制行为。例如，Painter 游戏中的油漆桶对象在随机时间间隔内反复下落；在 Tut's Tomb 游戏中，宝物对象也会处于下落状态，但却无法简单地将油漆桶对象的行为复制至宝物对象中（除了类间代码的复制和粘贴操作）。

一般来讲，游戏对象之间往往包含了某些共同行为。大多数平台游戏均会包含往复巡动的敌方角色；一些对象（例如向玩家奖励的积分值）常常会在随机或固定时间间隔内显示于屏幕上；游戏对象可能会包含诸如旋转、缩放、爆炸这一类特定的效果。对此，可将此类行为从游戏对象中独立出来，进而方便于类间的行为复制操作。

14.2　动　　作

SpriteKit 框架提供了一种较好的方法，可通过更加通用的方式定义游戏对象的行为，即所谓的"动作"（action）。在 SpriteKit 中，可将此类动作绑定至 SKNode 实例上，进而定义执行的频率和顺序。另外，还可将此类行为视作简单的预定义行为代码块，并以任意所希望的方式进行整合。读者甚至可定义自己的动作，并将其添加至游戏对象中。下面查看其相关示例。

若希望游戏对象包含基于动作形式的预定义行为，需要执行两项工作。首先，应定义一个动作，并于随后通知游戏对象执行该动作。对此，动作的定义可通过 SKAction 类完成，如下所示：

```
let rotate = SKAction.rotateByAngle(CGFloat(2 * M_PI), duration: 3)
```

SKAction 类包含了多个类方法，每个方法负责生成某种类型的动作。在当前示例中，对应动作可描述为：在 3 秒的时间间隔内，对象围绕其原点旋转 2π 个弧度（360°）。例如，可在游戏对象类的初始化器中定义该动作。随后，可通知游戏对象执行该动作，如下所示：

```
self.runAction(rotate)
```

当创建游戏对象时，该对象将围绕其原点旋转。下面考察与动作相关的另一个示例，如下所示：

```
let fadein = SKAction.fadeInWithDuration(5)
self.runAction(fadein)
```

上述动作使得游戏对象在 5 秒内呈现淡出效果（即从完全透明转变为完全不透明）。而在下列示例中：

```
let playSound = SKAction.playSoundFileNamed("snd_music.mp3",
waitForCompletion: false)
```

代码将播放一段声音效果。与之前所讨论的方法相比，基于动作方案的音效播放变得更加简单。该方法的缺点在于，无法控制音量的大小。因此，虽然基于动作的音效播放十分方便，但在游戏中需要对声音给予更多的控制。

除了执行单一动作之外，还可创建动作序列并于随后执行该序列，如下所示：

```
let seq = SKAction.sequence([fadein, rotate])
```

sequence 方法接收 SKAction 对象数组，并生成新的动作，即数组中的动作序列。随后，可像运行其他动作那样执行该序列，如下所示：

```
self.runAction(seq)
```

下列代码创建可重复执行的动作，而非一次性地完成某项动作。

```
let repeat = SKAction.repeatActionForever(seq)
self.runAction(repeat)
```

读者甚至还可创建执行某个代码块的动作，如下所示：

```
let customAction = SKAction.runBlock({
// write your own code here
})
```

综上所述，SpriteKit 中的动作是一类功能强大的工具，并可针对游戏对象定义相应的动作。14.3 节将通过动作定义 Tut's Tomb 游戏中的某些行为。

14.3　通过动作投掷宝物

在 Tut's Tomb 游戏中，宝物对象每隔几秒即被投出。对此，动作可通过简单的方式定义此类行为。此外，投掷宝物这一动作需要被无限次地重复执行，期间需要设置一定的时间间隔。本节将在 GameWorld 类中定义此类动作。

为了使游戏变得更加有趣，可偶尔生成一些其他类型的宝物对象。当新型宝物每次下落时，计数器将随之增加。这里，计数器用于确定宝物类型的种类。下面将调整 Treasure 类，以支持这一功能。首先是初始化器，其接收宝物对象类型作为参数，如下所示：

```
init(type: UInt32) {
  super.init()
  self.type = type
  sprite = SKSpriteNode(imageNamed: "spr_treasure_\(self.type)")
  sprite.zPosition = 1
  self.position.y = 500
  self.addChild(sprite)
  self.physicsBody = SKPhysicsBody(texture: sprite.texture!, size:
sprite.size)
  self.physicsBody?.contactTestBitMask = 1
}
```

初始化器根据宝物类型创建精灵对象节点。其中，宝物对象表示为一个整数。具体而言，UInt32 类型定义为 32 位无符号整数值。这里，unsigned 是指不包含符号的整数。换而言之，该类型并不区分正、负整数，各种宝物类型均表示为整数。下列代码定义了 convenience 初始化器，并在当前类型范围内随机生成宝物对象。

```
convenience init(range: UInt32) {
  let finalRange = min(range, 20)
  let tp = arc4random_uniform(finalRange)
  self.init(type: tp)
}
```

其中执行了 3 项任务。首先，确保当前范围不会超出类型的最大值（在 Tut's Tomb 游戏中，该值为 20）。其次，第二行代码在当前范围内生成一个随机整数。最后，还需调用指定初始化器。

通过这一方式，可扩展 Treasure 类，并可方便地定义投掷宝物对象的动作。对此，首先可在 GameWorld 类中声明 counter 属性，如下所示：

```
var counter = 0
```

在 GameWorld 初始化器中，需定义投掷宝物对象所需的动作，即创建 Treasure 实例并将其加入至游戏场景中。Treasure 初始化器已经将当前对象置于正确位置处，具体内容可参考本节中的初始化器代码。取决于当前的计数器值，读者可计算期望的范围值。例如，范围值可从 5 开始，同时每隔 10 个宝物对象即增加 1，如下所示：

```
let r: UInt32 = 5 + self.counter/10
```

当根据当前范围创建 Treasure 实例时，将其添加至游戏场景中可通过下列一行代码实现：

```
self.treasures.addChild(Treasure(range: r))
```

在宝物投掷动作中，当前唯一所剩任务即是递增计数器值。最终，完整的动作定义如下所示：

```
let dropTreasureAction = SKAction.runBlock({
  let r: UInt32 = 5 + self.counter/10
  self.treasures.addChild(Treasure(range: r))
  self.counter++
})
```

　　其中，动作定义为一个需要执行的指令代码块。为了在投掷期间稍作等待，可使用方法创建一个"等待"动作。下列代码定义了包含两个动作的序列，在宝物对象投掷后，游戏将等待两秒。

```
let seq = SKAction.sequence([dropTreasureAction,
SKAction.waitForDuration(2)])
```

　　随后，全部动作将无限次地重复执行该序列，如下所示：

```
let totalAction = SKAction.repeatActionForever(seq)
self.runAction(totalAction)
```

　　最终结果可描述为：宝物对象每隔两秒被掷出。为了实现宝物从烟囱中被掷出这一效果，下面向游戏场景中添加 chimney 精灵对象，并将其绘制于宝物投掷位置处。相应地，chimney 可绘制于较大的 z 值处，以使宝物在其后方进行绘制，如下所示：

```
let chimney = SKSpriteNode(imageNamed:"spr_chimney")
chimney.zPosition = 10
chimney.position.y = 510
addChild(chimney)
```

　　本章 TutsTomb3 示例程序解释了本节中的所有内容。当运行该程序时，宝物对象将以两秒时间间隔下落，如图 14.1 所示。读者可尝试修改程序代码，并调整动作的内容。例如，是否可增加宝物出现的频率？

图 14.1　在 TutsTomb3 示例游戏中，宝物处于下落状态

14.4　其他宝物类型

为了进一步提升游戏的趣味性，还可设置其他宝物类型。其中，第一种类型是石头。如果宝物落入场景过久，则会变为毫无价值的石头，且无法从场景中移除（即使与其他石头发生碰撞）。第二种宝物类型则是魔法水晶石，任何与其碰撞的物体都将消失（甚至是毫无用处的石头）。在代码中，需要制定一种方法来区分不同的宝物类型。一种方法是定义表示特定宝物类型的常量值。例如，可在 Treasure 类中定义下列常量：

```
static let RockType: UInt32 = 99
static let MagicType: UInt32 = 100
```

需要注意的是，这里采用了静态属性，因而无须使用 Treasure 实例即可被引用。另外，常量定义为 UInt32，类似于常规的宝物类型。

另一种方法是使用独立的类或结构定义特殊宝物类型。考察下列代码：

```
struct TreasureType {
  static let Rock : UInt32 = 99
  static let Magic : UInt32 = 100
}
```

其中，独立的结构用于定义各种宝物类型，TutsTomb3（以及后续示例）即采用了这一方案。鉴于结构中的常量均为静态，因而无须通过结构实例访问属性。例如：

```
if type == TreasureType.Rock {
sprite = SKSpriteNode(imageNamed: "spr_rock")
}
```

在上述代码中（源自 Treasure 初始化器），将检测作为参数传递的类型是否为石头。若是，则载入石头精灵对象。

在某些时候，除了常规的宝物之外，还可生成魔法水晶石。下列代码片段实现了这一功能。

```
if arc4random_uniform(6) == 0 {
  sprite = SKSpriteNode(imageNamed: "spr_magic")
  self.type = TreasureType.Magic
}
```

其中利用了随机数生成器生成魔法水晶石。

有时，还应通过某种类型表示不同的事物分类，这一点类似于不同的宝物类型。Swift 对此提供了一种方法，即枚举类型。枚举类型可方便地表示包含分类值或特定状态的变量。例如，可通过枚举类型存储玩家所表示的角色类型；另外，还可确定类型中的不同状态。在使用枚举类型之前，需要对其进行定义，如下所示：

```
enum CharacterClan {
  case Warrior
  case Wizard
  case Elf
  case Spy
}
```

enum 关键字表示当前正在定义一个枚举类型。之后，分别是枚举名称以及位于括号间的不同的 case，并采用关键字 case 表示。

类型定义可置于方法内部，但也可将其定义于类中。因此，类中的全部方法均可使用该类型。除此之外，甚至还可将其定义于全局范围内（位于类之外）。下列代码展示了 CharacterClan 枚举类型示例：

```
let myClan = CharacterClan.Warrior
```

在该示例中，定义了一个 CharacterClan 类型的变量，其中包含了 4 个值，即 CharacterClan.Warrior、CharacterClan.Wizard、CharacterClan.Elf 和 CharacterClan.Spy。如果定义了变量类型，则无须书写枚举类型的全名，如下所示：

```
let myClan: CharacterClan = .Warrior
```

另一个枚举应用示例是定义一种类型，并表示一年中的每个月份，或者是星期内的每一天，如下所示：

```
enum MonthType {
  case January, February, March, April, May, June, July, August, September,
    October, November,December
}


enum DayType {
case Sunday, Monday, Tuesday, Wednesday, Thursday, Friday, Saturday
}
```

```
let currentMonth = MonthType.February
let today = DayType.Tuesday
```

在上述示例中，无须在 case 关键字之前添加 case 关键字，进而可方便地创建包含不同情形的枚举类型。

注意：

虽然枚举类型在游戏中十分有用，但在 TutsTomb3 示例程序中并未以此表示各种宝物类型，其原因在于，类型采用了数字值，进而确定所加载的精灵对象，而枚举类型并非数字值。除了采用数字表达方式之外，定义于 TutsTomb3 示例程序中的结构，其行为与代码中的枚举结构十分相似。某些编程语言，例如 C#，则支持枚举类型用作数值。虽然这较为方便，但在 Swift 这一类较为严格的类型系统中，则无法实现良好的操作。

14.5　将宝物变为石头

如果宝物在游戏中停留过久，将被石头所替代。通过之前介绍的动作机制，可方便地实现这一功能。对此，SKNode 类定义了一个接收两个参数的 runAction 方法（而非一个参数）。其中，第一个参数表示为执行的动作，第二个参数则定义为一个代码块，并在对应动作结束后予以执行。如果打算使用"等待"动作，则可采用该方案，并在特定时间量之后执行代码块，如下所示：

```
self.runAction(SKAction.waitForDuration(20), completion: {
// this code will be executed after 20 seconds
})
```

其中，宝物将被替换为石头。对此，第一步是创建一块石头，并采用特定的 Rock 类型，如下所示：

```
var rock = Treasure(type: TreasureType.Rock)
```

随后可将当前宝物位置赋予石头，也就是说，置于与宝物相同的位置处，如下所示：

```
rock.position = self.position
```

接下来，将把石头添加至场景中，即作为当前宝物对象（GameWorld 类的 treasures 节点）的子类予以添加，如下所示：

```
self.parent?.addChild(rock)
```

最后，还需要移除源自父类的当前宝物对象，以使其不再被绘制，如下所示：

```
self.removeFromParent()
```

读者可参考 TutsTomb3 示例程序中的 Treasure 类，其中包含了完整的动作代码。图 14.2 显示了宝物变为石头的最终效果。

图 14.2　宝物变为毫无价值的石头

14.6　处理物理碰撞

在结束本章内容之前，考察游戏体验过程中最后一部分内容，即处理宝物之间的碰撞问题。在第 13 章中，曾讨论了如何将物理行为添加至游戏对象中；此外，还探讨了如何处理碰撞行为，这需要在 GameWorld 类中定义一个特定的方法，同时实现了 SKPhysicsContactDelegate 协议，如下所示：

```
func didBeginContact(contact: SKPhysicsContact) {
  let firstBody = contact.bodyA.node as? Treasure
  let secondBody = contact.bodyB.node as? Treasure


  // handle contact between the two bodies here
}
```

当处理两个对象体之间的碰撞问题时，需要考察多种不同情况。其中，第一种情形是对象体节点与 Treasure 实例间的转换。如果某个对象体并非宝物对象（例如墙壁），则会出现这种情况。

此时，可简单地从方法中返回——当宝物与墙壁之间发生碰撞时，无须执行特定的操作，如下所示：

```
if firstBody == nil || secondBody == nil {
return
}
```

如果两个对象间产生碰撞，且具有相同类型（或者其中一种类型为魔法水晶石），那么，两个对象都需要被从场景中移除。为了避免多次从场景中移除对象（当物体的不同部分同时产生碰撞时，则有可能出现这种情况），需要检测是否已经处理了两个对象间的碰撞操作。如果某个对象不包含父类（换而言之，已被从场景中移除），则表明碰撞问题已被处理。对应代码如下所示：

```
if firstBody?.parent == nil || secondBody?.parent == nil {
return
}
```

另一种情形是，两个石块之间是否产生碰撞。对此，可从方法中返回——两个石块之间的配置不会产生任何操作，且只是简单地置于场景中。对应代码如下所示：

```
if firstBody?.type == TreasureType.Rock &&
  secondBody?.type == TreasureType.Rock {
  return
}
```

最后一种情形是，对象需要从场景中移除。如果两个宝物类型匹配，或者其中一种类型是魔幻水晶石，则会出现这种情况。通过 removeFromParent 方法，两个对象均被从

场景中移除,如下所示:

```
if firstBody?.type == secondBody?.type || firstBody?.type ==
  TreasureType.Magic
  || secondBody?.type == TreasureType.Magic {
  firstBody?.removeFromParent()
  secondBody?.removeFromParent()
}
```

　　该方法的完整代码位于 TutsTomb3 示例程序的 GameWorld 类中。需要注意的是,if 指令在方法体中的顺序十分重要。例如,基于正确的顺序,石块对象方可正常工作。如果比较石块类型的 if 指令置于方法体结尾处,那么,若两个石块产生碰撞,则二者均会被从场景中移除,这并不是期望中的操作行为。期间,还需谨慎处理所出现的各种情况,否则很容易引入 bug。

14.7　本 章 小 结

本章主要涉及以下内容:
- ❑　如何针对游戏设置进行程序设计,并处理游戏对象间的交互过程。
- ❑　如何利用动作定义游戏对象的行为。
- ❑　如何处理 Tut's Tomb 游戏中的物理碰撞问题。

第 15 章 游 戏 状 态

在第 14 章中，对 Tut's Tomb 游戏中的主要元素实现了编程设计，但实际内容远未结束。例如，当墓穴被宝物填满时，需要执行哪一种操作？另外，当启动游戏时，游戏尚未包含任何提示信息。对此，可在游戏中添加某种方式，并引入菜单和覆盖图像，以提示玩家开始体验游戏。当玩家对菜单进行操作时，与游戏中的体验过程相比，交互类型则有所变化。在游戏编程过程中，开发人员需要考虑如何整合不同的游戏状态，并在其间进行转换。

现代游戏中一般涵盖了多种不同的游戏状态，例如菜单、地图、装备、欢迎画面、开场动画，等等。本章将介绍如何向 Tut's Tomb 游戏中加入不同的游戏状态。鉴于当前游戏并不十分复杂，因而可对当前类稍作扩展即可。但是，如果希望构建大型商业游戏，则需要对游戏状态管理执行正确的操作。第 18 章将讨论基于类的软件设计方案，并通过一种更加通用的方式处理游戏状态。

15.1 层 次 处 理

当处理不同的游戏状态时，读者需要了解，相关内容均在不同的层上进行绘制。对此，可利用 SKNode 类的 zPosition 属性。使用固定数字来表示层可能并不总是很容易记住，期间，读者需要跟踪哪一层表示场景、覆盖图以及背景图像。TutsTomb4 示例程序利用结构表示不同的层，这与定义不同的宝物类型十分类似(参见 GameScene.swift 文件)，对应代码如下所示：

```
struct Layer {
  static let Background: CGFloat = 0
  static let Scene: CGFloat = 1
  static let Scene1: CGFloat = 2
  static let Scene2: CGFloat = 3
  static let Overlay: CGFloat = 10
  static let Overlay1: CGFloat = 11
```

```
static let Overlay2: CGFloat = 12
}
```

其中针对背景、场景和覆盖图定义了多个层。当前，可通过下列常量方便地定义某个层，如下所示：

```
background.zPosition = Layer.Background
```

读者可参考 TutsTomb4 示例程序中的代码，并查看如何使用层设置对象在游戏场景中的绘制顺序。

15.2　添加标题画面

标题画面也是游戏完整性中不可或缺的内容之一。标题画面使得玩家可做好充分的准备，并开始进入游戏。相应地，可扩展 GameWorld 类，并加载、显示由单一图像构成的标题画面。针对于此，可创建 SKSpriteNode 实例，并将其加入游戏场景中，如下所示：

```
var titleScreen = SKSpriteNode(imageNamed:"spr_title")
...
titleScreen.zPosition = Layer.Overlay2
addChild(titleScreen)
```

代码将标题画面赋予 Layer.Overlays2 层，以确保标题绘制于最上方。考虑到游戏将在画面消失后启动，因而还需要执行少许额外工作，以正确处理游戏场景的输入和更新操作。对此，可向 handleInput 方法中添加一些指令，并区分两个游戏状态，即标题画面显示状态，以及游戏体验状态。对应代码如下所示：

```
if !titleScreen.hidden {
  if inputHelper.hasTapped {
    titleScreen.hidden = true
    self.runAction(totalAction)
  }
} ... else {
  super.handleInput(inputHelper)
  ...
```

```
}
```

在 if 指令中，读者将会看到标题画面是否处于可见状态。仅当玩家单击屏幕时，游戏方有所响应。此时，可将标题画面的 hidden 标记设置为 true，以使其不再被绘制。同时，还启动了投掷宝物这一动作。最终，无论何时，当标题画面处于可见状态时，游戏唯一可响应的动作即是玩家的触屏操作。若标题画面消失，随后将调用超类的 handleInput 方法。也就是说，当玩家开始体验游戏时，游戏将对玩家提供正确的响应。

updateDelta 方法也遵循同样的过程，其中，当标题画面消失后，即对游戏场景进行更新，如下所示：

```
if titleScreen.hidden {
super.updateDelta(delta)
}
```

当玩家启动游戏后，可在游戏开始之前看到标题画面，如图 15.1 所示。在 15.3 节中，还将添加简单的 GUI 按钮，并显示帮助对话框。

图 15.1　Tut's Tomb 示例程序中的标题画面

15.3　添加按钮并显示帮助对话框

本节主要介绍如何向游戏中添加按钮，并以此显示帮助对话框。对此，需要向程序中加入另一个类，即 Button 类。该类继承自 GameObjectNode 类，同时加入了一些简单的操作，从而检测玩家是否单击了按钮。在 Button 类中，可声明一个布尔变量，以表明按钮是否被单击。随后，可覆写 handleInput 方法，并判断玩家是否单击了屏幕上的按钮。如果触摸位置位于按钮边界内，则视为玩家单击按钮，并将属性值设置为 true。那么，如何判断触摸位置位于精灵对象内部？对此，可利用 GameObjectNode 类的 box 属性，以及 InputHelper 类中的 containsTap 方法。Button 类中完整的 handleInput 方法定义如下所示：

```
override func handleInput(inputHelper: InputHelper) {
  super.handleInput(inputHelper)
  tapped = inputHelper.containsTap(self.box)
}
```

读者可参考 TutsTomb4 示例程序，以查看完整的 Button 类。下面向游戏场景中添加 Help 按钮。在 GameWorld 类中，可添加一个属性以表示 Help 按钮，如下所示：

```
var helpbutton = Button(imageNamed: "spr_button_help")
```

下一步是在屏幕上定位 Help 按钮，并将其添加至游戏场景中。在 Tut's Tomb 游戏中，Help 按钮位于屏幕右上方，而无须考虑所使用的设备。当对此编写代码时，可向 GameWorld 类定义一个 topRight 方法，并相对于屏幕右上方计算位置，如下所示：

```
func topRight() -> CGPoint {
return CGPoint(x: size.width/2, y: size.height/2)
}
```

当使用上述方法时，即可计算所期望的 Help 按钮的位置，如下所示：

```
var helppos = topRight()
helppos.x -= helpbutton.sprite.size.width/2 + 10
helppos.y -= helpbutton.sprite.size.height/2 + 10
```

默认状态下，精灵对象的中心位置即为原点，因而需要减去 1/2 按钮宽度值，以及 1/2 按钮高度值；另外，还需减去 10 个像素，以使按钮和屏幕边缘之间留有一定的空白。

当玩家单击 Help 按钮时，应显示帮助对话框。因此，需要向游戏场景中添加帮助对话框，同时将 hidden 属性设置为 true，以使其处于不可见状态，如下所示：

```
var helpframe = SKSpriteNode(imageNamed: "spr_help")
helpframe.zPosition = Layer.Overlay2
helpframe.hidden = true
```

至此，当玩家单击 Help 按钮时，将显示帮助对话框。在 GameWorld 类的 handleInput 方法中，可通过下列 if 指令实现这一任务。

```
if helpbutton.tapped {
  helpframe.hidden = false
  self.removeAllActions()
}
```

需要注意的是，当显示帮助对话框时，应确保游戏不会被更新。相应地，可调用 removeAllActions 方法，并禁用投掷宝物这一动作。除此之外，还应保证帮助对话框处于不可见状态时，方可更新游戏对象。因此，可通过下列方式调整 GameWorld 类中的 updateDelta 方法。

```
if titleScreen.hidden && helpframe.hidden {
super.updateDelta(delta)
}
```

图 15.2 显示了弹出帮助对话框时的游戏状态。

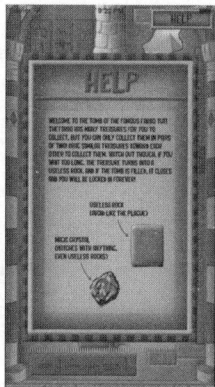

图 15.2　显示于游戏中的帮助对话框

15.4　覆　盖　图

　　覆盖图是一种较为常见的信息表现方式，一般显示于游戏场景的最上方以提供相关信息，或者提供诸如菜单、小型地图及状态信息的用户界面。15.3 节引入的帮助对话框即是覆盖图的一个示例。

　　覆盖图可显示全新的游戏状态（例如 Game Over 覆盖图），或者通过向玩家提供相关信息这一方式补充游戏场景的画面内容。例如，大多数即时战略游戏均提供了如下信息：所选战斗单元数量、可用资源、建造进程、所采集的道具等内容。这一类覆盖图一般总是显示于屏幕上，称作头部显示（HUD）。Tut's Tomb 配置了基本的 HUD，包括积分榜（第 16 章将讨论其添加方法），以及可显示帮助信息的 Help 按钮。

　　除了 HUD 之外，当墓穴被填满时，还需要显示 Game Over 覆盖图。对此，可向游戏场景中添加此类覆盖图，并将其 hidden 状态设置为 true，如下所示：

```
var gameover = SKSpriteNode(imageNamed: "spr_gameover")
self.addChild(gameover)
gameover.zPosition = Layer.Overlay2
gameover.hidden = true
```

　　精灵对象的原点位于其中心位置；同时，游戏场景的原点也位于中心位置。在 GameScene 类中，后者可通过下列代码实现：

```
anchorPoint = CGPoint(x: 0.5, y: 0.5)
```

　　对应结果可描述为：Game Over 覆盖图自动位于屏幕中间位置。必要时，仅需对 GameWorld 类进行扩展，进而显示该覆盖图。首先，需要判断游戏何时结束，此时墓穴将被完全填充。那么，如何对此进行计算？一种简单的方法是扩展物理碰撞方法。如果两个宝物对象之间发生碰撞，且其中一个对象的 y 值大于特定的阈值，则表示墓穴已被填满；否则，碰撞仅出现于屏幕中的较低位置。在 didBeginContact 方法中，可通过下列 if 指令对此进行判断：

```
if firstBody?.position.y > 400 || secondBody?.position.y > 400 {
  gameover.hidden = false
  self.removeAllActions()
}
```

　　如果游戏结束，覆盖图将随之变为可见状态，全部动作都将被移除，以使宝物不再
下落。

　　目前，上述方案尚有改进余地。例如，玩家可拖曳某个宝物对象，并将其置于烟囱
下方。期间，下落的宝物对象可能与玩家拖曳的对象发生碰撞，进而产生游戏结束事件，
此时墓穴甚至处于空状态。对此，一种简单的解决方案是，只要宝物所接近的阈值稍低
于游戏结束时的阈值，即禁用玩家的宝物拖曳操作。这可通过扩展 Treasure 类的
handleInput 方法予以实现，如下所示：

```
if position.y >= 200 {
  touchid = nil
  if physicsBody?.velocity.dy >= 0 {
    physicsBody?.velocity = CGVector.zeroVector
  }
  return
}
```

　　如果 y 值大于阈值 200，则禁用宝物的拖曳操作。也就是说，将触摸 id 设置为 nil。
另外一项需要处理的工作是，玩家以较高的速度向上拖曳宝物对象。为了避免这一行为，
如果宝物向上移动，可将物理体的速度设置为 0。这可通过检测物理体速度的 dy 属性进
行计算。

　　在 GameWorld 的 handleInput 方法中，可检测 Game Over 覆盖图是否处于可见状态。
若是，玩家可单击屏幕并重启游戏，如下所示：

```
if !gameover.hidden {
  if inputHelper.hasTapped {
    gameover.hidden = true
    self.reset()
    self.runAction(totalAction)
  }
}
```

　　当重启游戏时，游戏需要执行额外的工作，此时需要覆写 reset 方法。显然，这里需
要清空全部宝物节点，以使墓穴再次处于空状态；同时，还应将计数器重置为 0，使得游
戏开始时仅包含有限数量的宝物对象。进一步讲，需要调用源自超类的 reset 方法，以使
游戏场景中的所有游戏对象均被重置，如下所示：

```
override func reset() {
  super.reset()
  self.treasures.removeAllChildren()
  self.counter = 0
}
```

最后一项任务是确保游戏结束时游戏场景不再被更新。这意味着，需调整 GameWorld 中的 updateDelta 方法，如下所示：

```
if titleScreen.hidden && helpframe.hidden && gameover.hidden {
super.updateDelta(delta)
}
```

图 15.3 显示了处于 Game Over 状态下的游戏效果。

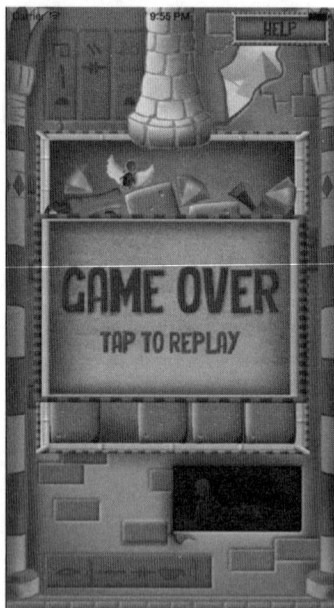

图 15.3　游戏的 Game Over 状态

游 戏 设 计

在游戏开发团队中，程序员一般不负责游戏的设计任务，但理解这一过程将对游戏开发十分有帮助。程序员的任务是将游戏设计转换为代码，并向设计者提供与实现难易程度相关的信息。

游戏设计主要包括定义游戏机制、游戏中的各项设置以及关卡的选择问题。游戏机制主要涉及游戏规则的制定、玩家对游戏的控制方式、游戏目标和挑战，以及有效的奖励机制。这将有助于理解玩家与游戏间的体验方式（即沉浸感），目标、挑战和奖励机制间的关联方式，以及如何修正并适应游戏的难度。

游戏的设置负责处理故事情节、人物角色以及游戏所发生的虚拟场景。较好的故事情节可极大地激励玩家，游戏角色应唤起玩家的共鸣。因此，游戏任务更具实际意义。相应地，游戏场景可极大地提升这种感觉，并使游戏适用于特定的目标人群。

游戏关卡一般由专门的关卡设计师完成，但在小型团队中，关卡也属于游戏设计师的工作范畴。缜密的关卡设计更像是玩家的一条学习曲线，同时可使玩家处于一种挑战状态，并时刻保持激情，因而关卡会给玩家带来意想不到的惊喜。

市场上出版了大量的游戏设计方面的书籍，建议读者有选择性地加以阅读。此外，读者还可以在 www.gamasutra.com 等网站上找到很多关于游戏开发的信息。

15.5　本　章　小　结

本章主要涉及以下内容：

❑　如何向游戏中添加 HUD 和覆盖图。

❑　如何定义简单的按钮并显示对话框。

❑　如何处理不同的游戏状态，例如标题画面和 Game Over 状态。

第 16 章　完成 Tut's Tomb 游戏

本章将实现最终的 Tut's Tomb 游戏。首先使用自定义字体向游戏中添加积分指示器；其次将加入一些视觉效果，以使游戏中的宝物发光；最后，还将向游戏中加入音效和音乐。读者可查看 TutsTombFinal 游戏示例程序，其中包含了本章讨论的全部代码。

16.1　添加积分值

在 Tut's Tomb 游戏中，当两个相同类型的宝物对象发生碰撞时，二者将从屏幕上消失，同时玩家获得积分值。随后，需要将此类积分值显示于屏幕上。在当前游戏中，积分显示于屏幕的左上方。在 GameWorld 类中，需要添加 scoreObj 属性，该节点用于维护和显示当前的积分榜。另外，这一属性的类型定义为 Score，稍后将对 Score 类加以讨论。当构建游戏场景时，Score 实例将定位于屏幕的左上方（包含上方和侧方空白边界），并按照下列方式添加至 GameWorld 中：

```
var scorepos = GameScene.world.topLeft()
scorepos.x += scoreObj.sprite.size.width/2 + 10
scorepos.y -= scoreObj.sprite.size.height/2 + 10
scoreObj.position = scorepos
self.addChild(scoreObj)
```

Score 类定义为 GameObjectNode 的子类，其中包含了一个精灵对象、一个显示积分值的标记，以及一个记录当前积分的整型属性。在类初始化器中，精灵对象和标记属性经定位后将被添加至节点中，如下所示：

```
sprite.zPosition = Layer.Overlay
self.addChild(sprite)

label.position = CGPoint(x: 100, y: 0)
label.zPosition = Layer.Overlay1
```

```
label.fontColor = UIColor.blackColor()

label.fontSize = 20

label.verticalAlignmentMode = .Center

label.horizontalAlignmentMode = .Right

label.text = "0"

self.addChild(label)
```

这里，标记利用字体颜色和尺寸以及对齐方式进行初始化。其中，对齐方式指定了相对于标记位置（此处为(100, 0)）的文本显示方式。代码中，垂直对齐模式设置为 Center，也就是说，文本垂直方向的中间位置位于 y 值为 0 处，且局部于文本所属的积分节点对象。另外，水平对齐模式设置为 Right，导致文本处于右对齐状态。就定位方式而言，这表明局部 x 位置（100）表示为标记文本的右侧边缘。关于文本对齐方式，还存在其他一些选项。例如，可在上方、中心、下方或基准线位置处实现垂直方向上的对齐（这里，基准线表示为文本书写于其上的虚拟线，且有别于底部对齐方式。取决于所使用的字体，某些字符可能会超出基准线下方，例如字符 g 或 p）。读者可尝试不同的对齐选项以及标记定位方式，进而理解其工作方式。如果读者希望了解 Xcode 中的某个特定属性或方法，可按 Ctrl 键并执行单击操作，随后选择 Jump to Definition，Xcode 将显示对应的定义内容。或者，也可按 Command 键并单击属性或方法以实现相同功能。

　　Score 类采用了 scoreValue 整型存储属性以记录当前积分值；而访问该积分值则可通过计算属性 score 完成，如下所示：

```
var score: Int {
  get {
     return scoreValue
  }
  set {
    scoreValue = newValue
    label.text = String(self.scoreValue)
  }
}
```

这里，使用计算属性的原因在于，当积分榜变化时，可相应地调整标记文本。在 GameWorld 的 didBeginContact 方法中，如果两个相同类型的宝物对象发生碰撞（或者出现魔法水晶石），积分值将递增，如下所示：

```
if firstBody?.type == secondBody?.type || firstBody?.type ==
  TreasureType.Magic || secondBody?.type == TreasureType.Magic {
    self.scoreObj.score += 10
    ...
}
```

若积分值递增，将会调用 score 属性的 set 方法，同时积分榜标记文本也随之更新。

16.2 访问控制

假设 scoreValue 属性在 Score 类中声明如下：

```
var scoreValue: Int = 0
```

虽然该属性设定为在 Score 类中进行访问，但却无法阻挡开发人员按照下列方式编写程序：

```
self.scoreObj.scoreValue += 10
```

如果 score 按照该方式被更新，将导致游戏出现问题——标记文本不会产生变化，即使积分值产生改变。那么，是否存在某种方式，强制该属性仅在类中被访问，而不是其外部？答案是肯定的。Swift 针对类中的属性和方法，提供了 3 种关键字用于访问控制，即 private、internal 和 public，也称作访问修饰符。

如果采用 private 访问修饰符，那么，仅可在所定义的源文件中访问属性和方法。因此，在其他源文件中编写的代码，将无法直接访问此类属性。例如，在 TutsTombFinal 示例中，scoreValue 属性的声明方式如下所示：

```
private var scoreValue: Int = 0
```

如果尝试访问 GameWorld 类中的 scoreValue 属性（定义于另一个源文件中），编译器将报错。某些时候，方法也可指定为 private。例如，可向类中添加一个底层方法，并通过内部方式执行某项计算，同时又不希望在别处被调用。稍后将对这一类示例程序加以讨论。

internal 访问表明，属性和方法仅可从所定义的目标内的任意文件中访问。这里，目标指的是用户单击 Play 按钮时 Xcode 生成的内容。因此，在本书中，目标通常表示为一个 App，但也可以是一个类库，或者是 OS X 应用程序。默认状态下，属性和方法均包含

internal 访问权限。因此，下列声明

```
var lives: Int = 0
```

等价于

```
internal var lives: Int = 0
```

最后，public 属性或方法可从任意源文件中被访问，甚至是目标外部——当开发供其他游戏使用的类库时，这将十分有用。

16.3　使用自定义字体

如果希望自己的游戏作品更加出色，那么，应对字体加以精心设计。通常情况下，应避免使用 Times New Roman 或 Arial 字体，这一类字体早已为人们所熟知。另外，网络中存在大量的免费字体可供用户在游戏中使用。如果打算使用自定义字体，应确保该字体已被授权——并不是所有的字体均可用于商业用途。

类似于精灵对象和声音，字体同样是一种游戏资源数据。如果在游戏中使用了某种特定字体，那么应连同 App 一起将该字体打包，该过程十分简单，但也涉及多个步骤。

首先，需要向游戏项目中添加字体文件。在 TutsTombFinal 示例中，设置了一个名为 Fonts 的文件夹，其中包含了 TrueType 字体文件。

下一步是确保 Xcode 复制了该字体，并作为目标中的一部分内容。在 Xcode 中，单击窗口左侧的项目名，并选择 TutsTombFinal 目标。随后，选择 Build Phases 选项卡。在打开 Copy Bundle Resources 列表时，应显示当前字体；否则，需要将其从项目文件列表中拖曳至 Copy Bundle Resources 列表中，如图 16.1 所示。

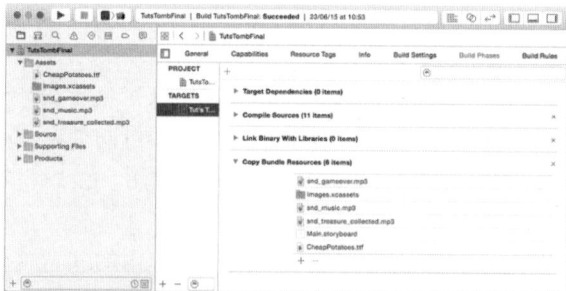

图 16.1　目标构建完毕后，所复制的数据资源列表

当前，字体已添加至项目中，且在构建目标时被复制。在项目设置中，需指定当前目标程序将使用的字体。相应地，打开 Supporting Files 文件夹中的 Info.plist 文件，即会看到数据项列表，其中存在一个称作 Fonts provided by application 的键，并包含一项内容，即 Tut's Tomb 游戏中所用的自定义字体。如果针对自己的游戏启动了一个新项目，并需要添加自定义字体，则需要将 Fonts provided by application 的键添加至当前列表中。也就是说，当鼠标指针悬停于 Information Property List 目录上时，单击所显示的"＋"号。随后，可添加新的键，并向该键中加入自定义字体。

最后一步是通过字体创建标记节点。需要注意的是，Swift 程序中使用的字体名称不需要等同于字体文件名。同时，也不存在一种简单的方法，可获取字体文件中的字体名称。如果在程序中加入下列代码片段，程序将列出已知的全部字体。

```
let fontFamilies = UIFont.familyNames()
for familyName in fontFamilies {
  let fontNames = UIFont.fontNamesForFamilyName(familyName)
  print("\(familyName): \(fontNames)")
}
```

随后，即可获取列表中所需使用的字体名称（同时输出至控制台中）。当显示积分值时，图 16.2 展示了 TutsTombFinal 中使用自定义字体后的积分值标记。

图 16.2　TutsTombFinal 中的积分榜

16.4　添加发光体

发光体的位置随机出现，因而可随时随地向游戏中添加发光体。例如，为了增加魔法水晶石的效果，可定义一个动作并持续向其周边添加发光体。Treasure 类中包含了一个 addGlitter 方法并围绕宝物对象周围随机添加发光体。随后，可简单地定义一个动作，并向魔法水晶石对象重复添加发光体。这一动作包含了 addGlitter 方法调用行为（并稍有延迟），其定义如下所示：

```
let addGlitterAction = SKAction.runBlock({
self.addGlitter()
})
let waitAction = SKAction.waitForDuration(0.1)
let totalAction = SKAction.repeatActionForever(
SKAction.sequence([addGlitterAction, waitAction]))
self.runAction(totalAction)
```

图 16.3 显示了包含发光体的魔法水晶石效果。

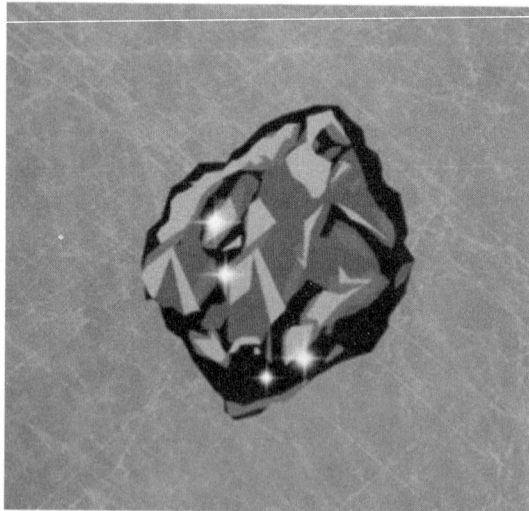

图 16.3　添加发光体

16.5　添加音乐和音效

类似于 Painter 游戏，当前游戏也需要加入音乐和音效，以提升游戏的吸引力。如前所述，Swift 中的音乐和音效播放操作并不复杂。对此，可使用 Painter 游戏中定义的 Sound 类，这也体现了代码的复用特征：创建 Sound 类一次，即可在游戏中的任意地方对其加以使用。

在本书中，Tut's Tomb 游戏中的多个类均可用于其他游戏中。当开始构建自己的游戏作品时，可能需要使用到一些功能较为相近的类（集合），因而需要事先对此予以考虑。例如，其他项目复用的类、类的设计方式（以供后续操作使用）。随着类数量的不断增加，可能需要定义一个列表——当开发、实现新内容时，需先期扫描该表中的内容。

当游戏启动时，可通过下列方式播放音乐（参考 GameWorld 类）：

```
backgroundMusic.looping = true
backgroundMusic.volume = 0.5
backgroundMusic.play()
```

当两个相同类型的宝物碰撞时，还需要播放特定音效（参考 GameWorld 类），如下所示：

```
if firstBody?.type == secondBody?.type || firstBody?.type == TreasureType.
 Magic || secondBody?.type == TreasureType.Magic {
 self.scoreObj.score += 10
 ...
 treasureCollectSound.play()
}
```

最后，当游戏结束时，同样需要播放相关音乐（参考 GameWorld 类），如下所示：

```
if firstBody?.position.y > 400 || secondBody?.position.y > 400 {
 gameover.hidden = false
 self.removeAllActions()
 gameoverSound.play()
}
```

至此，Tut's Tomb 游戏全部完成。读者可运行本章 TutsTombFinal 示例程序。作为练习，读者可通过某些新特性对该游戏进行扩展。例如，当宝物对象碰撞时，可添加额外的动画效果；或者还可添加排行榜。

排 行 榜

为什么要在游戏中设置排行榜和高分榜？早期的游戏并不存在此项功能，因为游戏主机不支持持久化存储。所以，游戏不存在"记忆"功能。此外，也无法保存游戏的选项，这对游戏机制产生了重要的影响：玩家总是必须从头开始，即使他们是富有经验的玩家。

一旦解决了持久化存储问题，设计师们即可着手设计高分榜，且引入某种竞争机制，而不仅仅是游戏体验感，这对于多玩家游戏十分重要。作为单一玩家，玩家只需超越自己之前的成绩即可。另外，当今计算机和游戏机均可连接至互联网，因而可存储在线高分榜，并与来自全球的玩家一起竞争。

但这会导致其他问题。毕竟，玩家在完成游戏目标后方可获得满足感。但对于几百万参与者中的最优秀的玩家，大多数人一般难以匹敌。因此，这一类世界范围内的高分榜往往会降低玩家的成就感。针对于此，一些游戏会设置子榜单。例如，针对国籍、时间范围（星期）进行限制。另外，还可查看朋友间的排名结果。综上所述，排名系统应予以精心设计，这对于玩家的游戏满足感来说至关重要。

16.6 本章小结

本章主要涉及以下内容：
- [ ] 如何在游戏中使用自定义字体。
- [ ] 如何限定属性和方法的访问权限。
- [ ] 如何创建发光体并将其与游戏对象进行绑定。

第 4 部分　Penguin Pairs 游戏

　　这一部分内容将开发一款名为 Penguin Pairs 的游戏，如图 IV.1 所示，同时将介绍网格布局中的游戏对象、文件 I/O、游戏状态管理以及对话间的游戏数据存储等问题。

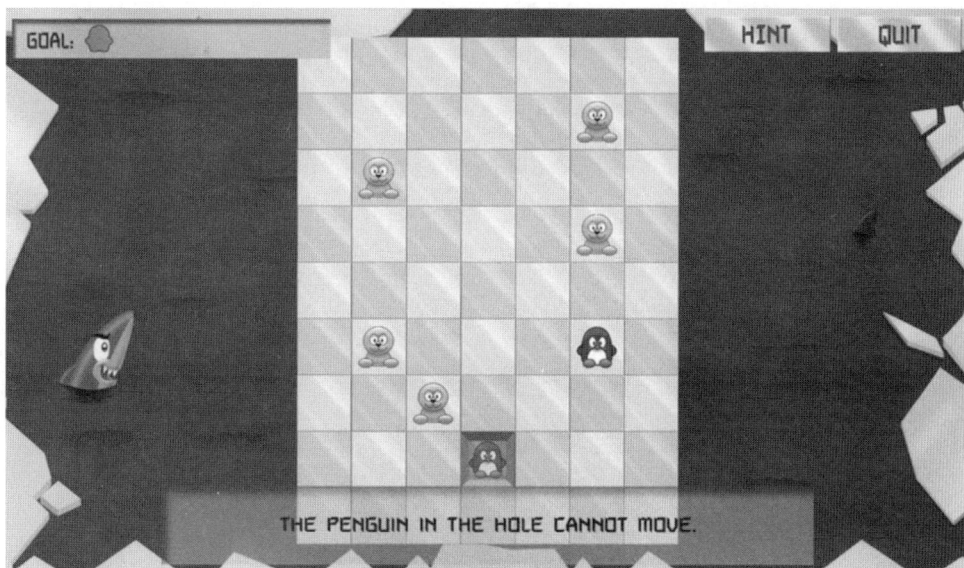

图 IV.1　Penguin Pairs 游戏

第 17 章　菜单和网格

Penguin Pairs 是一类迷宫游戏，其目标是构成一对具有相同颜色的企鹅。玩家可通过单击企鹅对象，并选取移动方向而拖动企鹅，直至被另一个角色（可能是企鹅、海豹、鲨鱼或者是冰山）阻挡；抑或是落入水域中，并被饥饿的鲨鱼吞噬。游戏中不同的关卡将产生新的体验元素，并保持游戏的刺激性。例如，存在一种较为特殊的企鹅对象，并可与任何其他企鹅匹配；另外，企鹅可被洞穴阻挡（也就是说，无法顺利通过）；鲨鱼也可置于行进路径中。

作为一类迷宫游戏，游戏对象往往会置于某种网格中，此类游戏包括棋类游戏、俄罗斯方块、Tic-Tac-Toe、九宫格、Candy Crush 等。通常，这一类游戏的目标是通过某种方式调整网格，并获得积分值。在俄罗斯方块中，需要填满每一行；而在九宫格游戏中，需要满足行、列和子网格中的数字属性。

这一类网格机构包含了一套规则，并满足一定的位置和配置要求。例如，在棋类游戏中，棋子只可置于棋盘黑、白方块中。又如，不可将皇后放于两个方格的中间位置。在计算机游戏中，这种限制条件易于实现——仅需保证游戏对象的放置位置有效即可。

网格也适用于游戏中的其他内容。例如，可能希望设置按钮网格，以供玩家选择关卡。这也是为什么网格常用于组织屏幕上的 GUI 元素。除了网格布局之外，本章还将讨论一些新的 GUI 元素，例如 Penguin Pairs 游戏中所需的滑块和开、关按钮。需要注意的是，由于需处理网格位置、滑块位置等内容，因而本章会涉及一些数学知识，读者需要深入理解此方面的内容。

17.1　网格布局中的游戏对象

在编写代码之前，下面首先讨论网格的定义，以及定义网格的参数类型。图 17.1 显示了网格中较为重要的参数。网格一般由一定数量的单元格构成，本书中所采用的单元格具有固定的宽度和高度。进一步讲，网格中设置了行和列。在 SpriteKit 框架中，由于正 y 轴指向上方，下面将在此基础上定义网格。因此，网格中的最下方一行为第 0 行，其上一行为第一行，以此类推。相应地，最左侧一列定义为第 0 列，且正 x 轴方向上的列索引依次增加，如图 17.1 所示。最后，网格中的单元格之间还设置了一定的间隔（例如按钮行），也称作间距，并针对 x 和 y 方向加以定义。

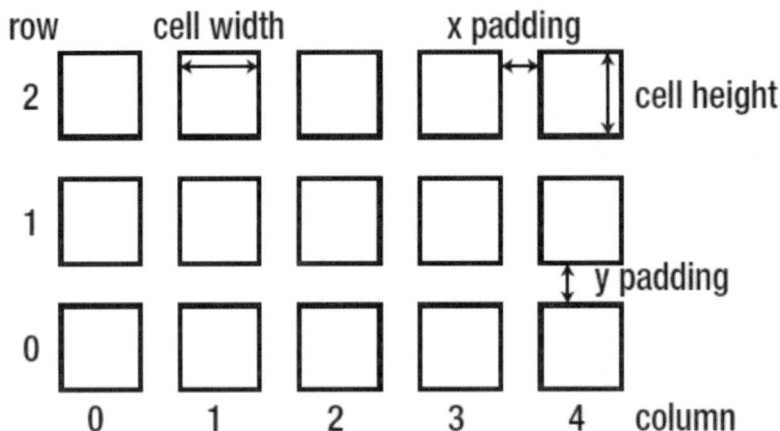

图 17.1　网格结构，其中设置了 3 行、5 列

网格中的对象布局方式可描述为：定义 GridLayout 类，其实例与场景中的节点进行绑定。其中，GridLayout 实例负责布置所绑定节点的子节点。在 SKNode 的 children 数组中，子节点顺序决定了哪一个子节点置于网格上。在图 17.1 中所示的网格中，下方（第 0 行）5 个单元格通过数组中的前 5 个元素填充，数组中随后的 5 个子节点填充第 1 行，等等。这里，并未将每个子节点直接加入 SKNode 实例中，对此可调用 GridLayout 类中的 add 方法来添加子节点，并计算其在网格中的位置。

在 PenguinPairs1 示例程序中，读者将会看到 GridLayout 类的完整源代码。该类定义了多个属性，并以此维护与网格尺寸相关的信息，如下所示：

```
var cellWidth: Int = 0, cellHeight: Int = 0, rows: Int = 0, columns:
  Int = 0
var xPadding: Int = 0, yPadding: Int = 0
var target: SKNode? = nil
```

target 属性表示为 SKNode 对象，其子节点将被置于网格中。在 GameWorld 类中，可创建一个节点以包含多个按钮，如下所示：

```
var levelButtons = GameObjectNode()
```

在 GameWorld 类的 setup 方法中，可创建一个布局对象，并作为 levelButtons 目标赋予节点中，如下所示：

```
var layout = GridLayout(rows: nrRows, columns: nrCols, cellWidth: 150,
cellHeight: 150)
layout.xPadding = 5
layout.yPadding = 5
layout.target = levelButtons
```

下面在 GridLayout 类中定义相关方法和属性。首先，当给定单元格的宽度、高度和间距后，可计算网格的全部宽度和高度。正如图 17.1 所示，网格的全部宽度表示为单元格数量乘以单元格宽度，加上单元格数量减 1 与 x 倍间距的乘积结果。相应地，网格的整体高度也可采用类似方式计算。GridLayout 类中的宽度和高度属性用于计算网格的整体宽度和高度，如下所示：

```
var width : CGFloat {
get { return CGFloat(columns * cellWidth + (columns - 1) * xPadding) }
}


var height : CGFloat {
get { return CGFloat(rows * cellHeight + (rows - 1) * yPadding) }
}
```

另外，还可添加一个方法，并将网格中的行、列索引转换为节点中的本地位置。假设网格原点位于其中心位置（类似于精灵对象），那么，网格左下方点表示为(- width/2，- height/2)。对于 x 位置，随后可加上列索引乘以单元格宽度与 x 间距之和。对于 y 位置，可执行相同的计算过程，即利用行索引以及单元格高度和 y 间距。这将得到单元格左下方点。最后，还需分别加上单元格宽度和高度的一半值，以定位网格单元中心位置处的子节点。该方法的实现过程如下所示：

```
func toPosition(col: Int, row: Int) -> CGPoint {
  let xpos=-width/2 + CGFloat(col*(cellWidth+xPadding)+cellWidth / 2)
  let ypos = -height/2 + CGFloat(row * (cellHeight + yPadding) +
    cellHeight / 2)
  return CGPoint(x: xpos, y: ypos)
}
```

　　类似地，还可定义名为 toGridLocation 的方法，并将位置转换为列和行索引。随后，可定义 add 方法，将节点添加至目标中，并自动实现正确定位。完整的方法内容如下所示：

```swift
func add(obj: SKNode) {
  if let target_unwrapped = target {
    let r = target_unwrapped.children.count / columns
    let c = target_unwrapped.children.count % columns
    target_unwrapped.addChild(obj)
    obj.position = toPosition(c, row: r)
  }
}
```

　　鉴于 target 定义为可选类型，首先需对其解包，并于随后与解包后的 target 协同工作。接下来借助于 children 数组中的子节点数量计算添加节点中的行和列索引。最后，可将当前对象添加至 target 中，并调用 toPosition 方法计算其实际位置。

　　最后一步是定义 at 方法，并在网格特定位置处获得某个对象。该方法将返回一个可选类型的 SKNode 节点——某些时候，可能并不存在相应的 SKNode 节点。例如，如果所提供的列或行索引超出了网格尺寸范围。完整的 at 方法定义如下所示：

```swift
func at(col: Int, row: Int) -> SKNode? {
  if col < 0 || col >= columns || row < 0 || row >= rows {
      return nil
  }
  if let target_unwrapped = target {
    var index = row * columns + col
    return target_unwrapped.children[index] as? SKNode
  }
  return nil
}
```

　　当前，可利用 GridLayout 类将子节点整合至网格结构中。在本书的后续章节中，当需要使用到网格布局中的游戏对象时，即可利用 GridLayout 类。

　　PenguinPairs1 示例程序通过 GridLayout 类在屏幕上显示关卡按钮网格。在 GameWorld 类中，将设置关卡网格并添加至网格中。对此，首先需要定义网格中所需的行和列数量。其中，关卡将从文本文件中读取，这一点与 Penguin Pairs 示例程序十分类似。因此，代码将根据关卡的数量构建，读者可定义网格所需的列数量，随后，代码负责计算所需的行数量，如下所示：

```
let nrCols = 6, nrLevels = 12
var nrRows = nrLevels / nrCols
if nrLevels % nrCols != 0 {
nrRows++
}
```

目前，可定义关卡按钮所适应的布局，同时定义 x 和 y 间距，并以此实现按钮间的间距。除此之外，还需将某个节点设置为当前布局的 target，如下所示：

```
var layout = GridLayout(rows: nrRows, columns: nrCols, cellWidth: 150,
cellHeight: 150)
layout.xPadding = 5
layout.yPadding = 5
layout.target = levelButtons
```

代码可利用嵌套 for 循环实现关卡按钮网格的填充操作，此处，关卡定义为简单的 SKSpriteNode 实例，如下所示：

```
for var i = nrRows - 1; i >= 0; i-- {
  for var j = 0; j < nrCols; j++ {
    if i*nrCols + j < nrLevels {
      var level = SKSpriteNode(imageNamed: "spr_level_unsolved")
      level.zPosition = Layer.Scene
      layout.add(level)
    } else {
      layout.add(SKNode())
    }
  }
}
```

嵌套 for 循环中的 if 指令不可缺少，其原因在于，最下方一行可能会被按钮部分填充。在网格的其他位置处，还需要添加空的 SKNode 实例。读者可运行本章的 PenguinPairs1 示例程序，图 17.2 显示了相应的运行结果。

图 17.2　PenguinPairs1 示例程序中的关卡按钮网格

17.2　类　扩　展

在向 Penguin Pairs 游戏中添加菜单之前,首先回顾一下之前两个游戏的类设计方案,并重新思考相应的改进措施。对于 Tut's Tomb 游戏,其中定义了 GameObjectNode 类,并表示为 SKNode 的子类,还向基本的游戏循环中加入了相关方法,但这也引入了某些不便之处:为了确保正确工作,场景中的每个节点均应为 GameObjectNode 实例,或者是 GameObjectNode 的子类的实例。如果能够扩展 SKNode 类自身的功能,操作是否会变得简单一些? 答案是肯定的。Swift 提供了类扩展机制,并可向现有类添加功能项。随后,即可在项目中使用扩展类定义。读者可打开本章 PenguinPairs2 示例程序中的 SKNode_Extension.swift 文件,其中包含了下列内容:

```
import SpriteKit


extension SKNode {

  ...


  func handleInput(inputHelper: InputHelper) {
```

```
    ...
  }

  func updateDelta(delta: NSTimeInterval) {

    ...

  }

  func reset() {

    ...

  }
}
```

这将通知编译器，在 PenguinPairs2 项目中，SKNode 类通过 3 个方法进行扩展。随后，所创建的 SKNode 实例将包含定义于该扩展中的方法和属性。这表明无须再使用独立的 GameObjectNode 类。而且，SKNode 的子类，例如 SKSpriteNode，也将自动包含定义于扩展中的方法和属性。这一特性十分有用。例如，可重写 Button 类，并简单地将其作为 SKSpriteNode 的子类，如下所示：

```
class Button: SKSpriteNode {

  var tapped = false

  init(imageNamed: String) {
    let texture = SKTexture(imageNamed: imageNamed)
    super.init(texture: texture, color: UIColor.whiteColor(), size:
texture.size())
  }

  required init?(coder aDecoder: NSCoder) {
    fatalError("init(coder:) has not been implemented")
  }

  override func handleInput(inputHelper: InputHelper) {
    super.handleInput(inputHelper)
```

```
    tapped = inputHelper.containsTap(self.box) && !self.hidden
  }
}
```

如果希望扩展框架现有类中的功能，那么，类扩展机制十分有用，SKNode 扩展即是一个较好的示例。由于直接扩展了 SKNode 类，因而该扩展可平滑地转换至继承自 SKNode 的、SpriteKit 框架中的所有类。最终，这将减少代码中的重复内容。在本书的后续章节中，将使用类扩展机制向现有类中添加功能项。

类扩展机制还可以一种通用方式设计软件体系结构。然而，类似于其他工具，这里也需要注意其应用方式。如果过分依赖于类扩展，那么将难以区别原始类以及所添加的内容。当开始一个新项目时，可对之前的项目进行适当筛选，获取添加内容并将其复制至新项目中。如果 SpriteKit 框架存在新版本，SpriteKit 类扩展将不再有效。

17.3　设　置　菜　单

鉴于 SKNode 类通过游戏循环功能项实现了扩展，因而可以此创建 Penguin Pairs 游戏菜单。游戏中的菜单可设置为下拉菜单（类似于 File 或 Edit 菜单），或者是应用程序上方的按钮。在游戏中，菜单的形式更具灵活性，通常可设计成游戏风格，并可占据部分屏幕，甚至是全部屏幕。作为示例，下面讨论如何创建包含两个控件的选项菜单。其中，控件一用于开启/关闭提示功能；控件二则用于控制音量。对此，首先需要绘制控件元素。具体来讲，可向菜单添加背景，以及用于描述提示控件的文本标记。针对于此，可使用 SKLabelNode 类，定义绘制文本，并将其置于相应位置处。下列代码源自本章 PenguinPairs2 示例程序中的 GameWorld 类。

```
let background = SKSpriteNode(imageNamed: "spr_background_options")
background.zPosition = Layer.Background
self.addChild(background)


let onOffLabel = SKLabelNode(fontNamed: "Helvetica")
onOffLabel.horizontalAlignmentMode = .Right
onOffLabel.verticalAlignmentMode = .Center
onOffLabel.position = CGPoint(x: -50, y: 50)
```

```
onOffLabel.fontColor = UIColor(red: 0, green: 0, blue: 0.4, alpha: 1)
onOffLabel.fontSize = 60
onOffLabel.text = "Hints"
self.addChild(onOffLabel)
```

同样，也可向音量控件添加文本标记。完整的代码可参见本章中的 PenguinPairs2 示例程序。

17.4　添加开/关按钮

下一步是添加开/关按钮，并在游戏过程中显示（或关闭）提示信息。稍后将会看到如何使用此类按钮值。如 Button 类所做的那样，可针对开/关按钮定义特定类，例如 OnOffButton 类。在 PenguinPairs2 示例程序中，该类定义为 SKSpriteNode 的子类，并包含了两个 SKTexture 类型的（存储）属性，分别表示为一个纹理（图像），如下所示：

```
var onTexture = SKTexture(imageNamed: "spr_button_on")
var offTexture = SKTexture(imageNamed: "spr_button_off")
```

取决于按钮的状态，精灵对象节点将选择不同的纹理。当前，按钮包含了两种状态，即关闭和开启，如图 17.3 所示。当 SKSpriteNode 实例被初始化时，将选择开启状态，如下所示：

```
init() {
    super.init(texture: onTexture, color: UIColor.whiteColor(), size:
        onTexture.size())
}
```

图 17.3　用于开/关按钮的两个纹理

对于按钮，需要注意应可以读取和设置开启或关闭状态。由于按钮可含有两种纹理，如果纹理指向 offTexture 属性，则按钮处于关闭状态；若纹理指向 onTexture，则按钮处于开启状态。相应地，可添加一个布尔计算属性，以获取和设置该值。对应属性的定义如下所示：

```
var on: Bool {
  get {
    return self.texture == onTexture
  }
  set {
    if newValue {
      self.texture = onTexture
    } else {
      self.texture = offTexture
    }
  }
}
```

最后，还需要处理按钮的单击操作，及其开启/关闭状态的切换操作。类似于 Button 类中的做法，可检查 handleInput 方法，以确定玩家是否在按钮的包围盒内执行了单击行为。完整的 handleInput 方法如下所示：

```
override func handleInput(inputHelper: InputHelper) {
  super.handleInput(inputHelper)
  if inputHelper.containsTap(self.box) && !self.hidden {
    self.on = !self.on
  }
}
```

注意，仅在按钮处于可见状态时，方可对其执行切换操作。在 GameWorld 类中，可在期望位置处，向游戏场景中添加 OnOffButton 实例，如下所示：

```
var onOffButton = OnOffButton()
...
onOffButton.position = CGPoint(x: 200, y: 50)
self.addChild(onOffButton)
```

17.5　定义滑块按钮

下面添加第二种类型的 GUI 控件，即滑块。在游戏中，滑块可以控制背景音乐的音量，主要由两个精灵对象构成：表示滑块条的后精灵对象，以及表示实际滑块的前精灵对象。因此，Slider 类继承自 SKNode，并包含了两个 SKSpriteNode 属性，以表示每个精灵对象。由于后精灵对象包含了边框，因而当移动或绘制滑块时需要对此加以考虑。除此之外，还需定义后精灵对象的左、右边界。完整的存储属性列表如下所示：

```
var back = SKSpriteNode(imageNamed: "spr_slider_bar")
var front = SKSpriteNode(imageNamed: "spr_slider_button")
let leftMargin = CGFloat(4), rightMargin = CGFloat(7)
var dragging = false
var draggingIndex: Int?
```

其中，还需要将布尔属性 dragging 设置为 false，并添加作为 Int 可选类型的 draggingIndex 属性。据此，可跟踪玩家何时拖动滑块以及触摸 ID，并在必要时更新滑块，甚至是触摸位置位于后精灵对象边界外部时。

17.6　计算游戏对象的世界场景位置

由于需要跟踪玩家是否触碰了滑块，因而应计算节点的包围盒。考察 SKNode 扩展，读者将会发现其中定义了 box 属性，该属性同时也是原 GameObjectNode 类中的部分内容。在 GameObjectNode 中，box 属性的 get 部分包含了下列一行代码：

```
return self.calculateAccumulatedFrame()
```

对于 Tut's Tomb 游戏来说，鉴于该游戏采用了十分简单的节点层次结构，因而上述代码可正常工作。如果层次结构变得越发复杂，节点的局部坐标位置将与世界场景中的实际位置有所不同。这一问题同样会出现于滑块中。在 Slider 初始化器中，局部坐标系中滑块的 front 部分位于 back 部分的左侧，如下所示：

```
front.position = CGPoint(x: leftMargin - back.size.width/2 +
front.size.width/2, y: 0)
```

然而，Slider 节点自身也处于场景中的特定位置处，如下所示：

```
musicSlider.position = CGPoint(x: 200, y: -100)
```

最终，滑块条的局部位置不同于其世界场景中的实际位置。当判断玩家是否触碰了滑块条时，这将产生问题。其中，触摸位置在世界空间中进行计算。calculateAccumulatedFrame 方法返回局部节点位置处的包围盒。这意味着，需要通过额外的步骤将局部位置转换至世界场景位置。对此，新的 box 属性使用了 convertPoint 方法予以计算，如下所示：

```
if parent != nil {
    boundingBox.origin = scene!.convertPoint(boundingBox.origin,
        fromNode: parent!)
}
```

需要注意的是，仅当节点包含父节点时，方执行此类计算；否则，局部位置等同于世界场景位置。由于包围盒局部定位于其父节点，因而需要将节点位置从父节点转换至场景节点（也是有些场景的根节点）。当直接访问游戏场景的根节点时，可使用 scene 属性，该属性隶属于 SKNode。

出于方便考虑，下面添加 worldPosition 属性计算世界坐标值的节点位置。完整的属性（也适用于 convertPoint 方法）如下所示：

```
var worldPosition: CGPoint {
 get {
  if parent != nil {
     return parent!.convertPoint(position, toNode: scene!)
  } else {
     return position
  }
 }
}
```

17.7　Slider 类

下一步是向 Slider 类添加一个属性值，进而可读取和设置滑块值。其中，值为 0 表示滑块已完全移至左侧；值为 1 表示滑块完全移至右侧。另外，通过查看 front 对象位置，还可计算滑块的当前值，即右向移动量。因此，下列代码计算距滑块位置处的数值。

```
return (front.position.x - front.size.width/2 - (back.position.x -
  back.size.width/2) -leftMargin) / (back.size.width -
    front.size.width - leftMargin - rightMargin)
```

代码计算 front 对象向右移动的距离。reutrn 语句构成了 value 属性的 get 部分。对于该属性的 set 部分，需要将 0~1 的数值转化为滑块 x 位置。这相当于重写之前的公式，且 front 的 x 位置是未知的，如下所示：

```
front.position.x = newValue * (back.size.width - front.size.width -
leftMargin - rightMargin) + leftMargin - back.size.width/2 + front.size.
width/2
```

目前，可通过某种方式设置和读取滑块值，但还需要编写相应的代码处理玩家输入问题。对此，首先需判断玩家当前是否触摸屏幕；否则，可简单地将 dragging 状态变量重置为其初始值，如下所示：

```
if !inputHelper.isTouching {
  dragging = false
  draggingIndex = nil
  return
}
```

在该 if 之后的代码中，即可知晓玩家是否触摸屏幕。

另外，还应检测玩家是否触碰了按钮。若是，可将新值赋予 draggingIndex 变量中，并将 dragging 设置为 true，如下所示：

```
if inputHelper.containsTouch(back.box) {
  draggingIndex = inputHelper.getIDInRect(back.box)
  dragging = true
}
```

随后，可判断玩家读取是否执行拖曳操作。若否，则任务完成并可从当前方法中返回，如下所示：

```
if !dragging {
```

```
return
}
```

由于玩家执行了拖曳操作，因而最后一个步骤是更新滑块位置。对此，首先需要解包拖曳索引，随后即可获取玩家的触屏位置，如下所示：

```
if let draggingUnwrap = draggingIndex {
  let touchPos = inputHelper.getTouch(draggingUnwrap)
  ...
}
```

接下来，需要计算滑块的 x 位置。由于触摸位置位于世界坐标系中，因而可从中减去 back 对象的世界坐标，进而获得滑块的局部位置。这将构成下列公式：

```
touchPos.x - back.worldPosition.x
```

同时，还应确保滑块不可移出其范围之外，因此，还需要执行某些额外的工作——将滑块位置剪裁至特定范围内。对此，可定义一个函数执行剪裁操作，如下所示：

```
func clamp(number:CGFloat, min:CGFloat, max:CGFloat) -> CGFloat
{
  if number < min {
      return min
  }
  else if number > max {
      return max
  }
  return number
}
```

根据该函数，即可计算剪裁后的滑块值，并将其存储为滑块的新 x 位置，如下所示：

```
front.position.x = clamp(touchPos.x - back.worldPosition.x,
leftMargin - back.size.width/2 + front.size.width/2,
back.size.width/2 - front.size.width/2 - rightMargin)
```

至此，处理玩家输入问题暂告一段落。随后，读者可使用该类中的 value 属性，并根据滑块值调整音乐的音量（参见 GameWorld 类的 updateDelta 方法），如下所示：

```
backgroundMusic.volume = Float(musicSlider.value)
```

图 17.4 显示了 PenguinPairs2 示例程序的运行效果。

图 17.4　示例程序

注意：

大多数游戏都设置了一些菜单屏幕。有了这些屏幕，玩家可以设置选项，选择关卡，观看成绩，暂停游戏。然而，设计这些额外的菜单涉及大量的工作，而这些工作并没有对实际的游戏体验发挥作用。因此，开发人员往往会倾向于投入较少的精力，但这是一个非常错误的决定。

某位设计师曾经说过：“游戏质量有时等同于其菜单屏幕的设计。”如果菜单屏幕质量不佳，玩家会感觉游戏只是一部半成品，并可从中感受到开发者的漫不经心。因此，应确保所有的菜单屏幕看起来都很漂亮，并且易于使用和导航。

读者应精心设计屏幕中的内容，包括游戏的难度、播放的音乐、背景的颜色，等等。但是记住，读者是打造游戏作品的人，而不是玩家。读者或者设计师应该决定什么是最有趣的游戏和最引人注目的视觉风格，而不是用户。

尽量避免各种选项。例如，玩家真的应该负责设置难度吗？是否可通过监控玩家的进度来自动调整难度？真的需要设计一个关卡选择菜单吗？是否可以简单地跟踪玩家上一次的游戏进度，然后马上继续游戏？也就是说，应保持界面尽可能的简单！

17.8　本　章　小　结

本章主要涉及以下内容：

❑　　如何利用按钮和滑块设计菜单。

❑　　如何获取按钮和滑块值，并将此类信息转换为游戏设置，例如背景音乐的音量。

❑　　如何使用类扩展机制向现有的第三方类中添加功能项。

第 18 章　游戏状态管理

一般情况下，当游戏应用程序启动时，玩家并不会马上进入游戏。例如，在 Tut's Tomb 游戏中，玩家在体验游戏之前一般会看到一个标题（欢迎）画面。大多数大型游戏均会包含欢迎画面、菜单选项、关卡选择菜单、积分榜、角色选择以及创作人员名单等内容。在 Tut's Tomb 游戏中，鉴于欢迎画面一般不涉及互动行为，因而易于实现。但从前述章节中可以看出，构建包含较少选项和控件的菜单依然会需要大量的代码。因此，当向游戏中添加大量的菜单时，在游戏对象与菜单之间的隶属关系上，以及何时应执行绘制和更新操作等问题上，情况将变得难以管理。

总体而言，不同的菜单和屏幕称作游戏状态。在某些程序中，也称作场景（scene），而负责管理此类场景的对象则称作管理者（director）。某些时候，可通过游戏模式和游戏状态对此进行区分。例如，菜单、游戏体验屏幕等称作游戏模式；而"关卡完成""游戏结束"等内容则称作游戏状态。

本书则对此进行了简化处理，并将一切事务均称作状态。当处理不同的游戏状态时，需要使用到管理器。本章主要讨论针对这一结构所需的相关类，以此显示不同的菜单并在其中进行切换，同时保证代码处于分离状态。

18.1　基本的游戏管理状态

当对游戏状态进行处理时，应确保实现以下内容：

❑ 游戏状态应彼此独立运行。也就是说，不可在游戏运行时，处理菜单选项或者 Game Over 画面。

❑ 应存在一种简单的方式定义、搜索游戏状态，并在其间进行转换。通过这一方式，当玩家单击标题屏幕中的 Options 按钮时，可方便地转换选择菜单的状态。

如前所述，游戏中一般定义了一个游戏场景类，从游戏状态这一角度来看，每个场景均体现了一种游戏状态，因而需要针对每个不同的状态定义相应的类。对此，一种较好的做法是借助于现有的代码。SKNode 类即是一个例子，该类定义了一个节点，并包含了游戏对象的全部子树，这对于表达某个游戏状态而言已然足够。在前述游戏示例中，表现有效场景的相关类继承自 SKNode 类。在本书后续内容中，体现游戏状态的类也继承自 SKNode。因此，当设计选项菜单、标题画面、关卡选择屏幕以及帮助菜单时，可针对每个游戏状态定义独立的类。此处，唯一需要完成的工作是管理游戏中不同的游戏状态。对此，可设置一个游戏状态管理器。

18.2　游戏状态管理器

本节将定义一个名为 GameStateManager 的类，进而管理 Penguin Pairs 游戏中不同的游戏状态。对应游戏状态管理器，一个重要的设计原则是应易于访问。另外，应存在一个唯一的游戏状态管理器，并可随处对其进行访问。在 Painter 和 Tut's Tomb 游戏中，作为 GameScene 的一个类属性，可方便地对游戏场景予以访问。

随着软件编写经验的不断丰富，读者将会意识到：可针对某些问题采用类似的设计方案。在软件工程中，存在一些较为经典的设计模式，并广泛地应用于大量的应用程序中，其中也包括游戏设计。此时，我们需要解决的问题是：定义一个类且包含唯一实例，并可随处对其进行访问。这种设计模式称作单例模式。下列简单类即采用了单例设计模式：

```
class MyClass {
  static let instance = MyClass()
  var aProperty = 12
}
```

其中，MyClass 类中定义了一个名为 instance 的类属性，表示为 MyClass 实例。访问该单一实例非常方便，例如，可通过该实例访问 aProperty 属性，如下所示：

```
print(MyClass.instance.aProperty) // prints '12' to the console
```

该方案的优点在于：避免使用全局变量，类设计的宗旨即表明，仅存在单一的类实例。下面遵循相同原则设计游戏状态管理器，并定义名为 GameStateManager 的单体类。在本章 PenguinPairs3 示例程序中，游戏状态管理器即实现为单例。

该类的定义方式可描述为：可存储不同的游戏状态（也就是说，不同的 SKNode 实例），选择当前游戏状态；随后，管理器将该节点作为子节点添加至自身中，以使所选节点变为处于活动状态的可见节点。

不同的游戏状态作为节点存储于数组中，并定义为 GameStateManager 类的一个属性，如下所示：

```
var states : [SKNode] = []
```

除此之外，还可定义一个附加属性，并以此跟踪当前处于活动状态的游戏状态（SKNode 实例），如下所示：

```
var currentGameState: SKNode? = nil
```

当 GameStateManager 创建完毕后，考虑到目前尚不存在相应的游戏状态，同时也不存在当前处于活动状态的游戏状态，因而 currentGameState 属性定义为可选类型。

18.3　将名称赋予节点中

当处理不同的游戏状态和游戏对象时，应存在某种方式可辨识状态和对象。在 SpriteKit 框架中，可将对应名称赋予某个节点中。在后续操作过程中，可使用该名称查找场景中的节点。例如，下列代码显示了如何定义一个包含名称的节点：

```
var someNode = SKNode()
someNode.name = "playingField"
```

这里，SKNode 节点定义了一个名为 childNodeWithName 的方法，可用于搜索节点。默认状态下，该方法将搜索所调用节点的子节点，直至获取一个匹配的节点。随后，搜索过程即结束并返回该节点。当搜索节点时，可采用正则表达式语法，相关示例如下所示：

```
var node = self.childNodeWithName("playingField") /* searches the children
  of this node for the first node called "playingField" */
node = self.childNodeWithName("playing*") /* searches the children of this
  node for the first node that has a name starting with "playing" */
node = self.childNodeWithName("/playingField") /* searches the children
of
  the root node for the first node called "playingField" */
node = self.childNodeWithName("//playingField") /* searches through the
  entire node tree and returns the first node it finds called "playingField"
  */
```

当采用节点的命名方案时，在 GameStateManager 类中可编写一个简单的 get 方法，用以获取游戏状态（SKNode 实例），如下所示：

```
func get(name: String) -> SKNode? {
  for state in states {
    if state.name == name {
       return state
    }
  }
  return nil
}
```

当调用 switchTo 方法时，即可选择当前处于活动状态的游戏状态。另外，当切换游戏状态时，应予以谨慎处理。一旦切换至另一个游戏状态，处于当前游戏状态的任何对象将不复存在（该游戏状态将不再处于活跃状态）。因此，较为安全的做法是在每次更新循环结尾处切换至另一个游戏状态。对此，GameStateManager 类定义了一个 plannedSwitch 属性，其中包含了一个将要转换的游戏状态标题（可选）。在 switchTo 方法中，该属性被赋予一个座位参数传递的标题，如下所示：

```
func switchTo(name: String) {
plannedSwitch = name
}
```

当前，需要覆写 GameStateManager 类中的 updateDelta 方法，并执行状态切换操作。在该方法中，首先是简单地调用超类中的 updateDelta 方法，以确保全部游戏对象均被正确地更新，如下所示：

```
super.updateDelta(delta)
```

随后，需要检测是否需要切换至另一个游戏专题。如果 plannedSwitch 包含一个值，且该值包含一个有效的游戏状态标题，则执行切换操作；若条件均为 false，则简单地从方法中返回，如下所示：

```
if plannedSwitch == nil || !has(plannedSwitch!) {
return
}
```

随后，切换至另一个游戏状态则较为直观：首先需要移除当前处于活动状态的子节点（状态），如下所示：

```
self.removeAllChildren()
```

接下来，定位至新的游戏状态，并将其作为子节点添加至游戏状态管理器提供的节点中，如下所示：

```
currentGameState = get(plannedSwitch!)
self.addChild(currentGameState!)
```

作为 updateDelta 方法中的最后一条指令，由于游戏状态已经切换完毕，因而需要将 plannedSwitch 属性值再次设置为 nil。

剩下的工作就是让游戏状态管理器成为游戏的一个组成部分，因而可在 GameScene 类的 update 方法中调用其游戏循环方法，如下所示：

```
override func update(currentTime: NSTimeInterval) {
  GameStateManager.instance.handleInput(inputHelper)
  GameStateManager.instance.updateDelta(delta)
  inputHelper.reset()
}
```

18.4　添加状态并在其间切换

目前，游戏状态管理器已设置完毕，随后即可向其中添加不同的状态。标题菜单状态是一种较为基本的游戏状态。在 PenguinPairs3 示例程序中，将 TitleMenuState 类添加至体现该状态的应用程序中。其中，标题菜单状态由 4 个游戏对象构成，即背景和 3 个按钮对象。此处可复用 Tut's Tomb 游戏中的 Button 类。TitleMenuState 类的初始化器如下所示：

```
override init() {
  super.init()
  self.name = "title"


  let layout = GridLayout(rows: 3, columns: 1, cellWidth:
```

```
        Int(playButton.size.width),
      cellHeight: Int(playButton.size.height))
    layout.yPadding = 5
    let buttons = SKNode()
    buttons.position.y = -200
    self.addChild(buttons)
    layout.target = buttons

    playButton.zPosition = Layer.Scene
    optionsButton.zPosition = Layer.Scene
    helpButton.zPosition = Layer.Scene
    layout.add(helpButton)
    layout.add(optionsButton)
    layout.add(playButton)

    let background = SKSpriteNode(imageNamed: "spr_background_title")
    background.zPosition = Layer.Background
    self.addChild(background)
}
```

不难发现，此处使用了 GridLayout 类，并非常方便地定位按钮。考虑到单击按钮时需要执行相关操作，因而需要覆写 handleInput 方法。在该方法中，可检测每个按钮是否被单击。若是，则切换至另一个状态。例如，如果玩家单击了 Play Game 按钮，则需要切换至关卡菜单，如下所示：

```
if playButton.tapped {
GameStateManager.instance.switchTo("level")
}
```

对于其他两个按钮，也可添加类似的内容。至此，标题菜单状态基本设置完成。在 GameScene 类中，唯一的任务是生成 TitleMenuState 实例，并将其添加至游戏状态管理器中。此外，对于游戏中的其他状态，也可执行类似操作。随后，可将当前活动状态设置为标题菜单。因此，当游戏启动时，玩家即可看到标题菜单，如下所示：

```
GameStateManager.instance.addChild(TitleMenuState())
```

```
GameStateManager.instance.addChild(HelpState())
GameStateManager.instance.addChild(OptionsMenuState())
GameStateManager.instance.addChild(LevelMenuState(nrLevels: 12))

// the current game state is the title screen
GameStateManager.instance.switchTo("title")
```

帮助和选项菜单状态也可采用与 TitleMenuState 类似的方式构建。在类初始化器中，可将游戏对象添加至游戏场景中，覆写 handleInput 方法并在状态间进行切换。例如，帮助和选项菜单状态均包含了 Back 按钮，并向用户返回标题屏幕，如下所示：

```
if backButton.tapped {
GameStateManager.instance.switchTo("title")
}
```

读者可参考 PenguinPairs3 示例程序中的 HelpState 和 OptionsMenuState 类，并查看不同状态的构建方式，以及状态间的切换方式。

18.5　关卡菜单状态

关卡菜单则是一类稍显复杂的游戏状态。相应地，玩家应可从关卡按钮网格中选择某个关卡。鉴于玩家是否通关以及关卡的锁定、解锁状态，因而应显示 3 种不同的关卡状态。对此，需要使用到某种类型的持久化存储功能，第 19 章将对此加以讨论。

在创建 LevelMenuState 类之前，需要添加一个继承自 Button 类的 LevelButton 类。在 LevelButton 类中，可跟踪按钮引用的关卡索引，以及关卡的通关、解锁和锁定状态。

取决于关卡状态，按钮应包含 3 种外观。考虑到按钮包含了 3 种状态，因而需要针对每种状态载入各自的纹理。下列代码显示了 LevelButton 中所定义的存储属性：

```
var levelIndex = 0
var locked = SKTexture(imageNamed: "spr_level_locked")
var unsolved = SKTexture(imageNamed: "spr_level_unsolved")
var solved = SKTexture(imageNamed: "spr_level_solved")
```

稍后，将使用 LevelButton 类，并根据关卡状态显示其中的某个纹理。当前，当创建按钮对象时，只是简单地显示未通关时的纹理。除此之外，还可在初始化器中添加文本标记，并显示于企鹅对象上。因此，玩家可方便地查看到每个按钮所指向的关卡，如下所示：

```
let textLabel = SKLabelNode(fontNamed: "Helvetica")
textLabel.position = CGPoint(x: 0, y: -25)
textLabel.fontColor = UIColor(red: 0, green: 0, blue: 0.4, alpha: 1)
textLabel.fontSize = 24
textLabel.text = String(levelIndex)
textLabel.horizontalAlignmentMode = .Center
textLabel.zPosition = Layer.Overlay
self.addChild(textLabel)
```

最后，在 handleInput 方法中，还需要检测按钮是否被单击。如果玩家单击了关卡按钮，且该关卡未处于锁定状态，那么，游戏将切换至对应的关卡。假设包含索引 x 的关卡名称为 levelx。此外，当玩家切换至某一关卡时，可能会重置关卡，以使玩家可立即从起始处开始游戏。完整的 handleInput 方法如下所示：

```
override func handleInput(inputHelper: InputHelper) {
  super.handleInput(inputHelper)
  if self.texture == locked {
     return
  }
  if tapped {
    GameStateManager.instance.switchTo("level\(levelIndex)")
    GameStateManager.instance.reset()
  }
}
```

需要注意的是，在 PenguinPairs3 示例程序中，由于当前尚不存在关卡状态，因而该方法暂时被注释掉。

综上所述，向游戏中添加不同状态并在其间进行切换并不复杂，但需要事前对软件设计问题进行思考，包括相关类及其在游戏中的功能划分，这将为后续工作节省大量的时间。第 19 章将创建实际的关卡，并对当前示例程序实施进一步的扩展。图 18.1 显示了关卡菜单状态的屏幕截图。

图 18.1　Penguin Pairs 游戏中的关卡菜单屏幕

18.6　本 章 小 结

本章主要涉及以下内容：

❑　设计模式和单例模式的含义。

❑　如何通过游戏状态管理器定义不同的游戏状态。

❑　根据玩家的动作，如何在游戏状态之间进行切换。

第 19 章　存储和恢复游戏数据

大多数游戏均由不同的关卡构成，例如，休闲类游戏可能设置了数百个关卡。截止到目前，当前游戏仅依靠随机性保持游戏的娱乐性。尽管随机性是一种较为重要的特性，但大多数时候，游戏设计者需要对游戏进程拥有更多的控制权，这一类控制通常由关卡设计加以实现。其中，每个关卡包含自己的游戏场景，以供玩家实现相应的目标。

在前述内容中，对于游戏中的每个关卡，需要编写特定的类，并于其中设置包含游戏对象的关卡，添加期望的操作行为。该方案包含一些缺陷，其中最为重要的是将游戏逻辑（例如游戏体验过程、通关条件等）与游戏内容混淆在一起。这意味着，每次向游戏中添加另一个关卡时，需要定义同一个新类，这将占用大量的开发时间。进一步讲，如果游戏设计者希望向游戏中添加一个关卡，设计人员需要深度理解代码的工作方式。在编写代码时设计人员犯下的任何错误都将会产生 bug 并导致游戏崩溃。

针对于此，一种较好的方法是独立于游戏代码存储关卡信息。当游戏加载数据时，将获取该关卡信息。理想状态下，相关信息应采用较为简单的格式予以存储，这样，非程序员也可理解其中的内容并与其协同工作。通过这种方式，关卡设计者无须了解游戏中数据与关卡之间的转换方式。相应地，文本格式则是最为方便的关卡信息存储方式，并可方便地描述关卡。考察下列示例：

```
RHBQKBHR
PPPPPPPP
. . . . . . . .
. . . . . . . .
. . . . . . . .
. . . . . . . .
PPPPPPPP
rhbqkbhr
```

上述文本数据表述了 Chess 游戏中的起始位置，且每个字符表示为棋盘中的方格（小写字母表示白色方格，大写字母表示黑色方格）。当构建棋类游戏，并从文件中读取此类信息时，可方便地修改文件，并设置不同的起始点。例如，设计者可创建不同的经典对弈棋局，而无须修改游戏代码。甚至，还可调整棋盘尺寸，即添加列和行（假设游戏数据载入代码支持此项功能）。全部工作均可在无须了解 Chess 游戏的工作方式的前提下完成。考虑到文本格式的简单性，该格式理解起来较为方便，甚至对缺乏编程经验的人员来说也是如此。因此，无须修改代码即可通过这一技术针对游戏构建各种关卡。对于大型游戏来说，这类技术十分有用，一些非程序员也可高效地制作出优秀的游戏作品，例如游戏设计人员和图像设计人员。

通过类似的方式，可处理 Penguin Pairs 游戏中不同的关卡。本章将讨论如何在游戏中构建此类关卡加载方案。另一个需要注意的问题是，在会话过程中，各种游戏数据的存储和恢复方式。当玩家开启游戏时，像 Painter 和 Tut's Tomb 这一类游戏并不保存之前的信息。在此类游戏中，这并不会产生任何问题。但对于 Penguin Pairs 这一类游戏来说，由于玩家每次并不希望总是从头开始体验游戏，因而存储和恢复操作将变得十分重要。如果玩家通过了某个关卡，那么，应用程序应能够"记住"该位置，并在以后的游戏过程中以此作为起点。

19.1　关卡的结构

下面考察 Penguin Pairs 游戏关卡中的内容。首先，关卡中包含某种类型的背景图像，在加载关卡时，假设该图像保持不变，因而无须在文本文件中存储与其相关的任何信息。

如果关卡包含不同的对象，例如企鹅、海豹、鲨鱼、冰山等，则需要在关卡文件中存储与此相关的全部信息。一种可能的方法是存储每个对象的位置和类型，但变量将会变得十分庞杂。除此之外，另一种方案是将关卡划分为多个小块，即拼贴图（tile），每块中包含特定的类型（可能是企鹅、游戏区域拼贴图、透明拼贴图、海豹等）。其中，每个拼贴图可通过一个字符表示。据此，可采用与 Chess 示例程序类似的方式在文本文件中存储关卡结构，如下所示：

```
#.......#
#...r...#
#.......#
#.     .#
#.     .#
#.     .#
#...r...#
#.......#
```

在上述关卡定义中，定义了多个不同的块。例如，冰山（壁面）拼贴图通过#符号定义；企鹅通过 r 字符定义；背景拼贴图通过 a 定义；空拼贴图则通过空格加以定义。本章稍后将编写一个方法，并根据此类信息创建各种拼贴图，将其存储于 SKNode 中。

除了拼贴图之外，还需要针对每个关卡存储其他内容，其中包括：

- ❑　关卡标题。
- ❑　关卡提示信息。
- ❑　对象的数量。
- ❑　关卡的宽度和高度（用于文件读取功能）。
- ❑　提示箭头的位置和方向。

因此，文本文件中完整的关卡定义如下所示：

```
Splash!
Don't let the penguins fall in the water!
1
9 9
3 7 1
#......#
#...r...#
#......#
#.    .#
#.    .#
#.    .#
#...r...#
#......#
```

对于每个关卡，可向文本文件中添加类似的文本行。当打开 PenguinPairs4 示例程序的 levels.txt 文件时，将会看到其中包含了不同的关卡。其中，文本文件的第一行内容表示文本文件中所定义的关卡数量（在 Penguin Pairs 中为 12）。

19.2　从文件中读取数据

Penguin Pairs 关卡在文本文件中加以定义，因而需要编写相应的代码读取该文本文件。在 Swift 中，文本文件的读取操作较为直接，基本上包含两个步骤。首先，需要定义所需读取的文件；随后，可采用 String 类型中的初始化器读取文件内容。例如，下列两行代码将用于读取 levels.txt 文件。

```
let filePath = NSBundle.mainBundle().pathForResource("levels",
  ofType:"txt")
let data = try! String(contentsOfFile: filePath!, encoding:
  NSUTF8StringEncoding)
```

通过这一方式，最终的字符串将包含全部文本文件。对此，需要将该字符串划分为多个字符串，每一个字符串表示文本文件中的一行内容。对此，可使用 componentsSeparatedByString 方法，将整体字符串划分为存储于数组中的多个子串（注意，换行符用作分隔符），如下所示：

```
let multipleStrings = data.componentsSeparatedByString("\n")
```

在利用文件数据读取 Penguin Pairs 游戏关卡之前，下面设计一个简单的类，以简化文件的读取操作。在 PenguinPairs4 示例程序中，定义了一个 FileReader 类，用于读取一个文件并提供了简单的访问方式。在初始化器中，作为参数传递的文件将被读取，其数据存储于字符串数组中。因此，当前可简单地生成一个 FileReader 实例以读取文件。例如，在 GameScene 类中，下列代码显示了关卡数据的读取方式：

```
let levels = FileReader(filename: "levels")
```

下一步是访问文件数据。对此，可直接访问 FileReader 实例的字符串数组。另一种方式则是使用迭代器设计方案。基本上讲，当遍历文件数据时，FileReader 实例将跟踪所读取的数据位置。注意，FileReader 类中加入了 it 属性，用于跟踪所读取的字符串数组的位置，如下所示：

```
var it = -1
```

接下来，可定义一个 nextLine 方法，用于递增 it 属性并返回下一行。完整的方法定义如下所示：

```
func nextLine() -> String {
  if (it >= fileData.count - 1) {
    return ""
  } else {
    it++
```

```
    return fileData[it]
  }
}
```

因此，每次读取文件中的下一行时，可简单地调用 nextLine 方法获取对应内容。此处需要注意以下两行内容：

```
it++
return fileData[it]
```

首先，迭代器增加，随后将返回迭代器所对应的数组元素。通过相关技巧，可将上述两行代码合并为一行，即++后缀运算符。换而言之，可执行下列一行代码：

```
var result = it++
```

这里，result 变量包含 it 的原始值，也就是说，如果 it 值为 3，那么，在上述指令执行完毕后，result 的值为 3（原始值），it 则变为 4。对于下列代码：

```
var anotherResult = ++it
```

由于此处使用了前缀++运算符，因而 anotherResult 将包含 it 的新值（it 增值之后的数值）。因此，如果 it 值为 3，在上述指令执行完毕后，it 和 anotherResult 均包含值 4。再次返回至文件读取示例，这也意味着，可利用下列一行数据替换 nextLine 方法中的两行代码，如下所示：

```
return fileData[++it]
```

每次从文件中读取一行内容时，可使用 nextLine 方法。例如，在载入 GameScene 类中的文件后，可获得文件中的第一行内容，即关卡数量，如下所示：

```
let nrLevels = levels.nextLine().toInt()!
```

随后，可通过 for 循环针对每个关卡创建一个状态，如下所示：

```
for i in 1...nrLevels {
    GameStateManager.instance.addChild(LevelState(fileReader: levels,
        levelNr: i))
}
```

其中向 LevelState 初始化器传递了 FileReader 实例，因而每个关卡状态可获得其自身的关卡数据（稍后将对此加以详细讨论）。

19.3　Tile 类

在创建实际关卡之前，下面首先完成一些准备工作，并编写一个基本的 Tile 类，该类定义为 SKSpriteNode 类的子类。目前，读者不必考虑关卡中过于复杂的对象，例如企鹅、海豹以及鲨鱼，仅需考察透明的背景贴图、常规贴图以及壁面（冰山）贴图即可。下面将引入枚举类型以表示这一类不同的贴图变量，如下所示：

```
enum TileType {
  case Wall
  case Background
  case Normal
}
```

Tile 类定义为 SKSpriteNode 的子类，并加入了一个属性以表示贴图类型，如下所示：

```
private var tileTipe: TileType = .Background
```

当采用透明贴图时，需要提供一个便捷的初始化器，以加载壁面精灵图像，并将当前节点设置为隐藏状态，如下所示：

```
convenience init() {
  self.init(imageNamed: "spr_wall", type: .Background)
  self.hidden = true
}
```

当加载关卡时，将针对每个字符创建一个贴图，并通过 GridLayout 类将其存储在网格结构中。

19.4　关 卡 状 态

第 18 章曾讨论了如何创建多个游戏状态，例如标题屏幕、关卡选取菜单以及选项菜单。本节将添加多个关卡状态。其中，每个关卡状态均表示为 SKNode 的子类，并向场景中加入了自身的游戏对象。LevelState 初始化器接收一个 FileReader 实例（以读取关卡数据），以及属于该关卡的关卡号。LevelState 初始化器的部分实现如下所示：

```
init(fileReader: FileReader, levelNr : Int) {
  super.init()
  self.levelNr = levelNr
  self.name = "level\(levelNr)"
  // to do: fill this level with game objects according to the level data
}
```

其中，每个关卡均被赋予一个唯一的名称，即关卡 1 称作 level1，关卡 2 称作 level2，以此类推。除此之外，还需要记录动物对象，例如企鹅、海豹以及鲨鱼。对此，可在独立节点中将其存储为 LevelState 的属性，因而可在后续操作中快速查找动物对象，如下所示：

```
var animals = SKNode()
```

至此，读者可创建游戏对象，以丰富游戏场景内容。首先，可向游戏场景中添加背景图像，如下所示：

```
let background = SKSpriteNode(imageNamed: "spr_background_level")
background.zPosition = Layer.Background
self.addChild(background)
```

接下来，还需向关卡中加入各种按钮（例如退出按钮、重试按钮以及提示按钮），读者可参考示例程序中的 LevelState.swift 文件以查看相关代码。

在添加了背景和按钮之后，即可开始读取存储于文本文件中的数据。第一步是读取关卡标题、帮助信息、企鹅对的数量、关卡尺寸以及提示信息；随后，可将全部内容存储于局部变量中，以供后续构造游戏场景时使用，如下所示：

```
let title = fileReader.nextLine()
let help = fileReader.nextLine()
let nrPairs = fileReader.nextLine().toInt()!
let sizeArr = fileReader.nextLine().componentsSeparatedByString(" ")
let width = sizeArr[0].toInt()!, height = sizeArr[1].toInt()!
let hintArr = fileReader.nextLine().componentsSeparatedByString(" ")
```

下一步是创建贴图区域。对此，可定义一个 TileField 类，该类表示为 SKNode 的子类，但加入了网格布局。进一步讲，该类还定义了 getTileType 方法，并返回位于网格特

定位置的贴图类型。稍后，该方法还将用于检测企鹅对象是否落入游戏区域。TileField
类的完整代码如下所示：

```swift
class TileField : SKNode {

  var layout: GridLayout

  init(rows: Int, columns: Int, cellWidth: Int, cellHeight: Int) {
    layout = GridLayout(rows: rows, columns: columns,
       cellWidth: cellWidth, cellHeight: cellHeight)
    super.init()
    layout.target = self
  }

  required init?(coder aDecoder: NSCoder) {
  fatalError("init(coder:) has not been implemented")
  }

  func getTileType(col: Int, row: Int) -> TileType {
    if let obj = layout.at(col, row: row) as? Tile {
      return obj.type
    }
    return .Background
  }
}
```

在 LevelState 初始化器中，可生成一个 TileField 实例，其中包含了相应的高度、宽度以及网格单元尺寸，如下所示：

```swift
let tileDimension = 75
var tileField = TileField(rows: height, columns: width,
cellWidth: tileDimension, cellHeight: tileDimension)
tileField.name = "level\(levelNr)_tileField"
self.addChild(tileField)
```

当前，可从文本文件中获取实际的关卡数据。下一步是读取关卡中的全部剩余行，将其存储于数组中，并于稍后遍历该数组，如下所示：

```
var lines: [String] = []
for i in 0..<height {
  var newLine = fileReader.nextLine()
  while count(newLine) < width {
    newLine += " "
  }
  lines.append(newLine)
}
```

这里包含了一个 while 循环，并向刚刚读取的一行中添加空格字符。这可避免由于关卡各行宽度不一致所导致的问题。考察下列关卡定义：

```
 .
r.r
 .
```

该关卡十分简单并包含了两个企鹅对象。其中，关卡的宽度为 3 个网格单元。但是，在关卡定义的第一行和最后一行中，根据关卡的布局，关卡中仅包含了两个所定义的网格单元（空格和一个"."）。当然，读者可请求关卡设计者向文本文件中添加足够多的空格，但这会带来一定的风险。关卡设计者或许会忘记此项操作，但通过 while 循环，可方便地在代码中解决这一问题。因此，某些时候，需要编写额外的代码以使程序更加健壮。这里，通过添加 while 循环，可节省关卡设计者大量的时间，同时也使得关卡具备更加稳定的体验性。

至此，所有的关卡数据均存储于字符串数组中，随后可利用另一个 for 循环遍历各行，并创建全部贴图，如下所示：

```
for i in 0..<height {
  var currLine = lines[height-1-i]
  var j = 0
  for c in currLine {
    j++
    // create the tile at row i and column j
  }
```

```
}
```

需要注意的是，读者可从数组中的最后一行开始执行，其原因在于：网格自下向上进行填充（依照 y 轴方向）。取决于当前所处理的字符，需创建不同类型的游戏对象，并将其添加至贴图区域中。对此，可使用 if 指令，如下所示：

```
if c == "." {
// create an empty tile
} else if c == " " {
// create a background tile
} else if c == "r" {
// create a penguin tile
} else {
// do something else
}
```

在实际操作过程中，上述代码可正常工作，但需要多次编写相关条件。另一种方法是使用 Swift 提供的 switch 语句。

注意：

当定义文本格式的关卡时，需要确定每个字符所代表的对象类型，这将对关卡设计者（访问关卡数据文件中的字符）以及开发人员（编写相关代码解释关卡数据）的工作产生较大的影响。这也体现了开发过程中文档的重要性。在编写代码时，可备有一份备忘表（cheat sheet），因而在编写代码时不必记住关卡设计中的全部细节内容。另外，在此基础上，还可与设计人员协同工作。

19.4.1　利用 switch 处理各种情形

switch 语句可指定各种可选方案。例如，前述包含多种选择方案的 if 语句，可改写为下列 switch 语句：

```
switch c {
  case ".": // create an empty tile
  case " ": // create a background tile
```

```
case "r": // create a penguin tile
default: // do something else
}
```

switch 语句可方便地处理多种情形，考察下列代码示例：

```
if x == 1 {
one()
} else if x == 2 {
two()
alsoTwo()
} else if x == 3 || x == 4 {
threeOrFour()
} else {
more()
}
```

当采用 switch 语句后，上述语句可改写为：

```
switch x {
  case 1:
      one()
  case 2:
      two()
      alsoTwo()
  case 3, 4:
      threeOrFour()
  default:
      more()
}
```

当执行 switch 语句后，switch 关键字之后的表达式将被计算。随后，case 之后的指令以及特定值将被执行。如果不存在对应的 case，则执行 default 关键字之后的指令。不同 case 后的数值应为常量值（数字、双引号之间的字符串或者是声明为常量的变量）。另外，case 后还可表示多个值。在当前示例中，3 和 4 位于同一个 case 中。针对每个 case，可执行多条指令（例如 case 2）。

需要注意的是，switch 语句应考虑周全。也就是说，全部状况都需要进行处理。通过 default 语句，这一问题可以得到很好的解决。default 语句是指，switch 语句中的全部 case 均不符合要求。图 19.1 显示了 switch 语句的示意图。

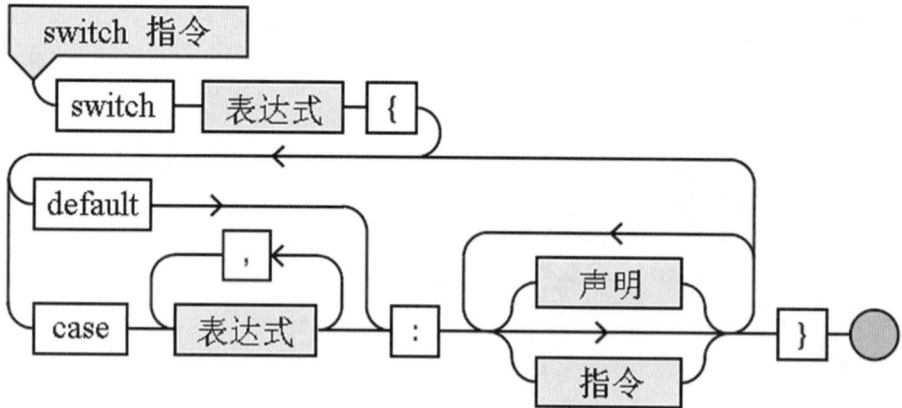

图 19.1　switch 指令的语法示意图

19.4.2　加载不同的贴图类型

读者可使用 switch 指令载入不同的贴图和游戏对象。对于关卡数据中的每个字符，需要执行不同的任务。例如，当读取字符 "." 时，需要创建一个常规的游戏区域贴图，如下所示：

```
let tileSprite = "spr_field_\((i + j) % 2)"
var tile = Tile(imageNamed: tileSprite, type: .Normal)
tile.zPosition = Layer.Scene
tileField.layout.add(tile)
```

贴图所使用的精灵对象可使用 spr_field_0.png 或 spr_field_1.png 图像。当使用公式(i + j) % 2 切换精灵对象时，可得到不同的棋盘模式，读者可运行本章 PenguinPairs4 示例程序以查看对应效果。

```
var tile = Tile()
tile.zPosition = Layer.Scene
tileField.layout.add(tile)
```

当设置 n 个动物对象时，需要实现以下两项内容：

❑　放置常规贴图。

❑　放置动物对象。

某些时候，由于动物对象会在游戏区域内移动，且对象间彼此交互，因而可定义一个 Animal 类表示此类对象，例如企鹅、海豹或鲨鱼。本节稍后将对该类加以定义。在 switch 指令中，可按照下列方式生成常规贴图和企鹅对象：

```
let tileSprite = "spr_field_\((i + j) % 2)"
var tile = Tile(imageNamed: tileSprite, type: .Normal)
tile.zPosition = Layer.Scene
tileField.layout.add(tile)
var p = Animal(type: String(c))
p.position = tile.position
p.initialPosition = tile.position
p.zPosition = Layer.Scene1
animals.addChild(p)
```

其中，第一步是创建常规贴图，并将其添加至贴图区域中。随后，可生成 Animal 实例。Animal 初始化器作为参数得到当前字符，因而可在 Animal 初始化器中加载正确的精灵对象。

在创建了 Animal 对象后，可将其位置置于贴图位置处，以实现正确的定位。除此之外，还需要将 initialPosition 属性设置为相同值，其原因在于：如果玩家受阻并单击 Retry 按钮，即会知晓关卡中每个动物对象的原始位置。

在 Animal 初始化器中，可作为参数传递字符。当前，存在不同种类的动物对象，取决于具体类型，需要在初始化器中执行不同的操作。例如，动物对象可被锁住，也就是说，该动物类型将陷入冰山的洞穴中而无法移动。在关卡描述中，这一类对象采用大写字符表示。相应地，可检测当前字符是否为大写，并将该信息作为布尔值存储于 Animal 类中的 boxed 属性中，如下所示：

```
boxed = type.uppercaseString == type
```

随后，可编写相关指令将该动物对象类型转换为精灵对象名称，如下所示：

```
var spriteName = "spr_animal_\(type)"
if boxed && type != "@" {
```

```
spriteName = "spr_animal_boxed_\(type.lowercaseString)"
}
```

如果某个动物对象位于方格中，或者空方格中（采用@字符表示），则可使用另一个精灵对象名称。在 Animal 类中，还可定义一些较为简便的方法，并检测某些特殊情形，例如包含多种颜色的企鹅对象、空方格或者是鲨鱼对象。其中，包含多种颜色的企鹅可与其他颜色的企鹅组对；另外，还可将企鹅对象移至关卡中的空格子中；海豹对象也可被移动，但无法进行配对；而鲨鱼对象则可吞噬任何动物。读者可参考本章 PenguinPairs4 示例程序，以查看完整的 Animal 类。

针对 switch 语句中的各种情况，可加载相应的关卡。读者可参考示例程序中的 LevelState 类，并查看完整的关卡处理过程。图 19.2 显示了加载后的关卡截图。

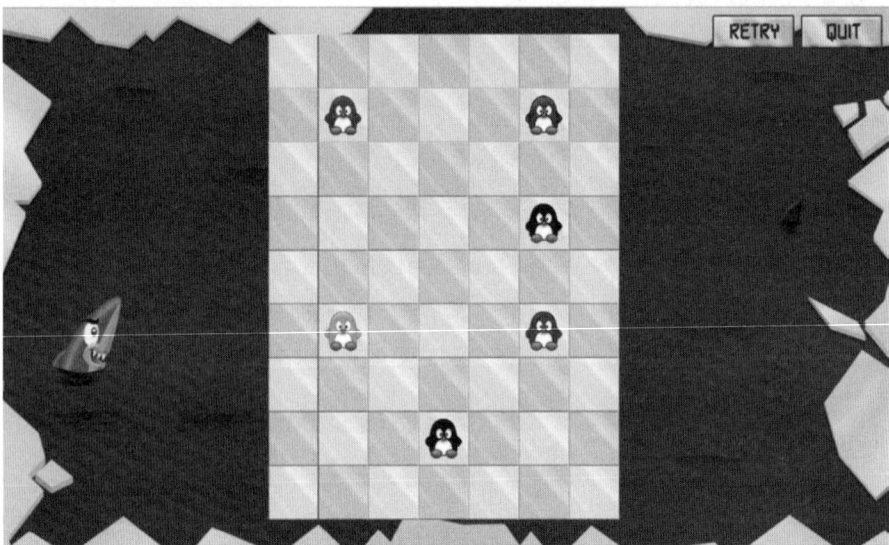

图 19.2　Penguin Pairs 游戏中的一个关卡

19.5　维护玩家的进程

本节将通过一种较好的方式并针对不同的游戏会话跟踪玩家的进程。例如，在玩家退出游戏时记住玩家所处的位置。对此，存在多种不同的处理方法。一种方法是，在默认状态下，简单地打开所有关卡，但该方案并不能真正激励玩家依次尝试每一个关卡。

另一种方式是利用文本文件，并于其中存储玩家的状态；第 3 种方法是记录玩家的设置项，并通过下列一行代码获得用户的默认状态集合：

```
var defaults = NSUserDefaults.standardUserDefaults()
```

其中，defaults 的行为类似于字典，并存储键-值对，以持有不同游戏对话上的数值。例如，可在 defaults 变量中存储一个布尔值，以判断玩家是否需要查看 Penguin Pairs 游戏中的提示信息，如下所示：

```
defaults.setBool(true, forKey: "hints")
```

类似地，从用户的默认设置项中读取数据的操作也十分直观，如下所示：

```
let showHints = defaults.boolForKey("hints")
```

当玩家首次启动 Penguin Pairs 游戏时，尚不存在默认设置信息。此时，需要将 default defaults 赋予 defaults 变量。在 Penguin Pairs 示例程序中，这意味着提示功能处于开启状态；背景音乐的播放音量为 0.5；且除了第一个关卡之外（对应状态为 unsolved），所有关卡均处于锁定状态。此类数据可再次存储于文本文件中，并在玩家首次启动 Penguin Pairs 应用程序时被读取。

另外，读者也可尝试其他不同操作。例如，可以不从常规文本文件中读取信息，而是从 Property List 文件（plist）中获取内容，该文件是一种十分方便的文本文件格式，并通过 XML 构建文本内容。同时，Xcode 环境也对此提供了有效的工具，进而可方便地编辑此类文件。当单击 PenguinPairs4 项目中的 defaults.plist 文件时，将会看到如图 19.3 所示的编辑器界面。其中，读者可修改默认文件内容、向列表中添加/移除数据项。

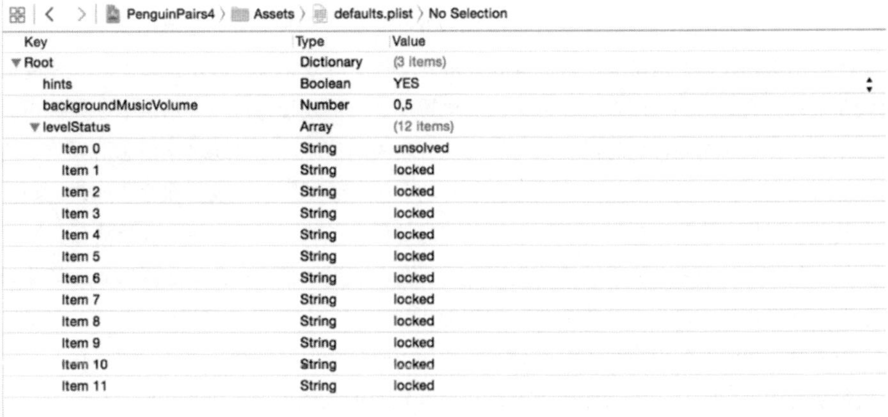

Key	Type	Value	
PenguinPairs4) Assets) defaults.plist) No Selection			
Key	Type	Value	
▼ Root	Dictionary	(3 items)	
hints	Boolean	YES	↕
backgroundMusicVolume	Number	0,5	
▼ levelStatus	Array	(12 items)	
Item 0	String	unsolved	
Item 1	String	locked	
Item 2	String	locked	
Item 3	String	locked	
Item 4	String	locked	
Item 5	String	locked	
Item 6	String	locked	
Item 7	String	locked	
Item 8	String	locked	
Item 9	String	locked	
Item 10	String	locked	
Item 11	String	locked	

图 19.3　Xcode 中属性列表编辑环境

从属性列表中读取数据较为直观，仅通过几行代码即可读取文件，并将其内容存储至字典中，如下所示：

```
var filePath = NSBundle.mainBundle().pathForResource("defaults", ofType:
    "plist")
let defaultPreferences = NSDictionary(contentsOfFile: filePath!)!
```

通过 for 循环语句，可遍历字典中的全部数据项，并将其添加至用户默认设置中，如下所示：

```
for (key, value) in defaultPreferences {
defaults.setObject(value, forKey: key as! String)
}
```

为了更加简洁地处理用户默认设置项，PenguinPairs4 示例程序中定义了一个 DefaultsManager 类，该类实现了单例设计模式，这一点与游戏状态管理器十分类似，从而可方便地读取和写入用户预置项。例如，在选项菜单状态中，可获得背景音乐音量的用户预置项，且滑块也随之设置为对应值，如下所示：

```
musicSlider.value = CGFloat(DefaultsManager.instance.musicVolume)
```

读者可参考 PenguinPairs4 示例程序，以查看如何处理默认值和预置项。

保 存 游 戏

大多数游戏均提供了一种机制，以使玩家可保存游戏进度，其应用一般体现在 3 种方式：稍后继续进行游戏；当玩家失败时，返回至之前的保存点；或者是改变当前游戏策略或故事情节。但这也会产生某些问题：当设计一款游戏作品时，需要仔细考虑游戏状态保存和加载的时机和方式。

例如，在早期第一人称射击游戏中，所有敌方角色均位于游戏场景的固定位置处。一种常见的策略是，玩家保存游戏后进入房间，以查看敌方角色的位置（这一冒险行为可能导致玩家即刻被击毙）。随后，玩家将加载保存后的游戏，此时已获取与敌人位置相关的信息，并借助这一信息消灭敌方角色。因此，这使得游戏难度大大降低，而这并非设计者最初的意图。通过修改游戏的保存和加载机制，可部分地解决这一问题。例如，一些游戏仅可在特定的保存点处保存游戏。对此，某些游戏甚至会加大玩家抵达保存点过程中的难度。但是，如果玩家反复失败，那么，游戏体验感也会随之降低。一些游戏采取了以下设计思路：玩家不存在真正意义上的失败，因而不必返回至保存点，但其设计难度也较大。

因此，应仔细考察游戏的保存机制。例如游戏的保存时机、保存次数、实现方式、载入方式、游戏内容是否值得保存和加载。这一类决策将对游戏体验和玩家的满意度产生重大影响。

19.6　本　章　小　结

本章主要涉及以下内容：

❑　如何从文本文件中读取数据，进而创建基于贴图的游戏场景。

❑　如何使用 switch 语句处理不同的情形。

❑　如何利用用户默认项获取和存储关卡状态数据。

第 20 章　游戏对象间的交互

本章将讨论 Penguin Pairs 游戏中企鹅对象的运动方式,以及与其他游戏对象间的碰撞行为,例如鲨鱼和其他企鹅对象。

20.1　定义运算符

由于需要处理移动和碰撞的企鹅对象,因此需要执行大量与二维点和向量(定义为 CGPoint)相关的计算。例如,在 LevelState 类中,下列代码负责 Quit 按钮的定位计算:

```
quitButton.position = GameScreen.instance.topRight
quitButton.position.x -= quitButton.center.x + 10
quitButton.position.y -= quitButton.center.y + 10
```

而下列代码则大大简化了计算过程:

```
quitButton.position = GameScreen.instance.topRight -
  quitButton.center - CGPoint(x: 10, y: 10)
```

但 Swift 中并未定义两个 CGPoint 实例间的减法运算符。对此,可通过一个函数定义减法运算符,如下所示:

```
func - (left: CGPoint, right: CGPoint) -> CGPoint {
return CGPoint(x: left.x - right.x, y: left.y - right.y)
}
```

其中,减号运算符定义了一个新的 CGPoint 实例并将其返回。由于定义了这样的一个函数,因而可在 CGPoint 实例间执行减法运算,这一过程十分简单。除此之外,还可定义其他运算符,例如==运算符,用于比较两个 CGPoint 实例,并在二者表示同一点时返回 true,如下所示:

```
func == (left: CGPoint, right: CGPoint) -> Bool {
return (left.x == right.x) && (left.y == right.y)
}
```

在 Math.swift 文件中，定义了大量的此类运算符，以简化基于 CGPoint 实例的计算过程。

20.2　企鹅对象的选取操作

在移动企鹅对象之前，应能够对该对象执行选取操作。当单击某个动物对象时，例如企鹅或海豹，应显示 4 个方向上的箭头，并以此控制动物对象的移动方向。当显示箭头并处理输入时，可定义一个 AnimalSelector 逻辑。动物对象选取器包含 4 个箭头，并继承自 SKNode 类。当单击企鹅对象时，将出现动物对象选取器，其中，4 个箭头分别指向不同的方向，如图 20.1 所示。

图 20.1　单击企鹅对象后，围绕该对象显示的动物选取器箭头

这里，每个箭头表示为 Button 类实例。AnimalSelector 类接收一个 spacing 参数，用于控制每个箭头与所选动物对象位置间的距离。对于 spacing 参数，如果所选值为 75，那么，每个箭头可在网格上实现较好的布局——此处，网格单元的宽度和高度均为 75 个点。

由于选取器可控制特定的动物对象，因而还需要记录所控制的具体对象。因此，可向 AnimalSelector 类中添加一个 selectedAnimal 属性，其中包含了指向目标动物对象的引用。在初始化器中，可根据间距值定位 4 个箭头。初始状态下，可假定不存在任何动物对象被选取，因而动物选取器处于隐藏状态。完整的 AnimalSelector 初始化器如下所示：

```
init(spacing: Int) {
 super.init()
 arrowRight.position = CGPoint(x: spacing, y: 0)
 arrowUp.position = CGPoint(x: 0, y: spacing)
 arrowLeft.position = CGPoint(x: -spacing, y: 0)
 arrowDown.position = CGPoint(x: 0, y: -spacing)
 self.addChild(arrowRight)
 self.addChild(arrowUp)
 self.addChild(arrowLeft)
 self.addChild(arrowDown)
 self.hidden = true
}
```

在 handleInput 方法中，首先判断选取器是否处于可见状态。若否，则无须处理输入内容，如下所示：

```
if hidden {
return
}
```

随后，可检测是否单击了某个箭头。若是，则计算动物对象的速度，如下所示：

```
super.handleInput(inputHelper)
var animalVelocity = CGPoint.zeroPoint
if arrowRight.tapped {
animalVelocity.x = 1
} else if arrowLeft.tapped {
animalVelocity.x = -1
} else if arrowUp.tapped {
animalVelocity.y = 1
} else if arrowDown.tapped {
```

```
animalVelocity.y = -1
}
animalVelocity *= 500
```

这里需要注意自定义运算符的使用，以及针对点和常量间乘法运算的定义方式。当动物对象的速度计算完毕后，可将其赋予所选动物对象的 velocity 属性，如下所示：

```
selectedAnimal?.velocity = animalVelocity
```

最后，如果单击位置未处于所选动物对象范围内（例如单击其他企鹅对象，或者屏幕的其他位置），则需要再次隐藏对象选取器，并将 selectedAnimal 属性设置为 nil，如下所示：

```
if inputHelper.hasTapped
  && !inputHelper.containsTap(selectedAnimal!.box) {
    self.hidden = true
    selectedAnimal = nil
}
```

在 Animal 类的 handleInput 方法中，需要处理动物对象的单击操作。然而，也存在一些场合无须处理此类情况，其中包括：

❑ 动物对象未处于活动状态。

❑ 动物对象位于冰山的洞穴中。

❑ 动物对象为鲨鱼。

❑ 动物对象处于运动状态。

在上述情况下，无须执行任何操作，仅从方法中返回即可，如下所示：

```
if hidden || boxed || isShark || velocity != CGPoint.zeroPoint {
return
}
```

如果玩家并未单击动物对象，也可从方法中返回。因此，可添加下列 if 命令对此予以确认：

```
if !inputHelper.containsTap(box) {
return
}
```

　　一旦了解到玩家单击了动物对象，应将动物对象选取器赋予其中。首先是获取动物对象选取器，如下所示：

```
if let animalSelector = childNodeWithName("//animalSelector") as?
AnimalSelector {
// do something
}
```

　　传递至 childNodeWithName 方法中的表达式由正则表达式构成，并通知该方法搜索整棵树，以及动物对象选取器的名称。一旦获得了动物对象选取器，即可使该选取器处于可见状态，设置其位置，并作为选取器的目标对象赋予该动物对象中。但是，仅在玩家未单击动物选取器，或者选取器处于隐藏状态时方可执行该项操作。如果玩家单击了选取器，那么，首先需要处理这一单击行为，因而不可将当前选取器移至另一个动物对象中。对应代码如下所示：

```
if !inputHelper.containsTap(animalSelector.box) ||
  animalSelector.hidden {
    animalSelector.position = self.position
    animalSelector.hidden = false
    animalSelector.selectedAnimal = self
}
```

　　不难发现，某些时候，正确地处理用户输入问题将会十分复杂，期间需考虑到各种可能的情况，并采取相应的方式处理输入内容。否则，游戏将会产生 bug 并导致程序崩溃；或者使得某些玩家出现作弊行为（特别是在多玩家在线游戏中，情况将变得更加糟糕）。

　　上述指令可使玩家随意选择动物对象，并通知对象以特定方向移动。目前，还需要进一步处理动物对象、游戏区域以及其他游戏对象。

20.3　更新动物对象

　　动物对象和其他游戏对象间的交互行为可通过 Animal 类中的 updateDelta 方法实现。在 Animal 类中执行此类工作的主要原因在于，每个动物对象处理自身的交互行为。若向游戏中添加了多个动物对象，则无须在交互处理代码中修改相关内容。默认条件下，将调用超类中的 updateDelta 方法。虽然从技术上讲并无此必要，但这可视作一种较好的设计理念。如果后续操作决定向 Animal 节点中加入其他节点，可避免潜在的更新 bug。随后，通过加上速度与时间的乘积值（使用新的 CGPoint 扩展），可计算动物对象的最新位置。当然，如果动物对象不可见，或者其速度为 0，则无须执行任何操作。因此，updateDelta 方法中的第一条指令如下所示：

```
super.updateDelta(delta)
position += velocity * CGFloat(delta)
if hidden || velocity == CGPoint.zeroPoint {
return
}
```

下面将检测动物对象与其他游戏对象间的碰撞行为。鉴于这一判断操作在 updateDelta 方法的开始处执行，因而只需针对可见、处于运动状态的动物对象执行该操作。

如果动物对象处于运动状态，那么需要了解即将到达的贴图。接下来，可检测贴图类型，以及其他游戏对象是否处于该贴图中。对此，可向 Animal 类中添加 currentBlock 属性。为了计算动物对象所移至的贴图，可计算包围该对象的盒体边界。如果对象左移，则需计算左边界；若对象下移，则需要计算下边界。完整的 currentBlock 属性如下所示：

```
var currentBlock: (Int, Int) {
  get {
    var p = CGPoint()
    if let tileField = childNodeWithName("//tileField") as? TileField {
      var edgepos = position
      if velocity.x > 0 {
        edgepos.x += CGFloat(tileField.layout.cellWidth) / 2
      } else if velocity.x < 0 {
        edgepos.x -= CGFloat(tileField.layout.cellWidth) / 2
      } else if velocity.y > 0 {
        edgepos.y += CGFloat(tileField.layout.cellHeight) / 2
      } else if velocity.y < 0 {
        edgepos.y -= CGFloat(tileField.layout.cellHeight) / 2
      }
      return tileField.layout.gridLocation(edgepos)
    }
```

```
      return (-1, -1)
  }
}
```

下一步是计算动物对象所移至的贴图类型。对此，可使用 TileField 类中的 getTileType 方法。对于既定的贴图位置，该方法将获得贴图类型。完整的方法实现如下所示：

```
func getTileType(col: Int, row: Int) -> TileType {
  if let obj = layout.at(col, row: row) as? Tile {
      return obj.type
  }
  return .Background
}
```

下面返回至 Animal 类中的 updateDelta 方法，并检测动物对象是否落入贴图区域外侧。若是，则隐藏该动物对象，并将其速度设置为 0，以确保处于隐藏状态时，该对象不会无限制地处于运动状态，如下所示：

```
let tileField = childNodeWithName("//tileField") as! TileField
let (targetcol, targetrow) = currentBlock

if tileField.getTileType(targetcol, row: targetrow) == .Background {
  self.hidden = true
  self.velocity = CGPoint.zeroPoint
}
```

另一种可能是，动物对象进入 Wall 贴图中。针对这种情况，则需要停止运动，如下所示：

```
else if tileField.getTileType(targetcol, row: targetrow) == .Wall {
    self.stopMoving()
}
```

停止运动并非想象中的那样简单。相应地，可简单地将动物对象的速度设置为 0，但随后该对象将部分位于另一个贴图中。对此，需要将对象置于移出的贴图中。stopMoving 方法实现了相关操作。在该方法中，首先需要计算原贴图位置。这里，可计算动物对象当前移入的贴图的 x 和 y 索引，这些数据均作为参数被传递。例如，如果动物对象的速度表示为向量(500, 0)，即向右侧运动，则需要从 x 索引中减 1，从而得到该对象移出的贴图的 x 索引。如果对象的速度为(0, -500)，即上移，则需要将 y 索引加 1，以得到该对象移出的贴图的 y 索引。此类计算可通过标准化速度向量，并从 x 和 y 索引中减去它来完成，其原因在于，向量的标准化计算将得到长度为 1 的向量（即单位向量）。由于动物对象仅可在 x 或 y 方向上运动，且不包含对角方向，那么，在第一个示例中，向量最终为(1, 0)；而在第二个示例中，向量则表示为(0, -1)。因此，可将动物对象的位置设置为移出贴图的位置，如下所示：

```
let tileField = childNodeWithName("//tileField") as! TileField
velocity = CGPoint.normalize(velocity)
let (currcol, currrow) = currentBlock
position = tileField.layout.toPosition(currcol - Int(velocity.x),
    row: currrow - Int(velocity.y))
```

最后，还需要将动物对象的速度设置为 0，以使其位于最新的位置处，如下所示：

```
velocity = CGPoint.zeroPoint
```

20.4　与其他游戏对象间的碰撞

另外，还需要检测动物对象与其他游戏对象间的碰撞问题，例如另一只企鹅或者是鲨鱼。当前游戏中存在一些特定的动物类型，其中包括：

❑　　多种颜色的企鹅。

❑　　空盒体。

❑　　海豹。

❑　　鲨鱼。

针对于此，可向 Animal 类中定义一些方法，并判断是否正在处理上述情形。例如，如果类型为 s，则表示当前正在处理海豹对象，如下所示：

```
var isSeal: Bool {
  get {
    return type == "s" && !boxed
  }
}
```

如果类型为@，则表示正在处理空盒体，如下所示：

```
var isEmptyBox: Bool {
  get {
     return type == "@" && boxed
  }
}
```

Animal 类中还包含了其他一些属性，可帮助构建某种动物对象类型。下面考察
PenguinPairs5 示例程序。

首先，需要检测当前动物对象移入的贴图中是否存在另一个动物对象。对于该操作，
可获取当前关卡，利用 LevelState 类中的 findAnimalAtPosition 方法判断是否存在另一个
动物对象，如下所示：

```
let lvl = GameStateManager.instance.currentGameState as? LevelState
if let a = lvl?.findAnimalAtPosition(targetcol, row: targetrow) {
    // handle the animal interaction
}
```

findAnimalAtPosition 方法的定义较为直观。首先，如果其他动物处于不可见状态，
那么，无须执行任何操作，仅从该方法中返回即可，如下所示：

```
if a.hidden {
    return
}
```

第一个需要处理的问题是，如果企鹅对象与海豹产生碰撞，企鹅对象无须执行相关
操作，仅需终止运动即可，如下所示：

```
if a.isSeal {
    stopMoving()
}
```

下一步是判断是否与空盒体碰撞。若是，则使处于运动状态的对象处于不可见状态，
并在盒体内部移动该对象——将空盒体的类型修改为处于运动状态的、动物对象的 Box
版本，并通过该对象的类型字符的大写形式表示，如下所示：

```
else if a.isEmptyBox {
```

```
    self.hidden = true
    a.changeTypeTo(self.type.uppercaseString)
}
```

changeTypeTo 方法则是一类帮助方法，可修改动物对象的类型，并相应地更新纹理。完整的方法定义与类的初始化器代码十分类似，如下所示：

```
func changeTypeTo(type: String) {
    boxed = type.uppercaseString == type
    var spriteName = "spr_animal_\(type)"
    if boxed && type != "@" {
        spriteName = "spr_animal_boxed_\(type.lowercaseString)"
    }
    texture = SKTexture(imageNamed: spriteName)
    self.type = type
}
```

如果动物对象类型彼此间相同，或者某个对象为包含多种颜色的企鹅对象，那么，即可得到有效的企鹅对，同时使二者均处于不可见状态，如下所示：

```
else if type.lowercaseString == a.type.lowercaseString ||
    self.isMulticolor || a.isMulticolor {
        a.hidden = true
        self.hidden = true
}
```

另外，还需要在屏幕左上方显示额外的企鹅对，20.5 节将对此进行处理。

如果企鹅对象遇到鲨鱼，企鹅将被吞噬掉，且鲨鱼将继续停留于游戏区域内。在当前游戏中，这意味着，企鹅对象将停止运动；同时，鲨鱼和企鹅将变为不可见。下列代码实现了这一功能：

```
else if a.isShark {
    a.hidden = true
    self.hidden = true
    stopMoving()
}
```

对于其他情况，企鹅对象仅是简单地终止运动，如下所示：

```
else {
self.stopMoving()
}
```

20.5　维护配对的数量

为了有效地维护配对数量，并将其绘制于屏幕上，需要在游戏中定义一个 PairList 类。PairList 类继承自 SKNode 类。相应地，配对列表绘制于屏幕上方，并在 LevelState 构造函数中添加至关卡中，如下所示：

```
let goalFrame = SKSpriteNode(imageNamed: "spr_frame_goal")
goalFrame.zPosition = Layer.Overlay
goalFrame.position = GameScreen.instance.topLeft + CGPoint(x: 10 +
goalFrame.center.x, y: -40)
self.addChild(goalFrame)
```

其中，配对列表显示了一行精灵对象，同时表明了所需的数量和完整的配对结果。考虑到需要显示每组配对的颜色，因而应将此类信息作为字符串值存储于数组中，每个字符串表示为配对类型。该数组定义为 PairList 类中的一个属性，如下所示：

```
var colors: [String] = []
```

对此，可向 PairList 类的初始化器传递一个参数，即 nrPairs，进而设置数组的尺寸。随后，填充数组并将其中的每个数据元素设置为空（即 spr_pairs_e），如下所示：

```
for var i = 0; i < nrPairs; i++ {
  let pairSprite = SKSpriteNode(imageNamed: "spr_pairs_e")
  pairSprite.position = CGPoint(x: CGFloat(i) *
    (pairSprite.size.width + 5), y: 0)
  self.addChild(pairSprite)
  colors.append("e")
}
```

另外，还需要向该类添加一个 addPair 方法，随后在数组中搜索首次出现的空对（类型为 e），并通过作为参数传递的配对类型予以替换，如下所示：

```
func addPair(color : String) {
  for var i = 0; i < colors.count; i++ {
    if colors[i] == "e" {
      let sprite = children[i] as! SKSpriteNode
      sprite.texture = SKTexture(imageNamed: "spr_pairs_\(color)")
      colors[i] = color
      return
    }
  }
}
```

上述示例使用了 for 循环，递增 i 值，直至得到一个空项（即 colors 数组中的数据元素等于 e）。

相应地，可定义一个属性并检测玩家是否通关。如果配对颜色列表不再含有 e 类型数据项（也就是说，所有的空项均被配对所替换），则关卡可视为已通关。

```
var completed: Bool {
  get {
    for color in colors {
      if color == "e" {
        return false
      }
    }
    return true
  }
}
```

鉴于 PairList 类定义完毕，因而可在 LevelState 类中生成该类的实例，将其添加至游戏场景中，并在屏幕左上方定位，如下所示：

```
let pairList = PairList(nrPairs: nrPairs)
pairList.name = "pairList"
```

```
pairList.zPosition = Layer.Overlay1
pairList.position = GameScreen.instance.topLeft + CGPoint(x: 130, y: -40)
self.addChild(pairList)
```

在 Animal 类中，如果动物对象遇到具有相同颜色的另一只企鹅，或者两个动物对象中的一个包含多种颜色，那么，可将配对添加至列表中，如下所示：

```
else if type.lowercaseString == a.type.lowercaseString ||
  self.isMulticolor || a.isMulticolor {
    a.hidden = true
    self.hidden = true
    let pairList = childNodeWithName("//pairList") as! PairList
    pairList.addPair(type)
}
```

读者可参考本章 PenguinPairs5 示例程序中的完整内容。图 20.2 显示了对应的关卡截图，其中产生了 5 组企鹅对。第 21 章将向 Penguin Pairs 游戏添加最终的触摸操作，例如通关后显示相应的覆盖图，或者显示提示箭头。

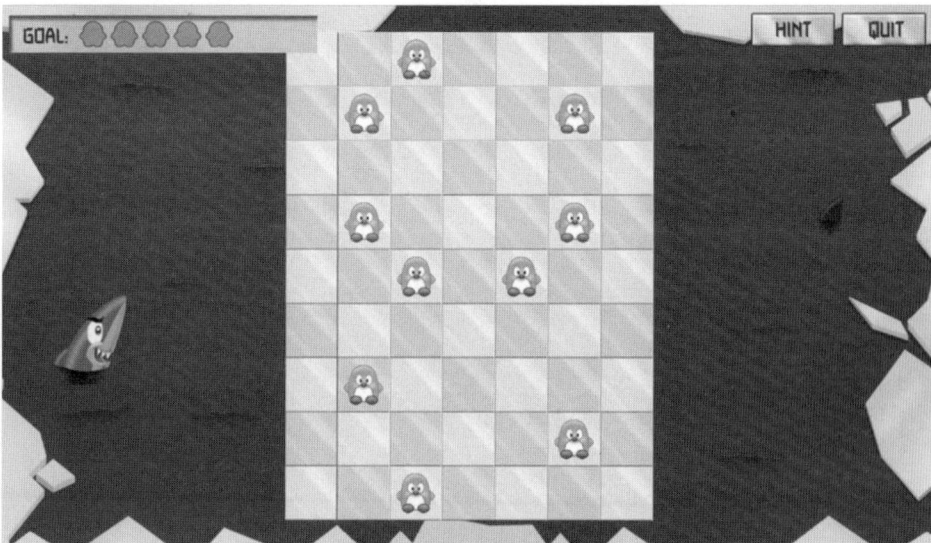

图 20.2　Penguin Pairs 游戏中的关卡，其任务是生成配对的企鹅对象

20.6　本　章　小　结

本章主要涉及以下内容:

- ❏　针对诸如 CGPoint 类型,如何定义运算符。
- ❏　如何对游戏对象选取器编程。
- ❏　如何对不同类型游戏对象的交互行为进行建模。
- ❏　如何维护配对数量。

第 21 章 完成 Penguin Pairs 游戏

本章首先完成用户界面的操作，即加入提示箭头和欢迎画面。当首次启动关卡时，欢迎画面将显示若干秒。随后，本章还将介绍关卡的重置和切换操作。最后，游戏中还将添加声音效果。

21.1 显示提示信息

本节将向游戏中添加多项特性，以最终完善 Penguin Pairs 游戏。首先，当用户单击按钮时，应显示相关提示信息。这里，提示信息体现为箭头图标，并在屏幕上短暂显示。当在 LevelState 初始化器中加载关卡时，需要从文本文件中读取提示信息的位置和方向。接下来，将生成一个 SKSpriteNode 实例，并将正确的精灵对象赋予其中，同时根据文本文件中的信息进行定位，如下所示：

```
let hintx = hintArr[0].toInt()!, hinty = hintArr[1].toInt()!
hint = SKSpriteNode(imageNamed: "spr_arrow_hint_\(hintArr[2])")
hint.zPosition = Layer.Scene2
hint.position = tileField.layout.toPosition(hintx, row: hinty)
hint.hidden = true
self.addChild(hint)
```

初始状态下，提示箭头处于隐藏状态。当玩家单击 Hint 按钮时，为了暂时显示箭头图标，可创建一个作为属性存储的动作，如下所示：

```
let hintVisibleAction = SKAction.sequence([SKAction.unhide(),
SKAction.waitForDuration(1), SKAction.hide()])
```

最后，还应扩展 LevelState 的 handleInput 方法，以处理单击后的 Hint 按钮，如下所示：

```
if hintButton.tapped {
```

```
hint.runAction(hintVisibleAction)
}
```

Hint 按钮仅在处于可见状态下时方可执行单击操作，但某些场合下，情况则有所不同，其中包括：

❑ 在玩家完成首次移动后，Hint 按钮应消失并显示 Retry 按钮。

❑ 如果玩家选择了在 Options 菜单中禁用提示信息，那么，Hint 按钮将处于不可见状态。

针对第一种情况，需要记录首次移动的时刻，因而可向 LevelState 中添加一个 firstMoveMade 附加属性。当向动物对象设置速度时，可在 AnimalSelector 类中完成该项操作。当玩家单击箭头，同时动物对象处于运动状态时，可调用 LevelState 类中的 applyFirstMoveMade 方法，如下所示：

```
let lvl = GameStateManager.instance.currentGameState as? LevelState
if animalVelocity != CGPoint.zeroPoint {
lvl?.applyFirstMoveMade()
}
```

applyFirstMoveMade 方法可隐藏 Hint 按钮，并显示 Retry 按钮，同时将 firstMoveMade 属性设置为 true，如下所示：

```
func applyFirstMoveMade() {
  self.hintButton.hidden = true
  self.retryButton.hidden = false
  firstMoveMade = true
}
```

在 LevelState 类的 updateDelta 方法中，如果玩家尚未产生首次移动行为，应确保仅改变 Hint 和 Retry 按钮的可见性，如下所示：

```
if !firstMoveMade {
  self.hintButton.hidden = !DefaultsManager.instance.hints
  self.retryButton.hidden = DefaultsManager.instance.hints
}
```

在上述 if 语句的两行代码中，仅当 DefaultsManager.instance.hints 为 false 时，Hint 按钮方处于隐藏状态；而 Retry 按钮的 hidden 状态总是与 Hint 按钮的 hidden 状态相反。

因此，如果 Hint 按钮处于可见状态，那么，Retry 按钮则不可见，反之亦然。图 21.1 显示了实际操作过程中提示按钮的状态。

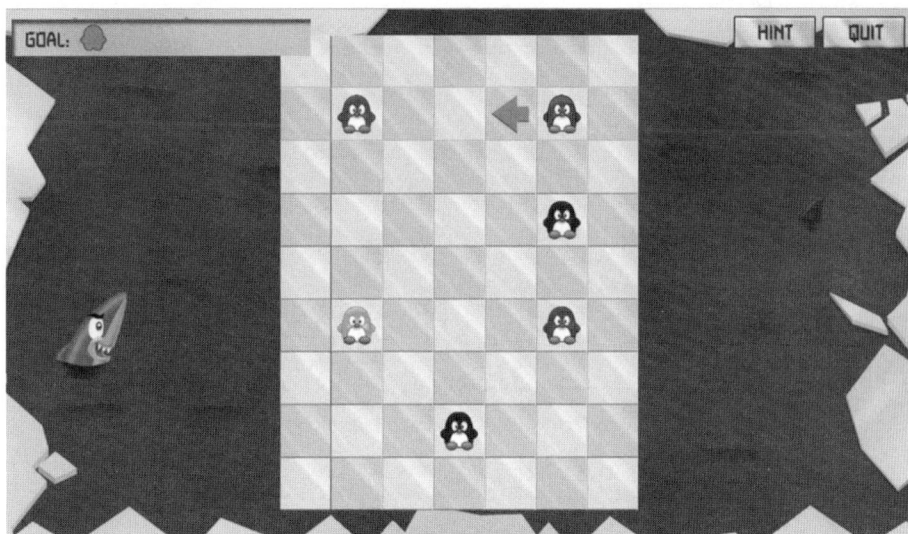

图 21.1　提示箭头显示了玩家的首次移动

21.2　显示帮助对话框

当玩家体验新的关卡时，一种有效的做法是向其显示一些有效信息。本节将使用自定义字体显示帮助文本。采用与 Tut's Tomb 游戏中相同的操作（详细内容可参考第 16 章），可将自定义字体载入项目中。首先可在 LevelState 初始化器中添加帮助对话框，如下所示：

```
helpFrame.position = CGPoint(x: 0, y: GameScreen.instance.bottom +
helpFrame.center.y + 10)
helpFrame.zPosition = Layer.Overlay
self.addChild(helpFrame)
```

帮助对话框定位于屏幕的中下方。在其上方，则显示一个义本标记，如下所示：

```
let textLabel = SKLabelNode(fontNamed: "Autodestruct BB")
```

```
textLabel.fontColor = UIColor(red: 0, green: 0, blue: 0.4, alpha: 1)
textLabel.fontSize = 24
textLabel.text = help
textLabel.horizontalAlignmentMode = .Center
textLabel.verticalAlignmentMode = .Center
textLabel.zPosition = 1
helpFrame.addChild(textLabel)
```

文本标记表示为帮助对话框的子类。为了确保文本标记显示于帮助对话框上方，可将其设置在（相对）z 位置值 1 处。当关卡重置时，可添加一个动作并显示帮助对话框 5 秒，如下所示：

```
helpFrame.runAction(SKAction.sequence([SKAction.unhide(),
SKAction.waitForDuration(5), SKAction.hide()]))
```

当考察本章 PenguinPairsFinal 示例程序时，读者将会发现，整个游戏均使用了相同的自定义字体，并在关卡按钮上显示关卡索引，如图 21.2 所示。不难发现，采用自定义字体使得游戏外观看起来更加专业。

图 21.2　使用自定义字体的关卡菜单

21.3　重　置　关　卡

有时，在玩家移动了多个动物对象后，关卡有可能无法正常顺利通关。对此，不必退出并重启游戏，而是将关卡重置为初始状态。

在游戏对象类中，一般均定义了 reset 方法实现，而将关卡重置为初始状态并不复杂。对此，可在所有的游戏对象中调用 reset 方法，随后可在 LevelState 类自身中处理重置操作。这里唯一需要注意的是，需要将 firstMoveMade 属性设置为 false，以使玩家可再次看到提示信息，并运行帮助对话框，如下所示：

```
override func reset() {
  super.reset()
  firstMoveMade = false
  helpFrame.runAction(SKAction.sequence([SKAction.unhide(),
      SKAction.waitForDuration(5), SKAction.hide()]))
}
```

注意：

Penguin Pairs 游戏存在多种扩展方式。例如，是否可编写相关代码以判断关卡是否可顺利通过？若是，可向用户显示相关消息进而扩展游戏。关于改进方式，读者可发挥自己的想象力，并可尝试对现有的程序示例进行修改和完善。

21.4　切换至下一个关卡

当玩家通关后，应显示如图 21.3 所示的祝贺画面。当玩家单击该画面时，应显示下一个关卡。作为一个属性，此类画面将被添加至 LevelState 类中，且初始状态下可在其初始化器中设置为隐藏状态，如下所示：

```
var levelFinishedOverlay = SKSpriteNode(imageNamed:
  "spr_level_finished")
```

图 21.3　关卡结束后向玩家显示的画面

在 LevelState 类的 updateDelta 方法中，可检测配对列表是否完备。若是，则显示关卡结束画面，并播放相应的音效，如下所示：

```
if levelFinishedOverlay.hidden && pairList.completed {
  levelFinishedOverlay.hidden = false
  wonSound.play()
}
```

在 LevelState 类的 handleInput 方法中，需要判断玩家是否仍处于游戏中；或者玩家已经顺利通关。对于后者，还需要检测玩家是否单击屏幕。若是，则移至下一个关卡。切换至另一个关卡并不复杂，但会涉及通过 DefaultManager 类更新每个关卡的状态，获得下一个关卡并于随后切换至该状态。完整的代码如下所示：

```
if !levelFinishedOverlay.hidden {
  if !inputHelper.containsTap(levelFinishedOverlay.box) {
    return
  }
  self.reset()
  DefaultsManager.instance.setLevelStatus(self.levelNr, status:
"solved")
```

```
    if GameStateManager.instance.has("level\(levelNr+1)") {
      if    DefaultsManager.instance.getLevelStatus(self.levelNr+1)    ==
"locked"
      {
          DefaultsManager.instance.setLevelStatus(self.levelNr+1, status:
"unsolved")
      }
      GameStateManager.instance.switchTo("level\(levelNr+1)")
      GameStateManager.instance.reset()
    } else {
      GameStateManager.instance.switchTo("level")
    }
}
```

读者可参考 PenguinPairsFinal 示例程序，并查看完整的 LevelState 类定义。

教　程

　　读者可能已经注意到，企鹅配对游戏的前几个关卡更像是一个训练教程，并解释了游戏的操作规则。当打造一款游戏时，玩家必须学习如何体验该游戏作品。如果玩家并不清楚挑战内容和最终目标，以及如何控制游戏，那么，这款游戏将很难引起人们的兴趣。

　　一些游戏提供了大量的帮助文件和丰富的文本内容解释故事内容和操控方式。但玩家一般并不会阅读此类文档，他们只想直接感受游戏。因此，只能在玩家体验游戏的过程中向其提供帮助信息。

　　另外，可以创建一些较为特殊的教程关卡，玩家可以在其中练习如何操控游戏，而不影响游戏本身的进展。这种方法很受休闲游戏玩家的欢迎；而经验丰富的玩家则更喜欢立即投入到行动中去。需要注意的是，不应在教程中提供所有的内容，只需解释基本的操作规则即可。相应地，可在游戏过程中提示更为高级的控制方式，且该机制往往不可或缺。例如，可使用简单的弹出消息，或者在 HUD 的可见位置予以显示。

　　当玩家开始自然地融入游戏过程当中时，也是游戏教程发挥其功效的最佳时机。例如，游戏角色在开始时可以在所居住的小镇中安全地走动，并学习基本的运动控制；随后，角色可与朋友们练习格斗。接下来，玩家将步入森林中，并利用弓箭射击飞鸟。所有这些都会向玩家提供相应的实战经验。

　　最后，还应确保关卡教程应发挥其自身的功效，并让玩家确实记住相关操控方式。否则，玩家很可能再也不会回到游戏中来。

21.5 加 入 音 效

考虑到游戏的完备性，还应在正确的场合中加入音效和音乐。如前所述，一种选择方案是在 Options 菜单中调整背景音量，对应代码如下所示：

```
backgroundMusic.volume = Float(musicSlider.value)
```

OptionMenuState 类中定义了 backgroundMusic 属性以及下列代码可供播放音乐使用：

```
backgroundMusic.looping = true
backgroundMusic.play()
```

同样，还可在适当时候播放音效，该操作已在 Tut's Tomb 和 Painter games 游戏中有所解释。例如，当一组企鹅对象配对后，即可播放某种音效（参见 Animal 类中的 updateDelta 方法），如下所示：

```
pairSound.play()
```

当考察本章 PenguinPairsFinal 示例程序时，即可查看到完整的游戏工作方式，以及音效的播放场所。当前，这一过程需要读者自己亲自体验游戏。

团 队 工 作

第一代游戏由程序员一手打造，他们包办了全部工作，包括游戏机制设计、艺术效果（仅由若干个像素构成），并采用汇编语言进行编程。期间，全部工作均集中于程序设计方面。相应地，游戏机制常受限于编程效率。

随着内存设备的不断普及，情况慢慢地发生了变化。利用有限数量的像素和色彩构建对象已成为一种艺术形式，像素艺术家在游戏开发过程中扮演了重要的角色。但是，早期并不存在相应的绘制程序（计算机设备无法满足这一要求）。相应地，像素角色首先在纸面上进行设计，随后被转换为十六进制数字，并置于游戏代码中。

随着计算机功能和存储媒介技术的不断发展，艺术内容变得越来越重要。因此，业界涌现出了大量的设计人员。当今，3D 图形和动画变得十分常见，专业人士也在不断地尝试最新的工具和技术以完善游戏作品。设计人员也在游戏制作团队中占据了很大的比例。

在某种程度上，游戏设计也变为一项独立的工作。游戏机制往往根据游戏人群的兴趣点进行调整，越来越多地借鉴了心理学和教育科学，并涉及独立的专业知识。另外，在游戏作品中，故事情节也起着至关重要的作用，这也是编剧的用武之地。因此，团队人员涵盖了制作人、录音师、作曲家以及其他角色。时至今日，顶级的游戏团队可以由数百人组成。尽管如此，如果没有程序员的参与，一切均为纸上谈兵。

21.6　其他注意事项

截止到目前，与之前的 Tut's Tomb 游戏相比，读者所创建的游戏已具备了一定的复杂度。读者也许已经意识到，多个类已变得十分庞大，而且越来越依赖于特定的设计方案。例如，网格中的游戏对象定位和处理游戏状态时类的使用。在较为基础的层面上，可假设游戏对象仅负责处理输入及其自身的更新问题。当然，读者也可能并不同意这一说法。在阅读完本书后，关于游戏软件的设计方式，读者也会形成自己的观点，这也是我们期待的结果，本书所提供的方案并非唯一方法。设计过程通常会不断地予以评估和改进，甚至会抛弃最初的方案，并采用全新设计。在问题的处理过程中，通过尝试不同的方案，读者可更好地理解问题的本质，同时有望成为一名更加优秀的软件开发人员。

21.7　本 章 小 结

本章主要涉及以下内容：
- 如何在屏幕上显示提示箭头和帮助对话框。
- 如何将关卡重置为初始状态，并切换至下一个关卡。

第 5 部分　Tick Tick 游戏

前述章节介绍了如何构建不同类型的游戏。本部分内容将利用动画角色、物理学以及不同的关卡打造一款平台游戏，该游戏名为 Tick Tick，如图 V.1 所示。游戏的故事情节围绕一颗即将爆炸的炸弹进行，这一过程仅存在几秒。期间，游戏中的每个关卡已在炸弹爆炸之前通过。如果玩家采集了全部水滴并按时到达终点，则视为顺利通关。

图 V.1　Tick Tick 游戏

该平台游戏涵盖了大量的基本元素，对应元素在其他游戏中也较为常见，其中包括：

❑　玩家可体验不同的关卡。
❑　关卡从独立的文件中加载，玩家不必了解游戏代码的工作方式即可对其进行调整。
❑　对于玩家和敌方角色而言，游戏应支持动画角色。
❑　玩家可控制玩家角色的动作，例如跑动和跳跃。

其中，读者可复用之前定义的诸多类数据，本章后续内容将对此予以逐一考察。如果读者希望先期体验 Tick Tick 游戏的最终版本，可尝试运行第 27 章中的示例程序。

第22章 主要的游戏结构

本章将展示 Tick Tick 游戏的框架。在之前的游戏作品的基础上，读者可使用多个现有类。这意味着，对于处理游戏状态和设置游戏对象的层次结构等已存在基本的设计方案。需要注意的是，Tick Tick 游戏并不适用于小型设备，例如早期的 iPhone 以及 iPhone 6 Plus（需要配置 3x 分辨率的图像）。如果在较早的设备上运行该游戏，游戏场景的大部分内容将被剪裁；而在 iPhone 6 Plus 上，该游戏虽然可以运行，但会在边界处显示黑边。

22.1 游戏结构概述

Tick Tick 游戏的结构类似于 Penguin Pairs。其中，标题画面使得玩家可访问关卡选择菜单或者帮助页面，如图 22.1 所示。出于简单考虑，此处无须实现选项页面。考虑到菜单结构间彼此相似，因而本章不打算对此加以讨论，相关内容可查看本章的 TickTick1 示例程序。

图 22.1 Tick Tick 游戏截图

相应地，LevelState 用于表示关卡，并维护关卡状态（锁定/解锁/通关），这也与游戏 Penguin Pairs 十分类似。同样，每个关卡也采用了 Penguin Pairs 游戏中基于贴图的游戏场景。

22.2 关 卡 结 构

下面讨论什么样的内容可用于 Tick Tick 游戏的关卡中。首先是背景图像。目前，游戏中仅显示了简单的背景精灵对象，且无须在关卡数据变量中存储与此相关的信息。除此之外，游戏中添加了玩家跳跃的单元格、水滴、敌方角色、玩家的开始位置，以及到达的最终位置等较新的内容。类似于 Penguin Pairs 游戏，关卡信息也可存储为一个文本文件，并在游戏启动时读取该文件。

游戏中通过贴图定义关卡，其中，每个贴图包含了特定类型（壁面、背景等）。随后，可通过文本文件中的字符表示各贴图。正如 Penguin Pairs 中的实现方式，这里根据游戏区域二维空间将关卡布局为文本内容。接下来是实际的贴图，可将提示信息连同关卡定义一并存储。下列内容显示了文本文件中的关卡定义：

```
Pick up all the water drops and reach the exit in time.
20 15
60
.....................
.....................X..
...............##########
.....................
WWW....WWWW..........
---....####..........
.....................
WWW.................
###.........WWWWW...
............#####...
...WWW.............
....###.............
.....................
.1.......W.W.W.W.W.
####################
```

上述关卡定义用于确定贴图和对象的数量。例如，墙壁贴图通过"#"符号定义；水滴通过"W"定义；玩家的起始位置则通过字符"1"定义。如果特定位置不存在贴图，则使用"."字符。对于平台游戏来讲，需要使用到不同的贴图类型。例如，玩家可站立于其上或产生碰撞的壁面贴图，以及背景/透明贴图（表示对应位置处不存在图块）。相关贴图均定义了一个属性，并以此表明玩家可站立于其上，例如壁面贴图；如果玩家位于其下方，则可自下而上跳跃。此类贴图常见于大多数平台游戏中。在文本文件中，平台贴图表示为"-"字符。表 22.1 显示了 Tick Tick 游戏中不同的贴图类型。

表 22.1　Tick Tick 游戏中不同的贴图类型

字　符	贴 图 描 述
.	背景贴图
#	壁面贴图
∧	壁面贴图（热）
*	壁面贴图（冷）
-	平台贴图
+	平台贴图（热）
@	平台贴图（冷）
X	终点贴图
W	水滴
1	起始贴图（玩家初始位置）
R	火箭（敌方角色，左向运动）
R	火箭（敌方角色，右向运动）
S	炸药（敌方角色）
T	乌龟（敌方角色）
A	火焰（敌方角色，随机的速度和方向变化）
B	火焰（跟随玩家）
C	火焰（处于巡行状态）

22.3　水　　滴

在当前游戏中，每个关卡的目标是采集所有的水滴，每个水滴通过 WaterDrop 类实例表示，该类定义为 SKSpriteNode 的子类，同时需要加入上、下反弹效果。对此，可在

updateDelta 方法中予以实现。首先，可向水滴当前位置添加一个位移量，该量值存储于属性 bounce 中，其初始值为 0。另外，还需要维护一个整体游戏时间量，如下所示：

```
var bounce: CGFloat = 0
var totalTime: CGFloat = 0
```

当计算每次游戏循环迭代中的弹跳偏移量时，可使用正弦函数。取决于水滴的 x 方向，可调整正弦函数的相位，以使水滴呈现较为自然的运动方式，如下所示：

```
totalTime += CGFloat(delta)
var t = totalTime + position.x
self.bounce = sin(t*5) * 5
```

同时，还可从水滴的 y 位置中减去弹跳值，如下所示：

```
position.y -= self.bounce
```

这里，"-="运算符从 y 位置处减去弹跳值（关于此类运算符的更多内容，可参见第 5 章）。然而，简单地从 y 位置中减去弹跳值并不正确，其原因在于弹跳偏移量——换而言之，相对于原始 y 位置的偏移量。为了获得原始的 y 位置值，需要在 updateDelta 方法中的第一条指令处添加相对于 y 位置的弹跳偏移量，如下所示：

```
position.y += self.bounce
```

此时，bounce 变量仍然包含源自上一次游戏循环中的弹跳偏移量。因此，将其加至 y 位置后将得到原始的 y 位置。

在第 23 章中，还将进一步添加游戏对象，例如玩家角色和各种敌方角色。下面首先考察如何在平台游戏中定义贴图（tile）。

22.4　Tile 类

在 Penguin Pairs 游戏中，曾对 Tile 类有所讨论，但在本节中，该类稍有不同。首先，可采用枚举类型定义不同的贴图类型，如下所示：

```
enum TileType {
  case Wall
  case Background
```

```
  case Platform
}
```

在 Tile 类中，可定义一个 tileType 属性，用以存储实例所表示的贴图类型。除了基本的贴图类型之外，还可包含 ice 贴图和 hot 贴图，此类贴图可视作特定版本。在文本文件中，ice 贴图采用"*"或"@"字符表示；hot 贴图则采用"^"或"+"表示。对此，可向 Tile 类中添加两个布尔属性，以表示不同的贴图类型。Tile 类的初始化器如下所示：

```
convenience init() {
self.init(imageNamed: "spr_wall", type: .Background)
}


init(imageNamed: String, type: TileType) {
  let texture = SKTexture(imageNamed: imageNamed)
  super.init(texture: texture, color: UIColor.whiteColor(), size:
texture.size())
  self.type = type
}


required init?(coder aDecoder: NSCoder) {
fatalError("init(coder:) has not been implemented")
}
```

其中，初始化器可生成 Background 类型的 Tile 实例，进而简化 Tile 实例的创建过程——此处无须提供任何参数。例如，下列指令可生成一个简单的（透明）背景贴图：

```
var myTile = Tile()
```

在 Tile 初始化器中，可通过类型属性设置/获取贴图的类型。在类型属性的 set 部分，可将新类型赋予 tp 属性；如果为背景图，则利用布尔逻辑隐藏该贴图。下列两行代码实现了这一功能（读者可参考 TickTick1 示例程序查看完整的 Tile 类定义）：

```
tileType = newValue
self.hidden = tileType == .Background
```

下面考察 LevelState 类以及 Tile 实例的创建方式。

22.5　LevelState 类

本节主要介绍 LevelState 类在 Tick Tick 游戏中的设计方式，该方式类似于 Penguin Pairs 游戏在 LevelState 类的初始化器中，需要实现以下任务：

- ❑ 创建背景游戏对象。
- ❑ 添加 Quit 按钮。
- ❑ 根据关卡数据，创建基于贴图的游戏场景。

其中，前两项任务较为直观，读者可参考示例代码查看 LevelState 定义及其工作方式。当创建基于贴图的游戏场景时，可使用名为 oadTile 的独立方法。取决于源自文本文件的贴图字符，将创建不同的 Tile 对象。对此，第一步是利用文本文件中定义的高度和宽度生成 TileField 实例，如下所示：

```
    tileField = TileField(rows: height, columns: width, cellWidth: 72,
cellHeight:55)
tileField.name = "tileField"
world.addChild(tileField)
```

不难发现，贴图字段添加至名为 world 的独立节点中，这与 Quit 按钮不同，后者只是简单地添加至关卡节点中，如下所示：

```
quitButton.zPosition = Layer.Overlay
quitButton.position = GameScreen.instance.topRight -
  quitButton.center - CGPoint(x: 10, y: 10)
self.addChild(quitButton)
```

由于后续操作将向平台游戏中加入侧向滚屏功能，因而诸如 Quit 按钮或帮助对话框需要从基于贴图的游戏场景中独立出来。这意味着，游戏场景需要在屏幕中移动，而按钮则保持原地不动。因此，只有实际的游戏场景存储于独立的节点中，方可实现这一功能。随后，可调整该节点的位置（即游戏场景的位置），且不会对按钮或其他覆盖图产生任何影响。第 26 章将展示如何向游戏中添加垂直或水平方向上的滚屏效果。

　　关卡在从文本文件中读取完毕后，即可生成 Tile 对象，并将其添加至 TileField 对象中。对此可使用 for 嵌套循环，如下所示：

```
for i in 0..<height {
 var currLine = lines[height-1-i]
 var j = 0
 for c in currLine {
    tileField.layout.add(loadTile(c, x: j, y: i))
 j++
 }
}
```

　　嵌套的 for 循环检测读取自文本文件的全部字符。当给定一个字符以及网格中贴图的 x、y 位置后，loadTile 方法将生成一个 Tile 对象。

　　在 loadTile 方法中，将根据作为参数传递的字符，加载不同的贴图。针对每种贴图类型，可向 LevelState 类中定义一个方法，并生成特定的贴图类型。例如，loadWaterTile 可加载一个包含水滴图案的背景贴图，如下所示：

```
func loadWaterTile(x: Int, y: Int) -> SKNode {
 var w = WaterDrop()
 w.position = tileField.layout.toPosition(x, row: y)
 w.position.y += 10
 w.zPosition = Layer.Scene1
 world.addChild(w)
 self.waterDrops.append(w)
 return Tile()
}
```

　　当前示例将创建一个 WaterDrop 实例，并将其添加至贴图的中心位置处。相应地，可将水滴贴图放置在高于贴图中心 10 个点的位置处。读者可参考 Level 类，以查看关卡中各种贴图和对象的构建方式。图 22.2 显示了第一个关卡中的游戏对象（其中不包含游戏角色，后续章节将对此加以讨论）。

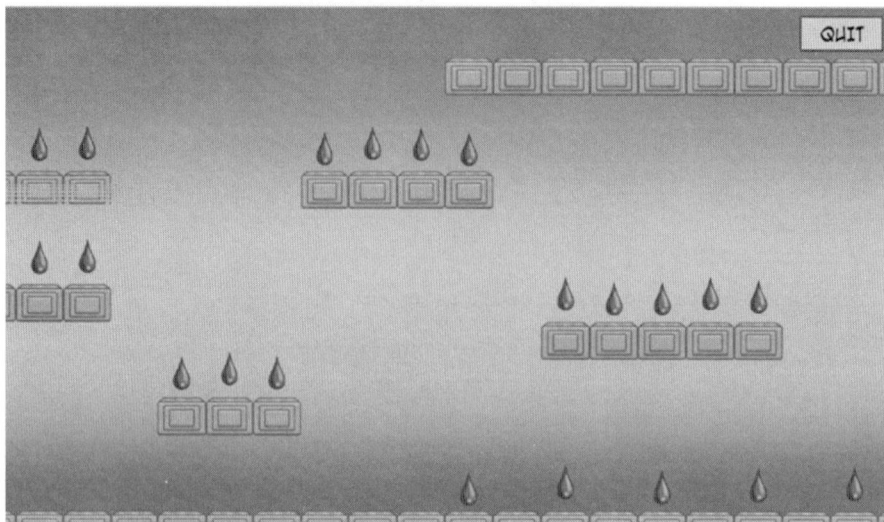

图 22.2　Tick Tick 游戏中第一个关卡中的游戏场景

22.6　本 章 小 结

本章主要涉及以下内容：

❑　如何设置 Tick Tick 游戏中的通用结构。

❑　如何创建可弹跳的水滴对象。

第 23 章 动 画 效 果

本章主要介绍如何向游戏中添加动画效果。截止到目前，游戏对象仅可在屏幕中移动。相比较而言，向游戏中添加能够跑动的角色则相对复杂一些。本章将尝试对此编写程序，以实现屏幕上自左向右行走的角色。通过屏幕上的左、右按钮，玩家可对该角色加以控制。

23.1 动画的含义

在编写程序之前（即实现角色在屏幕上自左向右的行走状态），首先需要了解动画的含义。动画这一概念可追溯至 20 世纪 30 年代，当时，多家动画工作室（包括沃特·迪斯尼）联合推出了首部黑白动画片。

动画实际上是一组快速运动的静态图像（也称作帧）序列。例如，电视机可以较高的速率绘制此类帧，大约每秒 25～30 次。当图像每次产生变化时，大脑将此解释为一种运动行为。人类大脑的这一特性（也称作似动现象）十分有用，对于包含运动和动画对象的游戏编程来说尤其如此。

在游戏循环的每次迭代过程中，将在屏幕上绘制新的一帧。通过每次在不同位置绘制精灵对象，精灵对象将会给人以一种"运动"的感觉。也就是说，玩家之所以认为对象处于运动状态，仅是在每秒钟内简单地在不同位置处多次绘制对象而已。

采用类似的方式，还可以绘制行走或跑动的角色。除了移动精灵对象之外，每次还需要绘制略有不同的精灵对象。通过绘制对象序列，可体现行走运动的各种形态，进而产生一种角色在屏幕上行进的感觉。图 23.1 显示了这一类精灵对象序列。

图 23.1 表现行走运动的图像序列

游戏中的动画

当打造 3D 游戏时，动画效果可提升游戏的真实感；但对于 2D 游戏来说，情况则有所变化。但总的来说，动画效果确实可极大地改善游戏的视觉效果。

动画效果可对对象带来鲜活的效果，实际上，这一操作并不复杂。例如，人物角色的眨眼动作会带来栩栩如生的效果。在 Cut the Rope 这一类游戏中，主要角色（名字为 Om Nom）只是简单地坐在角落处，但时不时地，这一角色会做出一些有趣的动作，以显示其存在，并希望你给它带来食物，以鼓励玩家继续体验游戏。

动画还有助于将玩家的注意力吸引到某个物体、任务或事件上。例如，按钮上的动画效果可提示玩家执行单击按钮操作；跳跃的水滴或旋转的星星表明该对象应该被采集或者躲避。除此之外，动画也可以用来提供反馈信息。当手指单击按钮时，按钮就会向下移动，这表明成功执行了按钮的单击操作。

但是，动画设计是一项颇为耗时的工作，所以需要事先仔细考虑哪些动画是必需的，哪些地方可以避免，以节省时间和金钱。

23.2 纹理贴图集

对于动画角色来说，一般需要针对每种运动类型设计一个精灵对象序列。一些动画仅由少量的精灵对象构成。例如，Tick Tick 游戏中包含一个穿越画面的火箭对象，该对象通过 3 帧实现了动画效果，如图 23.2 所示。

图 23.2 火箭对象动画帧

其他动画可能由多帧组成，例如 Tick Tick 游戏中的炸弹爆炸效果，其中包含了 49 帧。随着动画效果的增加，所需精灵对象的数量也呈动态增长之势（1x、2x 分辨率，某些游戏甚至会使用到 3x 分辨率）。当存储全部图像数据时，会增加设备内存空间的负担，同时也会对文件图像加载时的处理能力、屏幕上的快速显示过程产生影响。一种较为常见的减少图像载入时间的技巧是，将多个精灵对象置于单一图像中。例如，可将标题画面中所需的按钮置于同一个文件中，当需要显示一个按钮时，仅显示代表按钮的部分图像即可。对此，SpriteKit 框架提供了一种简洁的方案，即纹理贴图集。基本上讲，纹理贴图集表示为一个精灵对象/纹理集合，并存储于较少的图像文件中。

如果游戏中涉及大量的图像，纹理贴图集还可提升数据的加载速度。作为开发人员，无须了解精灵对象在图像文件中的存储方式，只需简单地通知 Xcode 环境，文件夹中的所有精灵对象均属于一个贴图集。

当在 Xcode 中使用纹理贴图集时，可将精灵对象置于以.atlas 名称结尾的文件夹中；随后，可将该文件夹拖曳至当前项目中。例如，在本章 AnimationSample 项目中，可查看到两个贴图集，即 spr_player_run.atlas 和 spr_player_idle.atlas（分别表示跑动和空闲动画效果）。在spr_player_run.atlas中，贴图集中设置了多个不同的精灵对象。此处存在一个重要的命名规则：如果在不同的分辨率下使用精灵对象，需要在文件名结尾处添加@1x、@2x或@3x，并以此表明精灵对象的分辨率。当然，读者也可以选用自己喜爱的精灵对象名称，但每个精灵对象的名称应与贴图集名称保持一致并添加序号，随后指定该精灵对象的分辨率。

在代码中创建纹理贴图集十分简单，下列代码用于创建源自 spr_player_run.atlas 文件的纹理贴图集：

```
let atlas = SKTextureAtlas(named: "spr_player_run")
```

下列代码将访问贴图集中的特定纹理：

```
let texture = atlas.textureNamed("spr_player_run0")
```

贴图集中的纹理名称对应于文件名称，同时移除分辨率标识。接下来，可使用该纹理创建一个节点，并将其添加至游戏场景中，如下所示：

```
let spriteNode = SKSpriteNode(texture: texture)
addChild(spriteNode)
```

23.3 Animation 类

对于动画角色，通常可针对每种运动类型设计一个精灵对象序列。图 23.1 所示示例表示处于跑动状态下的动画序列，这也体现了纹理贴图集的有效性。对此，可将每帧定义为纹理贴图集中的独立精灵对象，AnimationSample 项目即采用了这一操作方式。下一步是设计相关类和方法，用于加载和播放动画。其中，显示动画效果的对应类称作 Animation 类（AnimationSample 项目中的部分内容）。除了存储于纹理贴图集中的精灵对象之外，动画还需要使用到一些附加信息。例如，每帧的显示时长。另外，可能还需要循环播放动画。也就是说，一旦到达最后一帧，即刻返回至第一帧，以实现连续、无限次的动画播放效果。动画循环效果十分有用，例如，对于处于走动状态的角色来说，仅需绘制一个行走循环即可，随后可循环播放该动画，以达到连续行走的运动效果。然而，并非所有的动画都需要使用到循环，例如死亡动画。当处理上述各种动画类型时，Animation 类中定义了多个属性，部分内容如下所示：

```swift
class Animation: SKSpriteNode {
  var action = SKAction()

  init(atlasNamed: String, looping: Bool, frameTime: NSTimeInterval) {
      // to do
  }

  required init?(coder aDecoder: NSCoder) {
      fatalError("init(coder:) has not been implemented")
  }

  ...
}
```

不难发现，Animation 类表示为 SKSpriteNode 的子类。因此，当生成 Animation 实例时，可直接将其添加至游戏场景中。Animation 类中仅包含了 action 属性，这一动作表示播放最终的动画，并在初始化器中被创建。其中，初始化器接收多个参数，其中包括贴图集的名称（包含了动画帧）、布尔变量（制定是否循环播放动画）以及连续帧之前的时间量。取决于此类参数值，读者可生成不同的动画动作。

第一步是加载纹理贴图集。出于方便考虑，此处还将贴图集中包含的纹理数量存储于一个变量中，如下所示：

```swift
let atlas = SKTextureAtlas(named: atlasNamed)
let numImages = atlas.textureNames.count
```

下面从贴图集中析取全部纹理，同时将其存储于一个数组中。稍后，可定义一个使用该纹理数组的动作，以生成动画效果。对此，首先可声明并初始化一个 SKTexture 对象数组，如下所示：

```swift
var frames: [SKTexture] = []
```

下一步是获取贴图集中的全部纹理，这也是动画帧命名规则的用武之地。下面采用
for 循环获取全部帧，并将其添加至纹理数组中，如下所示：

```
for i in 0..<numImages/2 {
  let textureName = "\(atlasNamed)_\(i)"
  frames.append(atlas.textureNamed(textureName))
}
```

首先，代码定义了一个位于 0～numImages/2 范围间的变量 i。这里，由于分别包含
了 1x 和 2x 分辨率的图像，因而需要将贴图集中的图像数量除以 2。在 for 循环内，首先
需要构建纹理名称，也就是说，将一个数字添加至贴图集名称之后。随后，使用
textureNamed 方法获得实际的纹理，并将其附于纹理数组中。

当前，需要调用超类的初始化器，对应节点利用数组中的第一个纹理进行初始化，
如下所示：

```
super.init(texture: frames[0], color: UIColor.whiteColor(),
size: frames[0].size())
```

接下来，需要构建实际的动作，以实现节点的动画效果，如下所示：

```
let animateAction = SKAction.animateWithTextures(frames,timePerFrame:
frameTime)
```

当前动作是否无限次地重复执行，取决于动画是否需要循环播放。对应代码可在一
条 if 语句中进行处理，如下所示：

```
if looping {
action = SKAction.repeatActionForever(animateAction)
} else {
action = animateAction
}
```

23.4　多重动画

Animation 类实现了表达动画效果的基础工作。动画游戏对象可包含多种不同的动画，

因而可设置一个角色，进而执行不同的（动画）动作，例如行走、跑动以及跳跃等。其中，每个动作通过一个动画表示。取决于玩家的输入，可对当前处于活动状态的动画进行调整。下面将定义一个类，并简化多重动画的处理过程。在 AnimationSample 项目中，该类称作 AnimatedNode。

当存储不同类型的动画时，可使用数组。针对所需的每种动画，可向数组中添加一个 Animation 类实例。因此，AnimatedNode 包含下列属性：

```
var animations : [Animation] = []
```

为了更加方便地加载和播放动画，需要向该类中加入两个方法，即 loadAnimation 和 playAnimation 方法。第一个方法将生成一个 Animation 对象，同时将其添加至 animations 属性中，如下所示：

```
func loadAnimation(atlasNamed: String, looping: Bool = false,
frameTime: NSTimeInterval = 0.05, name: String,
anchorPoint: CGPoint = CGPoint(x: 0.5, y: 0)) {

  let anim = Animation(atlasNamed: atlasNamed, looping: looping, frameTime:
frameTime)
  anim.name = name
  anim.anchorPoint = anchorPoint
  animations.append(anim)
}
```

loadAnimation 方法接收多个参数，出于简单考虑，其中的一些参数包含默认值。首先，需要通过用于动画的贴图集名称；其次，可指定当前动画应处于循环状态，以及帧间的时间值。另外，每个动画需要设置多个名称，以供后续操作使用和激活。最后，还需要针对所创建的节点提供一个锚点（可选）。这里，锚点在默认状态下设置为精灵对象的中下方部位。在 Tick Tick 游戏中，这一默认值十分有用，其原因在于，诸如玩家这一类动画角色仅行走于贴图上方。稍后即会看到，将精灵对象的原点设置在中心下方将会简化计算过程。

在方法体中，将生成一个 Animation 实例，将其赋予一个名称并设置其卖点；最后，还需将其添加至动画数组中。

在 playAnimation 方法中，需要选取播放的动画，将其加入节点中并启动动画动作。首先，应判断需播放的动画是否是当前节点的子节点。此处，动画已处于播放状态，因而无须执行任何操作，仅需从当前方法中返回即可，如下所示：

```
func playAnimation(name: String) {
  if childNodeWithName(name) != nil {
    return
  }
  ...
}
```

接下来，可通过 for 循环获取包含所选名称的动画。一旦获得，即可移除当前节点包含的子节点，将动画添加至当前节点中并启动对应动作，如下所示：

```
for anim in animations {
  if anim.name == name {
    self.removeAllChildren()
    self.addChild(anim)
    anim.runAction(anim.action)
    return
  }
}
```

23.5　Player 类

当使用之前定义的 AnimatedNode 类时，可基于该类派生出相关类。由于玩家将对动画角色进行操控，下面定义一个 Player 类，该类表示为 AnimatedNode 的子类。在 Player 类中，可加载属于玩家的动画，并处理玩家输入。在 Player 初始化器中，可加载当前角色所需的动画。此处，角色应可行走并静止站立。

相应地，当加载两个动画时，可调用 loadAnimation 方法两次。另外，将 looping 参数设置为 true，即可使得两个动画均处于循环状态，如下所示：

```
class Player: AnimatedNode {
```

```
var velocity = CGPoint.zeroPoint

override init() {
  super.init()
  loadAnimation("spr_player_idle", looping: true, name: "idle")
  loadAnimation("spr_player_run", looping: true, name: "run")
}

required init?(coder aDecoder: NSCoder) {
    fatalError("init(coder:) has not been implemented")
}
...
}
```

需要注意的是，玩家的空闲动画仅包含一帧，由于不存在任何差异，因而无须考虑空闲动画是否处于循环状态。AnimationSample 应用程序仅包含单一状态，即 MainState 实例。在该游戏状态中，可向屏幕上添加按钮，以对玩家角色进行控制。读者可参考 MainState.swift 文件，以查看完整的源代码。

在 MainState 类中，需要处理玩家的输入。但玩家单击屏幕上的左、右按钮时，角色的速度应随之发生变化。对此，可在 handleInput 方法中利用 if 语句实现这一功能，如下所示：

```
let walkLeftButton = childNodeWithName("//button_walkleft") as!
  Button
let walkRightButton = childNodeWithName("//button_walkright") as!
  Button

var walkingSpeed = CGFloat(300)
if walkLeftButton.down {
self.velocity.x = -walkingSpeed
} else if walkRightButton.down {
```

```
self.velocity.x = walkingSpeed
} else {
self.velocity.x = 0
}
```

注意：

对于 walkingSpeed 参数，此处选择了 300。读者可尝试使用不同值，并查看角色行为的变化方式。此类参数的正确选取将对游戏体验产生显著的影响。邀请不同的玩家体验游戏将有助于选择正确的结果值，进而使得游戏呈现更加自然的状态。

当采用如图 23.1 所示的精灵对象时，可实现游戏角色的动画效果，该角色将行进至屏幕的右侧；若该角色行走至左侧，则需要使用另一组精灵对象集合。对此，可简单地在代码中镜像该精灵对象。SpriteKit 中的镜像操作十分简单，可利用缩放操作实现这一功能。当镜像当前节点，以使角色左向行走时，可逆置 x 向缩放，如下所示：

```
self.xScale = -1
```

如果玩家的速度为负值，那么，只需设置负 x 向缩放即可。因此，可向 Player 类的 handleInput 方法中添加下列 if 指令：

```
if self.velocity.x < 0 {
self.xScale = -1
} else if self.velocity.x > 0 {
self.xScale = 1
}
```

如果速度大于或小于 0，此处仅调整了 x 向缩放；如果速度值确实为 0，则不执行任何操作。对应效果可描述为：当角色停止运动时，将保持原有的行进方向，这也是我们所期望的结果。

在 updateDelta 方法中，可根据速度选择所播放的动画。如果速度等于 0，则播放空闲动画；否则将播放跑动动画，如下所示：

```
override func updateDelta(delta: NSTimeInterval) {
  super.updateDelta(delta)
  position += velocity * CGFloat(delta)
```

```
if self.velocity.x == 0 {
    self.playAnimation("idle")
} else {
    self.playAnimation("run")
}
}
```

代码中还调用了父类的 updateDelta 方法，并将速度与时间值的乘积添加至玩家的当前位置上，以使玩家处于运动状态。

当运行该程序时，动画角色可通过左、右按钮加以控制，如图 23.3 所示。注意，如果角色离开屏幕，该角色并不会停止下来，而是继续保持前行。因此，若单击右向按钮 5 秒，则需要单击左向按钮 5 秒，以使该角色返回。

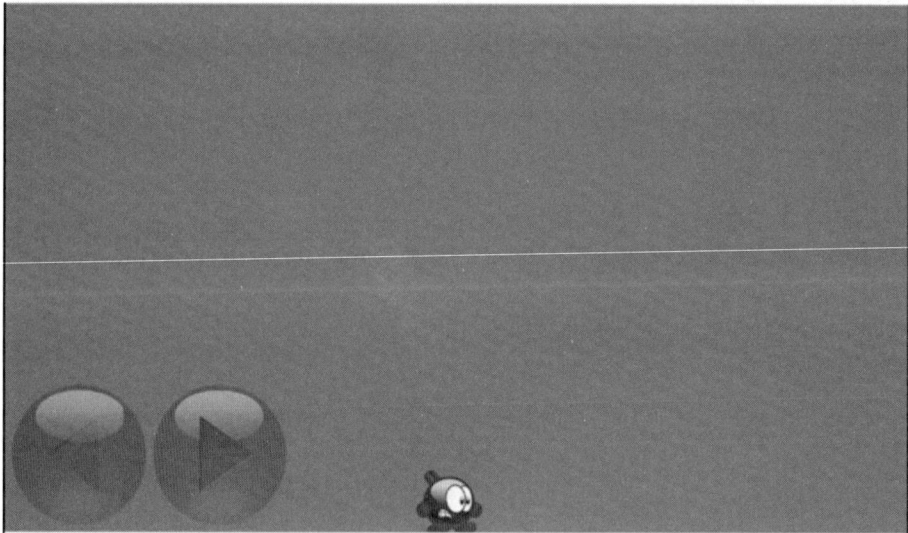

图 23.3　在屏幕底部自左向右行进的动画角色

对此，一种解决方式是使用环绕方法。也就是说，如果角色驶离屏幕右侧，将会在其左侧再次出现，反之亦然。环绕方法的实现过程并不复杂：可向代码中添加一条 if 指令，检测角色的当前位置，并根据该位置选择将角色移至屏幕的另一端。读者可尝试修改当前示例，并加入环绕行为。

23.6 本 章 小 结

本章主要涉及以下内容：

- ❏ 如何利用纹理贴图集更加高效地处理多幅图像。
- ❏ 如何创建和控制动画。
- ❏ 如何构建包含多重动画的动画游戏对象。

第 24 章 物 理 知 识

第 23 章讨论了如何创建动画角色，另外还介绍了如何通过读取来自文本文件的关卡信息，构建基于贴图的游戏场景。但其中较为重要的一点尚未涉及，即角色与游戏场景之间的交互方式。目前，角色可在屏幕上自左向右移动。但是，若仅将游戏角色置于关卡中且处于简单的运动状态，还远远不够。如果游戏角色移出贴图的边缘，该角色还应在其上跳跃或者跌倒；同时，玩家并不希望该角色只是简单地移至屏幕的外侧。对此，需要使用到物理系统。

当然，读者可借鉴 SpriteKit 框架提供的现有物理引擎，但对于平台游戏来讲，存在以下几点原因建议读者打造自己的引擎：物理引擎在很大程度上决定了游戏的体验方式，读者可对引擎的参数进行调整，以使其与游戏相适应。如果编写自己的物理引擎，读者将对其行为持有较大的控制权。此外，与 SpriteKit 物理引擎相比，开发自己的引擎将使用更少的资源。平台游戏一般并不会涉及超现实的物理内容，因而仅需处理简单的规则和算法。另一个重要的原因是，平台游戏中的某些内容难以与现有的物理引擎进行整合。例如，Tick Tick 游戏使用了较为特殊的贴图，角色可从贴图下方跳跃至其上方。这一类行为难以利用传统的物理引擎进行编码。最后，虽然编写自己的引擎具有一定的挑战性，但对于理解物理学，并将其转化为可正常工作的代码，将是一次难得的尝试机会。

在 Tick Tick 游戏中，由于玩家视为与游戏场景交互的主要角色，因而大部分物理行为将在 Player 类中实现。在处理物理内容方面，此处存在两点要求：角色应具备跳跃或跌落的能力；处理角色与其他游戏对象之间的碰撞问题，并针对此类碰撞行为生成正确的反馈。

24.1 在游戏场景中锁定角色

首先需要完成的工作是锁定游戏场景中的角色。在第 23 章的示例程序中，角色可行走出屏幕的外侧，且不存在任何限制。对此，可在屏幕左、右两侧放置虚拟的壁面类型贴图。随后，碰撞处理机制（当前尚未实现）可确保游戏角色无法穿越此类壁面贴图。当前，应从左、右两个方向防止角色行走出屏幕外侧。相应地，游戏角色可以在屏幕上方跳跃出屏幕外侧。另外，游戏角色应可从地面的孔洞处跌落至游戏场景之外（显然，该角色随即死亡）。

　　当在屏幕左、右两侧构建虚拟壁面贴图时，需要向贴图网格中加入某些控制元素。对此，可在 TileField 类中予以实现，该类体现了基于贴图的游戏场景，其中定义了一个名为 getTileType 的方法。当给定网格上的列和行索引后，该方法将返回相应的贴图类型。注意，相关索引可位于网格有效索引的范围之外。例如，应可获取位于(-2,500)处的贴图类型。也就是说，首先需要检测是否在所提供的网格位置处存在一个贴图；若是，则返回其贴图类型，如下所示：

```
if let obj = layout.at(col, row: row) as? Tile {
    return obj.type
}
```

随后，可检测列索引是否位于范围之外。若是，则返回壁面类型，如下所示：

```
if col < 0 || col >= layout.columns {
    return .Wall
}
```

对于其他情形，还需要返回背景贴图类型，如下所示：

```
return .Background
```

读者可参考本章的 TickTick2 示例程序，以查看完整的 TileField 类定义。

24.2　在正确位置处设置角色

　　当从文本文件中加载关卡贴图时，可利用字符"1"表示游戏角色起始位置的贴图。根据该贴图的位置，需要创建 Player 对象并将其置于正确的位置处。对此，可向 LevelState 类中定义一个名为 loadStartTile 的方法。在该方法中，将根据网格中的位置计算角色的起始位置。鉴于角色的原点位于精灵对象的中心点下方，因而起始位置的计算方式如下所示：

```
var startPosition = tileField.layout.toPosition(x, row: y)
startPosition.y -= CGFloat(tileField.layout.cellHeight / 2)
```

注意，此处需要通过网格布局中的 toPosition 方法计算位置。这将得到贴图的中心位置，随后从 y 位置中减去网格单元高度值的一半，最终得到贴图的底部位置。接下来，可创建 Player 对象并将其添加至游戏场景中，如下所示：

```
var player = Player(startPos: startPosition)
player.name = "player"
player.zPosition = Layer.Scene1
world.addChild(player)
```

最后，由于每个字符表示为一个贴图，因而还需要生成可存储于网格中的实际贴图。此时，可创建一个置于角色站立处的背景贴图。

```
return Tile()
```

24.3　跳　跃　动　作

前述内容曾介绍了游戏角色在左、右方向上的行走方式，那么，如何处理跳跃或跌倒问题？在 TickTick2 示例程序中，可在屏幕右下方添加一个跳跃按钮。当玩家单击该按钮时，角色将处于跳跃状态。这意味着，角色将获得正 y 向速度，在 Player 类的 handleInput 方法中，可通过下列代码加以实现：

```
if jumpButton.tapped {
    self.jump()
}
```

jump 方法如下所示：

```
func jump(speed: CGFloat = 680) {
    self.velocity.y = speed
}
```

因此，调用 jump 方法（未提供任何参数）的最终效果可描述为：y 向速度设置为 680。需要说明的是，该数字仅是随机选取。使用较大的数字意味着角色将跳得更高。当前，使用数值 680 可使角色跳跃得足够高，并能够接触到贴图；同时，该值不可过大，以防止游戏变得过于容易（游戏角色可直接跃至关卡结束处）。

当前方案尚存在一个缺点：玩家角色的跳跃行为未考虑到其自身所处的环境。如果该角色在悬崖附近处跳跃或者跌落，玩家可使该角色跳回至安全地带。但这并不是期望中的结果——仅当角色站立于地面上时，方可在玩家的操控下跳跃。对此，可检测角色与壁面或平台贴图（仅为角色站立于其上的贴图）之间的碰撞行为。碰撞检测算法需对此予以关注，并通过某个属性记录角色是否位于地面上，如下所示：

```
var onTheGround = false
```

某些时候，有必要实现通过文字（而不是 Swift 语言）勾勒出类定义，进而编写游戏的其他组件，这一理念对于碰撞检测问题来说同样适用。

如果 onTheGround 属性为 true，那么，游戏角色站立于地面上。随后即可修改最初的 if 指令，以使游戏角色从地面处（而非空中）开始跳跃，如下所示：

```
if jumpButton.tapped && self.onTheGround {
    self.jump()
}
```

24.4　跌　倒　动　作

目前，当玩家角色打算执行跳跃动作时，仅可在 handleInput 方法中修改 y 向速度。如果 y 向速度一直保持在 680，那么，游戏角色将移向空中，并驶向屏幕外侧。在这种情况下，应向游戏角色施加重力作用。

读者可通过一种较为简单的方案模拟作用于角色速度上的重力效果。在每次更新步骤中，可从 y 方向速度中减去一个较小值，这与 Painter 游戏中针对球体的操作十分类似，如下所示：

```
self.velocity.y -= CGFloat(1300 * delta)
```

如果游戏角色包含了正速度值，那么，该速度将逐渐减小，直至为 0；随后，开始在相反方向增加。对应的效果可描述为：游戏角色跳至某一高度，并于随后降落，这与真实世界中的物理行为十分相似。此时，碰撞检测问题变得更加重要，否则，游戏角色会在初始位置处继续下落。

24.5 碰 撞 检 测

游戏对象间的碰撞检测问题是模拟游戏场景交互行为的重要内容。碰撞检测涉及游戏中各种不同的场合，其中包括：角色是否拾取了能量棒；是否与发射物碰撞；游戏角色是否与墙壁或地面碰撞，等等。在 Tub's Tomb 游戏中，物理引擎负责处理对象间的碰撞检测问题。在 Painter 游戏中，曾利用包围盒执行简单的碰撞检测计算。其中，PaintCan 类中的代码片段如下所示：

```
var ball = GameScene.world.ball
if self.box.intersects(ball.box) {
  color = ball.color
  ball.reset()
}
```

代码在球体和油漆桶之间进行碰撞检测，即判断二者间的包围盒是否相交。对于碰撞检测问题来说，这并非精确的操作方式。这里，球体和油漆桶近似表示为一个盒体。在某些情况下，对象间并未发生实际碰撞，但依然会检测到碰撞行为；而一些场合下，精灵对象间发生碰撞，但该状况并未被检测到。尽管如此，许多游戏在执行碰撞检测计算时依然会使用相对简单的形状，例如圆形和矩形表示对象。由于这一类形状将对象包围于其中，因而也称作包围圆或包围盒。Tick Tick 采用了轴对齐包围盒。

需要注意的是，基于包围盒的碰撞检测有时在精确度方面有所欠缺。当游戏对象彼此接近时，其包围形状彼此相交（因而产生碰撞），但实际对象并未碰撞。另外，当游戏对象处于动画状态时，其包围体形状还会随时间产生变化。对此，或许可确定一个较大的包围形状，以使对象在各种场合下均适用，但这易于引发无效碰撞。例如，除了盒体和圆之外，还可采用精灵对象的轮廓线，即围绕该对象绘制线条。对于凸面轮廓线（即轮廓线不包含孔洞或指向内部），可利用分离轴定理判断两个轮廓线之间是否存在碰撞。处理这一问题超出了本书的讨论范围，一般来讲，与盒体和圆相比，这一过程将会占用大量的计算资源。

另一种更为耗时的方案是像素检测碰撞行为。基本上讲，可编写一个算法并遍历精灵对象中的非透明像素（使用嵌套的 for 循环），并与另一个对象中的像素（同样采用嵌套的 for 循环予以遍历）进行检测。考虑到这种微观方式的碰撞检测将十分耗时，在早期的 iDevices 上打算平滑地运行游戏时尤其如此，因而在 Tick Tick 游戏中，推荐使用相对简单的、基于包围盒的碰撞检测计算。甚至，还可通过某些技巧，使得碰撞处理过程更加自然。

24.6　获取包围盒

当在游戏中高效地处理碰撞问题时，可使用 SKNode 类中的 box 属性，该属性将返回精灵对象的包围盒，如下所示：

```
var box: CGRect {
get {
   var boundingBox = self.calculateAccumulatedFrame()
   if parent != nil {
    boundingBox.origin = scene!.convertPoint(boundingBox.origin,
       fromNode: parent!)
   }
   return boundingBox
 }
}
```

需要注意的是，需要将包围盒的原点转换至场景的坐标系中，以确保包围盒的位置在世界坐标系中予以表示。当执行碰撞检测时，需要了解对象在世界坐标系中所处的位置，但不必关心其在游戏对象层次结构中的局部位置。

24.7　角色与贴图之间的碰撞

在 Tick Tick 游戏中，主要在游戏角色和贴图之间执行碰撞检测，对应方法为 handleCollisions，该方法将在 Player 类中的 updateDelta 方法中被调用。这里的思路是，首先针对跳跃、跌落以及跑动等动作（具体内容参考本章前述内容）执行全部计算。如果游戏角色和贴图之间存在碰撞，需要修改角色的位置，以使二者之间不再碰撞。在 handleCollisions 方法中，可遍历贴图网格，进而判断当前正在检测的贴图与游戏角色之间是否存在碰撞。

　　这里，不必检测网格中的全部贴图，仅需考察与游戏角色当前位置接近的贴图。与角色位置最为接近的贴图其计算方式如下所示：

```
let tiles = childNodeWithName("//tileField") as! TileField
let (x_floor, y_floor) = tiles.layout.gridLocation(self.position)
```

　　相应地，可使用嵌套 for 循环查找围绕游戏角色的贴图。对于快速的跳跃或跌落行为，需要在 y 方向上考察更多的贴图。在嵌套 for 指令中，随后可检测当前角色是否与贴图产生碰撞。注意，仅当贴图不是背景图时，方可执行此类计算。对应代码如下所示：

```
for (var y = y_floor - 1; y <= y_floor + 2; ++y) {
  for (var x = x_floor - 1; x <= x_floor + 1; ++x) {
    let tileType = tiles.getTileType(x, row: y)
    if tileType == .Background {
        continue
    }
    let tileBounds = tiles.getTileBox(x, row: y)
    if !tileBounds.intersects(box) {
        continue
    }
    ...
  }
}
```

　　不难发现，此处无法直接访问 Tile 对象，其原因在于：某些时候，由于游戏角色可能位于屏幕边缘，因而 x 或 y 索引可能为负值。相应地，这也体现了 TileField 类中 getTileType 方法的优点。其中，读者仅需了解贴图的类型和包围盒即可，而不必关注贴图的处理细节。

　　在嵌套的 for 循环中，读者会发现一个新的关键字，即 continue。该关键字可用于 for 或 while 指令中，终止执行当前循环，并继续执行下一次循环。此处，如果贴图类型为 Background，那么，指令的其余部分将不再被执行；随后，将继续增加 x 值，并开始新的一次循环迭代，以检测下一个贴图。对应结果可描述为：仅检测非 Background 类型的贴图。此处，关键字 continue 与 break 的差别在于：break 终止全部循环，而 continue 仅终止当前循环。

　　上述代码并非总是可正常工作，特别是游戏角色站立于某个贴图上时。计算包围盒的舍入误差使得算法认为：当前角色并未真正站在贴图上。随后，该角色的速度将增加，最终可能会落出贴图之外。为了避免这一类舍入误差，可将包围盒原点的 y 值减 1，如下所示：

```
let tileBounds = tiles.getTileBox(x, row: y)
var bbox = box
bbox.origin.y -= 1
if !tileBounds.intersects(bbox) {
continue
}
// handle the collision
```

24.8　处理碰撞检测

前述内容讨论了游戏角色与贴图间的碰撞计算，接下来需要确定碰撞后所执行的动作，其中存在多种可能性，例如，游戏结束，向玩家提出警告信息（弹出消息），自动修改游戏角色的位置。

当修改角色的位置时，需要了解碰撞的状态。例如，如果游戏角色进入右侧墙面，需要知道反向距离以还原碰撞，这也称作相交深度。下面利用 calculateIntersectionDepth 方法扩展 CGRect 类型，针对两个 CGRect 对象，该方法用于计算 x 和 y 方向上的相交深度。在当前示例中，对应的矩形表示为游戏角色的包围盒，以及所碰撞的贴图包围盒。

相交深度可以通过首先确定矩形中心之间的最小允许距离来计算，这样就不会在两个矩形之间发生碰撞，如下所示：

```
let minDistance = CGPoint(x: (self.size.width + rect.size.width)/2,
y: (self.size.height + rect.size.height)/2)
```

随后可计算两个矩形中心位置之间的实际距离，如下所示：

```
let distance = CGPoint(x: self.midX - rect.midX, y: self.midY -
  rect.midY)
```

接下来计算最小允许距离与实际距离之差，进而得到相交深度。当考察两个中心位置间的实际距离时，在 x 和 y 方向上存在两种可能性：负值或正值。例如，如果 x 距离为负值，这意味着矩形 rect 位于矩形 this 的右侧（由于 rect.midX > self.midX）。如果矩

形 self 表示游戏角色，这表明需要将该角色左移以修正相交行为。因此，可作为负值返
回 x 相交结果，并计算为-minDistance.x - distance.x。其原因在于，由于存在碰撞，两个
矩形之间的距离小于 minDistance。同时，由于 distance 为负值，那么，表达式-minDistance.x
- distance.x 作为负值给出了二者间的差值。如果 distance 为正值，表达式 minDistance.x -
distance.x 将生成两者间的正差值。该过程同样适用于 y 方向。随后，可按照下列方式计
算当前深度：

```
if distance.x > 0 {
depth.x = minDistance.x - distance.x
} else {
depth.x = -minDistance.x - distance.x
}
if distance.y > 0 {
depth.y = minDistance.y - distance.y
} else {
depth.y = -minDistance.y - distance.y
}
```

最后，可作为方法结果返回深度向量，如下所示：

```
return depth
```

读者可参考本章 TickTick2 示例程序中的 Math.swift 文件，以查看完整的方法定义。
当游戏角色与贴图间产生碰撞时，可利用添加至 CGRect 类中的方法计算相交深度，如下
所示：

```
let depth = box.calculateIntersectionDepth(tileBounds)
```

在相交深度计算完毕后，存在两种方式可求解碰撞问题，即在 x 方向上移动游戏角
色或者在 y 方向上移动该角色。总体而言，需要以最小可能距离移动角色，以避免不自
然的运动或位移。因此，如果 x 深度小于 y 深度，则在 x 方向上移动游戏角色；否则，
则需要在 y 方向上移动该角色。对此，可利用 if 指令进行检测。当比较两个深度值时，
需要对负值这一情况予以考虑。相应地，可通过 fabs 函数对绝对值进行比较，如下所示：

```
if fabs(depth.x) < fabs(depth.y) {
// move character in the x direction
```

```
}
```

如果与贴图之间存在碰撞，是否一直需要移动游戏角色？这取决于贴图类型。回忆一下，TileType 用于表达 3 种贴图类型，即 TileType.Background、TileType.Wall 和 TileType.Platform。如果游戏角色所碰撞的贴图为背景贴图，那么，肯定不需要移动该角色。另外，当在 x 方向上移动时，游戏角色应可穿越平台贴图。因此，唯一需要移动游戏角色并修正碰撞结果的情形是与墙壁贴图发生碰撞（即 TileType.Wall）。此时，可通过向角色位置添加 x 深度值移动该角色，如下所示：

```
if tileType == .Wall {
self.position.x += depth.x
}
```

如果希望在 y 方向上修正游戏角色的位置，该过程则稍显复杂。由于要处理 y 方向上的运动，因而也可判断角色是否位于地面上。在 handleCollisions 方法的开始部分，需要将 isOnTheGround 属性设置为 false。因此，起始点假设游戏角色并未处于地面上。在某些场合下，该角色有可能位于地面上，那么，需要将 isOnTheGround 属性设置为 true。针对于此，如何检测该角色是否位于地面上？若否，该角色将处于跌落状态，相应地，之前的 y 位置将小于当前位置。为了访问之前的 y 位置，可在每次调用 handleCollisions 方法结尾处，将其存储于一个属性中，如下所示：

```
self.previousYPosition = self.position.y
```

当前，可使用之前的 y 位置确定游戏角色是否处于地面上。首先，需要计算上次 y 位置值与当前 y 位置值之间的差值，如下所示：

```
let ydifference = self.position.y - self.previousYPosition
```

如果当前全局 y 位置值减去上述差值的结果大于或等于与游戏角色碰撞的贴图的上方值（最大 y 值），且该贴图不是背景贴图，那么，该角色将处于下落状态并抵达贴图。对此，可将 isOnTheGround 属性设置为 true，同时将 y 速度设置为 0。据此，当前角色将终止下落。另外，还需要修正当前 y 位置，以使游戏角色不再与贴图相交，如下所示：

```
if box.minY - ydifference >= tileBounds.maxY && tileType != .Background
{
  self.onTheGround = true
```

```
    self.velocity.y = 0
    self.position.y += depth.y
}
```

其他还需要考虑的情况包括：如果游戏角色未处于下落状态，但跳跃动作使得该角色接触到壁面贴图。此时，可简单地修正该角色的位置，以使其不再与壁面贴图相交，这将转换为下列代码：

```
else if tileType == .Wall {
self.position.y += depth.y
}
```

图 24.1 显示了 TickTick2 示例程序的截图，其中生成了一个简单的关卡，并可以此测试物理引擎。该关卡小于大多数 iDevices 的屏幕尺寸，因而周边会显示一些黑边。第 26 章将讨论如何向游戏中添加侧向滚屏效果，因而读者可设计大型关卡，并在各种尺寸的设备上运行该关卡。

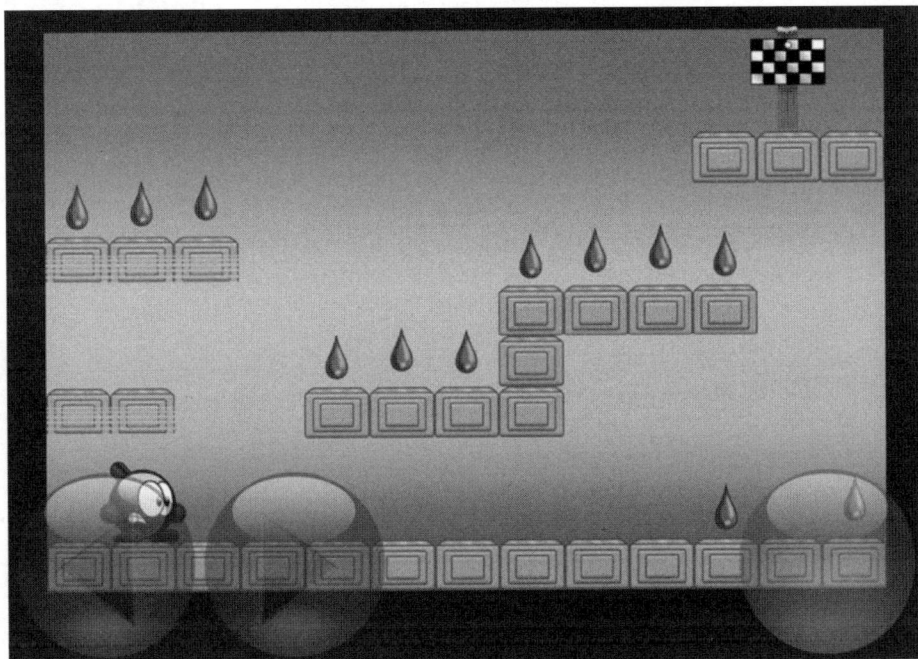

图 24.1 TickTick2 示例程序

24.9　本 章 小 结

本章主要涉及以下内容：

- ❑　如何在游戏环境中约束角色。
- ❑　如何模拟跳跃和跌落动作。
- ❑　如何处理游戏中的碰撞问题。

第 25 章 智 能 角 色

本章将着手开发 Tick Tick 游戏，并引入某些具有一定危险性的敌方角色。如果玩家与此类角色接触，那么，玩家将死亡。这里，敌方角色一般不受玩家控制，因而需要定义某种类型的智能行为。当然，这一类角色不可过于智能，以保证玩家能够顺利通关。毕竟，玩家的目标是体验游戏并赢得胜利。对此，可打造不同类型的敌方角色，并以此展示各种行为类型。相应地，玩家包含不同的游戏体验方案，并制定不同的策略以通过关卡。

敌方角色的行为定义会涉及大量的代码，其中包含了不同的状态、推理过程以及路径规划等内容。本章将介绍不同类型的敌方角色，包括火箭、海龟、发光体以及一组彼此各异的、处于巡行状态的敌方角色。本章暂不处理玩家与敌方角色之间的交互方式，只是定义其基本的行为。

25.1　火　箭　对　象

在 Tick Tick 游戏中，一类较为基本的敌方角色是火箭对象。其中，该对象从屏幕的一侧飞至另一侧，并于随后消失。如果玩家不小心碰到火箭对象，则玩家将会被消灭。在关卡描述中，r 和 R 字符表示火箭对象。例如，考察下列关卡描述内容：

```
..................
r.W.........X...
...--..W......--..
....W.--......W..R
...--........--..
r.W......W....W.
...--......--....
...--..........W.
...--......W.--..
r.W......--.W..
```

```
...--....----....--...
....W..........W..R
...--....----....--...
.1................
######..####..######
```

其中，小写字母 r 表示自左向右飞行的火箭；大写字母 R 表示自右向左飞行的火箭（参见第 22 章中的表 22.1）。

25.1.1　创建并重置火箭对象

本节将创建 Rocket 类，进而定义特定类型的火箭对象。由于该对象具有动画特征，因而该类可继承自 AnimatedNode 类。Rocket 类包含了多个属性，例如速度、关卡中的初始位置，以及 spawnTime 属性，该属性需要记录火箭对象出现的时刻。在初始化器中，需要加载火箭动画并播放，随后还应检测该动画是否被镜像。由于动画涉及火箭对象的右向运动，因而需要执行镜像操作，进而实现左向运动。除此之外，还需要存储火箭的起始位置——当火箭驶离屏幕后，可将其置回原处。下列代码展示了 Rocket 类的部分定义：

```swift
class Rocket: AnimatedNode {

 var startPosition: CGPoint = CGPoint.zeroPoint
 var spawnTime: CGFloat = 0
 var velocity = CGPoint.zeroPoint

 init(moveToLeft: Bool, startPos: CGPoint) {
   startPosition = startPos
   super.init()
   loadAnimation("spr_rocket", looping: true, frameTime: 0.5, name:
     "default")
   playAnimation("default")
   if moveToLeft {
     self.xScale = -1
   }
```

```
    reset()
  }
  ...
}
```

初始化器中的最后一条指令将调用 reset 方法，在该方法中，将火箭对象的当前位置设置到起始点处，并隐藏该对象（初始化状态下，火箭需处于不可见状态），同时将其速度设置为 0。此外，还需要通过随机数生成器计算随机事件（以秒计），随后火箭处于可见状态并开始运动。相应地，可将这一时间值存储于 spawnTime 属性中。由于在火箭驶离屏幕后即需要调用该方法，因而可将此类指令置于独立的 reset 方法中。

25.1.2　定义火箭对象的行为

通常，火箭对象的运动行为在 updateDelta 中进行编码。基本上讲，火箭对象包含了两种主要的行为类型，即处于可见状态下的、屏幕两侧间的移动行为，以及处于不可见状态下的等待行为。通过查看 spawnTime 属性，可判断火箭对象处于哪一种状态。具体而言，如果该属性包含大于 0 的值，则表明火箭对象处于等待状态；如果对应值小于或等于 0，则火箭对象处于可见状态，并从屏幕的一侧移至另一侧。

下面考察第一种情况，即火箭对象处于生成前的等待状态。对此，可简单地从 spawnTime 中减去自上一次调用 updateDelta 方法后流逝的时间，如下所示：

```
if spawnTime > 0 {
  spawnTime -= CGFloat(delta)
  return
}
```

第二种情况则稍显复杂，即火箭对象从一侧移至另一侧，相应地，可将 hidden 状态设置为 false，同时根据移动方向计算火箭对象的速度，如下所示：

```
hidden = false
self.velocity.x = 600
if self.xScale < 0 {
self.velocity.x *= -1
}
```

最后，还需要检测火箭对象是否位于屏幕之外。若是，则需对其进行重置。针对该项操作，需要计算贴图区域的包围盒，如果该包围盒未与火箭对象的包围盒相交，则火箭位于关卡外侧，并可对火箭对象进行重置，如下所示：

```
let tileField = childNodeWithName("//tileField") as! TileField
if !tileField.box.intersects(self.box) {
self.reset()
}
```

除了与玩家之间的交互行为之外（第 26 章将对此予以介绍），Rocket 类基本定义完毕。读者可参考本章 TickTick3 示例程序，以查看完整的类定义。图 25.1 显示了当前关卡的屏幕截图。注意，由于关卡尺寸大于设备屏幕，因而只显示了其中的部分内容。

图 25.1　包含火箭对象的关卡

25.2　巡行的敌方角色

作为一种敌方角色，火箭对象基本上并不包含任何智能行为，只是在屏幕两侧间飞行，并在驶离屏幕后进行重置。此外，某些角色可具备少许智能，例如处于巡逻状态的敌人。下面构建处于巡行状态下的各类敌人角色，并将其置于游戏中。

25.2.1　基本的 PatrollingEnemy 类

PatrollingEnemy 类与 Rocket 类有些相似。其中，处于巡行状态的敌人同样包含动画效果，因而也将继承自 AnimatedNode 类。除此之外，还需要覆写 updateDelta 方法，并在其中定义敌方角色的行为，即自左向右的往复运动。如果敌人到达沟壑或者是墙壁贴图，则停止前行，在等待一段时间后开始转向。同时，敌方角色可置于关卡中的任意位置。对于玩家角色来说，对应行为包含跳跃或跌落等动作；而 PatrollingEnemy 只是自左向右地往复运动。

　　在 PatrollingEnemy 类初始化器中，可加载巡行角色的动画效果（表现得较为愤怒的火焰），如图 25.2 所示。初始状态下，可将其设置为一个正速度，以使敌方角色向右行进。另外，还需要初始化另一个属性 waitTime，当角色行进至平台边缘时，该属性用于记录等待的时长，如下所示：

```
class PatrollingEnemy: AnimatedNode {

  var waitTime: CGFloat = 0
  var velocity = CGPoint(x: 120, y: 0)
  override init() {
    super.init()
    loadAnimation("spr_flame", looping: true, frameTime: 0.1, name:
"default")
    playAnimation("default")
  }
  ...
}
```

图 25.2　处于巡逻状态的敌方角色

在 updateDelta 方法中，需要区分两种情况，即敌方角色处于行走状态或是等待状态。对此，可查看 waitTime 属性。如果该属性包含正值，那么，敌方角色处于等待状态；若为 0 或负值，则该角色处于行进状态。对于等待状态，无须执行任何操作。类似于 Rocket 类，可从 waitTime 属性中减去流逝的时间值。如果 waitTime 到达 0，则对应角色转向。对应代码如下所示：

```
if waitTime > 0 {
  waitTime -= CGFloat(delta)
  if waitTime <= 0 {
     self.turnAround()
  }
}
```

其中，turnAround 方法简单地对动画执行镜像操作，并对速度进行转置，如下所示：

```
func turnAround() {
  xScale = -xScale
  velocity.x = 120 * xScale
}
```

如果敌方角色处于行走状态（而非等待状态），则需要判断是否到达平台的边缘，这包含两种情况，第一种情况是存在沟壑，那么该对象将无法继续前行；第二种情况是壁面贴图阻挡了前进的道路。相应地，可通过敌方角色的包围盒获取此类信息。如果该角色向左行进，则检查左侧的贴图；若向右侧运动，则查看其右侧贴图。目标贴图的列索引计算如下所示：

```
let tileField = childNodeWithName("//tileField") as! TileField
var (col, row) = tileField.layout.gridLocation(self.position)
if xScale < 0 {
    col -= 1
} else {
    col += 1
}
```

接下来将检测敌方角色是否到达壁面贴图或者是平台的边缘。在计算得到的索引处，如果对应贴图的下方贴图是背景贴图，那么，该角色到达平台的边缘处，并即刻停止行进。如果索引(col, row)处的贴图（也就是说，紧邻敌方角色的贴图）为壁面贴图，该角色同样需要停止运动。对此，可将正值赋予 waitTime，同时将 x 速度设置为 0，如下所示：

```
if tileField.getTileType(col, row: row - 1) == .Background ||
  tileField.getTileType(col, row: row) == .Wall {

  waitTime = 0.5
  velocity = CGPoint.zeroPoint

}
```

25.2.2　不同的敌方角色类型

通过继承机制，可编写 PatrollingEnemy 的子类，并定义不同的角色行为。

例如，敌方角色可具有一定的未知性，并不时地变换方向。此外，还可将角色的行走速度修改为随机值。对此，可从 PatrollingEnemy 类中派生 UnpredictableEnemy 类。默认状态下，该类对象与常规敌方角色具有相同的行为。相应地，需要覆写 updateDelta 方法，并通过相关代码随机改变行走方向以及速度值。鉴于复用了 PatrollingEnemy 类中的大多数代码，因而 UnpredictableEnemy 类较为简短，其完整的类定义如下所示：

```
class UnpredictableEnemy: PatrollingEnemy {

  override func updateDelta(delta: NSTimeInterval) {
    super.updateDelta(delta)
    if waitTime <= 0 && randomCGFloat() < 0.01 {
      self.turnAround()
      self.velocity.x = randomCGFloat() * 300 * xScale
    }
  }

}
```

代码中使用了 if 指令检测随机生成数是否小于特定值。在某些场合下，该条件可生成 true 值。在 if 指令体中，首先令敌方角色转向，并于随后计算新的 x 速度。注意，此处将随机生成速度乘以 xScale，这将确保新的速度在正确的方向上被设置。另外，还应首先调用超类的 updateDelta 方法,并选取正确的动画内容,以及处理与玩家的碰撞,等等。

另一种变化是,敌方角色跟随玩家,而不是简单地进行左、右往复运动。再次强调,对应类继承自 PatrollingEnemy 类。PlayerFollowingEnemy 类的定义如下所示:

```
class PlayerFollowingEnemy: PatrollingEnemy {

  override func updateDelta(delta: NSTimeInterval) {
    super.updateDelta(delta)
    let player = childNodeWithName("//player") as! Player
    let direction = player.position.x - self.position.x
    if direction * velocity.x < 0 && player.velocity !=
      CGPoint.zeroPoint {
        self.turnAround()
    }
  }
}
```

该类定义了一个敌方角色,并在玩家处于运动状态时对其进行跟踪,其实现过程可描述为:敌方角色的行进方向与玩家的朝向是否一致(仅考察 x 方向)。若否,则该角色转向。这里,可对敌方角色的智能稍加限制——跟踪行为仅在玩家角色在 x 方向静止(换而言之,玩家的 x 速度为 0)时进行。

需要注意的是,敌方角色不应过于智能。除此之外,其运动速度也不应过快。如果敌方角色在跟踪玩家的过程中速度过快,那么,游戏将会很快结束。如果敌人过于智能或者无法被击败,玩家的游戏体验将失去应有的乐趣。

25.3 其他敌方角色类型

游戏中的另一种敌人是会打喷嚏的海龟。其中,海龟包含两种状态。一种状态是,海龟在打喷嚏时长出刺状物,以使玩家无法接触,如图 25.3 所示;否则(第二种状态),玩家可借助海龟跳得更高。鉴于目前尚未处理交互行为,因而只需将动画海龟添加至游戏中。具体来说,玩家可在 5 秒内借助于海龟实现跳跃动作;随后的 5 秒内,海龟在打喷嚏后将生出刺状物;接下来的 5 秒内,海龟返回之前的状态,以此类推。

图 25.3　不可跳跃至刺状海龟上方

　　这一类角色可通过 Turtle 类定义，其设置方式类似于之前的敌方角色。其中，海龟对象包含两种状态，即空闲状态和打喷嚏后的带刺状态。对此，可维护两个成员变量，并记录海龟的状态，以及每种状态下的时间量。对此，waitTime 属性负责记录当前状态所剩的时间量；sneezing 属性则用于记录海龟是否处于打喷嚏的状态。再次强调，updateDelta 方法将处理两种状态间的转换，这与火箭对象和巡行的敌方角色的处理方式十分相似。由于与其他敌人角色类相类似，因而详细内容不予赘述。读者可参考本章 TickTick3 示例程序，以查看完整的源代码。

　　火花体则是最后一种敌方角色类型。火花体是一种带电的物体，平常情况下，此类物体安静地悬于空中，当接收到足够的能量后，即处于下落状态。当悬于空中时，火花体安全无害；一旦其处于下落状态，玩家应及时躲避且不可触碰，如图 25.4 所示。读者可参考相关的源代码，以查看 Sparky 类定义。

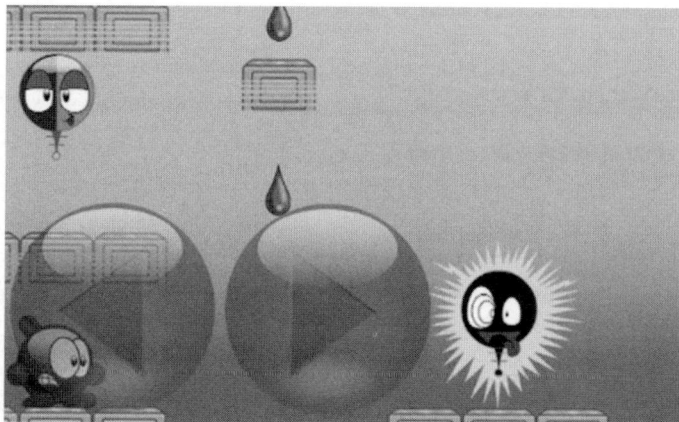

图 25.4　当带电时，火花体十分危险

敌方角色的软件体系结构

虽然各种类型的敌方角色包含不同的外观和行为，但却拥有共同的类设计方案。通过一组泛型类，可对这一类角色加以定义，包括状态和角色间的转换。其中，每种转换都附加了相关条件，例如流逝的时间量，或者是动画结束。此类结构称作有限状态机。这也是人工智能系统中一种较为常见的技术。对此，感兴趣的读者可尝试编写一个有限状态机，并重新定义和使用现有的敌方角色。

25.4　加载不同的敌方角色类型

在各种敌方角色定义完毕后，可读取文本文件中的关卡数据并对其进行加载。其中，代表不同敌方角色的精灵对象通过相关字符予以标识。

当加载关卡时，取决于所读取的字符，需调用不同的方法载入敌方角色。期间，可向 LevelState 类的 switch 指令中添加相应的 case，如下所示：

```
case "R":
return loadRocketTile(x, y: y, moveToLeft: true)
case "r":
return loadRocketTile(x, y: y, moveToLeft: false)
case "A", "B", "C":
return loadFlameTile(c, x: x, y: y)
case "S":
return loadSparkyTile(x, y: y)
case "T":
return loadTurtleTile(x, y: y)
```

敌方角色的载入过程较为直观，可简单地添加敌方角色对象实例、设置其位置并将其加入场景节点中。例如，下列方法将载入一个海龟对象：

```
func loadTurtleTile(x: Int, y: Int) -> SKNode {
  var turtle = Turtle()
  turtle.position = tileField.layout.toPosition(x, row: y)
  turtle.position.y += 20
  turtle.zPosition = Layer.Scene1
  world.addChild(turtle)
```

```
return Tile()
}
```

至此，读者定义了多个不同类型的敌方角色，其智能水平以及各项技能也有所不同。取决于游戏的需求，敌方角色可能会比较聪明，或者更加狡黠，抑或较为愚钝。一般情况下，敌方角色无须加入物理内容。当开始构造具有跳跃或跌落特征的智能角色时，方需要实现相应的物理行为。作为练习，读者可思考在不依赖物理学的情况下，如何使敌方角色的能力更加出众。例如，当玩家接近时，敌人是否可快速移动？是否可创建一类角色，并向玩家发射粒子？因此，读者可发挥自己的想象力，一切皆有可能。

25.5　本 章 小 结

本章主要涉及以下内容：
❑　　如何定义不同的敌方角色类型。
❑　　如何利用继承机制构建不同的行为。

第 26 章　添加交互行为

本章将向关卡中添加玩家角色与对象间的交互行为。当前，玩家角色包含行走功能，以及基本的物理系统，使得玩家可执行跳跃功能并与壁面贴图产生碰撞。随后，读者将会学习如何创建相关行为，并使得玩家可在冰面上滑行。另外，本章还将着重处理玩家与敌方角色间的交互行为。最后，本章还将向游戏中加入横屏或竖屏滚动效果。

26.1　收　集　水　滴

第一个向玩家添加的操作是水滴的收集功能。如果游戏角色与水滴碰撞，那么，水滴将被采集。随后，水滴将处于不可见状态。

需要说明的是，当玩家角色采集水滴后，使其处于不可见状态并非唯一方式，但确是较为简单的方法之一。另一种方法是维护一个水滴采集列表，并添加玩家角色所采集的水滴。当然，这也使得代码量有所增加。

相应地，WaterDrop 类负责处理玩家角色与水滴之间的碰撞问题——与之前一样，每种游戏对象负责处理自身的行为。如果在 WaterDrop 类中解决碰撞计算，每个水滴都需要判断其是否与玩家角色碰撞。对应代码可在 updateDelta 方法中编写，首先是获取当前玩家对象，如下所示：

```
let player = childNodeWithName("//player") as! Player
```

如果水滴当前处于可见状态，可通过 CGRct 中的 intersects 方法检测是否与玩家角色发生碰撞。若是，则将水滴的 hidden 状态设置为 true。同时，还可播放音效以提示玩家水滴已被采集，如下所示：

```
if player.box.intersects(self.box) && !self.hidden {
  self.hidden = true
  waterCollectedSound.play()
}
```

稍后，可通过检测每个水滴的可见性，判断关卡是否通过。如果全部水滴对象均处于不可见状态，那么，玩家采集完所有的水滴。

26.2　冰　块　对　象

另一种可向游戏中加入的交互类型是玩家在冰面上的行走动作。当玩家在冰面上运动时，需要以恒定速率滑动。当然，在真实世界中，对象会逐渐降低其滑行速度，但这会生成玩家易于理解的预期行为，且相对于真实性来说更为重要。对此，需要完成以下两项任务：

❑　扩展 handleInput 方法，以处理冰面上的运动。

❑　判断玩家是否站立于冰面上。

利用 Player 类中的 walkingOnIce 属性，可记录玩家是否站立于冰面上。假设该属性于某处被更新，下面考察如何扩展 handleInput 方法。当角色在冰面上行走时，首先需要增加玩家的速度，如下所示：

```
var walkingSpeed = CGFloat(300)
if self.walkingOnIce {
walkingSpeed *= 1.5
}
```

其中，速度所乘的数值可视作一个对游戏体验产生影响的变量，因此，选取正确的值十分重要。如果速度过快，关卡的体验性将变得较差；如果过慢，那么，冰面将与地面行进并无太多差别。

当玩家站立于地面上，则需要将 x 速度设置为 0，相应地，当玩家释放某个触摸键时，游戏角色将即刻停止运动。对此，可在 Player 类的 handleInput 方法开始处添加下列 if 语句：

```
if self.onTheGround && !self.walkingOnIce {
self.velocity.x = 0
}
```

接下来可处理玩家输入问题。如果玩家单击左向或右向触摸键，则需要设置相应的 x 速度，如下所示：

```
if walkLeftButton.down {
self.velocity.x = -walkingSpeed
} else if walkRightButton.down {
self.velocity.x = walkingSpeed
}
```

至此，还需要判断玩家是否行走于冰面上，并相应地更新 walkingOnIce 属性。之前曾利用 handleCollisions 方法查看角色周围的贴图，因而可扩展该方法，并检测玩家是否在冰面上行走。对此，添加少量代码即可实现这一功能。在该方法的开始处，假设玩家角色并未行走于冰面上，如下所示：

```
self.walkingOnIce = false
```

仅当玩家位于地面上，该角色方可行走于冰面上，如下列 if 语句所示：

```
if box.minY - ydifference >= tileBounds.maxY && tileType != .Background
{
  self.onTheGround = true
  self.velocity.y = 0
  self.position.y += depth.y
}
```

当检测玩家所站立的贴图是否为冰面贴图时，需要从贴图区域获取对应贴图，并检测其 ice 属性。对此，可通过 if 指令和 let 关键字实现这一任务，如下所示：

```
if let currentTile = tiles.layout.at(x, row: y) as? Tile {
// do something with the tile
}
```

在 if 指令中，将更新 walkingOnIce 属性。此处采用了逻辑或运算符，以保证玩家角色可部分位于冰面贴图上，同时该属性还将设置为 true，如下所示：

```
self.walkingOnIce = self.walkingOnIce || currentTile.ice
```

由于使用了逻辑或计算玩家是否行走于冰面上，因而还需要考察周围的全部贴图。也就是说，当前角色保持运动状态，直至不再位于冰面贴图上。读者可运行 TickTick4 示例程序，查看玩家角色与冰面之间的交互方式。

26.3　敌方角色与玩家角色间的碰撞行为

添加的最后一种交互类型是碰撞行为。大多数时候，当玩家与敌方角色碰撞时，玩家将处于死亡状态；而某些场合下，则需要进行相关处理（例如踩踏海龟后跳跃得过高）。

从玩家角度来看，需要加载额外的动画效果，以显示玩家角色的死亡过程。考虑到玩家死亡后无须再处理输入问题，因而需要更新玩家当前的存活状态。针对于此，可使用 alive 属性，并在创建 Player 实例时将其设置为 true。在 handleInput 方法中，将检测玩家是否处于存活状态。若否，则从该方法中返回，且无须处理任何输入操作，如下所示：

```
if !self.alive {
return
}
```

除此之外，还应添加一个 die 方法，以使玩家结束"生命"。这里，存在两种终结状态：落入孔洞中；或者是与敌方角色发生碰撞。因此，可向 die 方法传递一个布尔参数，以表明玩家角色的死亡原因，即跌落于孔洞中，抑或是与敌方角色发生碰撞。

die 方法负责执行多项操作。首先，需判断玩家是否已死亡。若是，则从该方法中返回，且不执行任何操作，同时将 alive 变量设置为 false。随后，将 x 方向上的速度设置为 0，进而终止玩家的左、右移动行为。相应地，y 向速度无须重置，因而玩家保持下落状态——当角色死亡时，重力依然作用于其上。接下来，还应设置玩家死亡时的声音效果。具体来讲，跌落过程与遭遇敌方角色时的音效截然不同。对于碰撞情形，可向角色赋予一个向上的速度，进而提供某种视觉效果，如图 26.1 所示。最后一步则是播放死亡动画。完整的方法定义如下所示：

```
func die(falling: Bool = false) {
  if !alive {
      return
  }
  alive = false
  velocity.x = 0
  if falling {
     playerFallSound.play()
  } else {
   velocity.y = 600
   playerDieSound.play()
  }
  self.playAnimation("die")
}
```

图 26.1　与敌方角色碰撞后，玩家将死亡

除此之外，还需在 updateDelta 方法中确认玩家是否跌落致死，即计算玩家角色的 y 向位置是否落于关卡之外。若是，则调用 die 方法，如下所示：

```
let tiles = childNodeWithName("//tileField") as! TileField
if self.box.maxY < tiles.box.minY {
self.die(falling: true)
}
```

在 updateDelta 方法开始处，需调用超类的 update 方法，以保证动画被更新，如下所示：

```
super.updateDelta(delta)
```

随后，可执行物理和碰撞计算（该步骤不可或缺，即使玩家已死亡）。接下来，需要判断玩家角色是否处于存活状态。若否，则从当前方法中返回。

如前所述，玩家角色的死亡方式多种多样，因而需要扩展敌方角色类，并处理碰撞问题。在 Rocket 类中，可添加一个 checkPlayerCollision 方法，并于其中调用火箭对象的 updateDelta 方法。在 checkPlayerCollision 方法中，将简单地判断玩家角色是否与火箭对象发生碰撞。若是，则调用 Player 对象中的 die 方法。完整的方法定义如下所示：

```
func checkPlayerCollision() {
```

```
    let player = childNodeWithName("//player") as! Player
    if player.box.intersects(self.box) {
        player.die()
    }
}
```

对于处于巡行状态的敌方角色，可执行相同的操作。也就是说，向对应类中添加相同的方法，并从 updateDelta 方法中对其进行调用。相应地，Sparky 类的版本则稍显不同：玩家仅在 Sparky 对象蓄电（并触电）后死亡，因而对应方法调整为：

```
func checkPlayerCollision() {
    let player = childNodeWithName("//player") as! Player
    if player.box.intersects(self.box) && self.waitTime <= 0 {
        player.die()
    }
}
```

最后，Turtle 对象则包含更多内容。开始时，可检测海龟对象是否与玩家角色碰撞。若否，则简单地从 checkPlayerCollision 方法中返回，如下所示：

```
let player = childNodeWithName("//player") as! Player
if !player.box.intersects(self.box) {
return
}
```

如果出现碰撞，则存在两种可能性。首先是海龟对象处于打喷嚏状态，玩家则处于死亡状态，如下所示：

```
if sneezing {
player.die()
}
```

第二种情况则是海龟对象处于等待模式，且玩家跃至该对象上。此时，玩家角色的跳跃过程包含了一个额外的高度。当判断玩家是否跳跃至海龟上时，一种较为简单的方式是考察 y 方向上的速度。如果该速度为负值，那么，玩家角色将跃至海龟对象上。因此，可调用 jump 方法，并使得玩家跳跃一个额外的高度，如下所示：

```
else if player.velocity.y < 0 && player.alive {
```

```
player.jump(900)
}
```

当然，所有这一切操作均是在玩家处于生存状态时完成的。

至此，读者已对游戏角色和对象间的主要交互行为完成了编程任务。此外，还存在另一种交互方式，即玩家角色和设备屏幕间的交互行为。

26.4　添加垂直和水平方向上的滚屏

读者可能已经注意到，关卡一般大于 Apple 设备的屏幕尺寸。特别是在 iPad 中，关卡左、右两侧大部分内容在屏幕上处于不可见状态。为了确保游戏可在所有设备上正常工作，应存在某种机制，并在玩家的体验过程中显示关卡内容。在平台游戏中，一种较为常见的方式是添加滚屏功能。这意味着，当玩家在游戏场景中穿行时，场景应随着玩家而滚动。从某种意义上讲，设备屏幕变为一个处于移动状态的相机，并时刻关注着游戏场景的某部分内容。一些游戏支持水平滚屏；而另一些游戏则支持垂直方向上的滚屏。在 Tick Tick 游戏中，将分别添加水平和垂直方向上的滚屏机制。

鉴于已经完成了大部分内容，因而很容易实现 Tick Tick 游戏中的滚屏操作。在 LevelState 类中，world 包含了属于当前关卡的全部内容。注意，覆盖图（例如 Quit 按钮或行走、跳跃按钮）则不属于该节点——当关卡滚屏时，按钮无须移动。

出于简单考虑，下面讨论一种较为简单的滚屏机制，以使关卡跟随玩家角色。对此，可在 LevelState 的 updateDelta 方法中加以实现。首先是调用超类方法（关卡中的所有对象均被更新），并获取玩家对象，如下所示：

```
super.updateDelta(delta)
let player = childNodeWithName("//player") as! Player
```

当前，需要设置一部跟随玩家的虚拟相机。一种简单的方法是将 world 位置定义为 player 位置，如下所示：

```
world.position = -player.position
```

这里应注意代码中的负号。如果玩家向右移动，那么，场景应随之左移，方可确保看到玩家。最终，玩家始终显示于设备屏幕的中部——world 位置用于补偿 player 的位置，游戏场景的锚点被设置在屏幕中心位置。虽然该方案可行，但还需要处理一个问题。当前，相机跟随玩家运动，一种可能的情况是，当玩家接近关卡的边缘时，将会看到空白区域，这并非期望中的结果。对此，可能需要限定最大和最小值之间的 world 位置，以使相机不会部分位于场景的外部。

那么，如何计算此类数值？这里，假设玩家向右运动，且相机跟随玩家角色。这意味着，场景节点向左移动。这里的问题是，在查看到空白区域之前，场景节点的左向位移量是多少？如果左向移动 1/2 关卡宽度，那么，设备屏幕的一半将显示空区域。为了解决这一问题，加上设备屏幕的一半宽度值，以使场景的左边缘与设备的左边缘准确匹配。这将生成所允许的最左侧屏幕位置，如下所示：

```
let minx = CGFloat(-tileField.layout.width/2) +
  GameScreen.instance.size.width/2
```

在图 26.2 中，玩家向右移动，world 位置将被限定，以避免显示空区域。类似地，还可计算 world 位置所允许的最右值，如下所示：

```
let maxx = CGFloat(tileField.layout.width/2) -
  GameScreen.instance.size.width/2
```

图 26.2　在关卡边界内，屏幕相机跟随玩家运动

相同的操作也适用于 y 轴，如下所示：

```
let miny = CGFloat(-tileField.layout.height/2) +
```

```
  GameScreen.instance.size.height/2
let maxy = CGFloat(tileField.layout.height/2) -
  GameScreen.instance.size.height/2
```

最后一项任务是剪裁最小值和最大值之间的世界坐标位置，如下所示：

```
world.position.x = clamp(-player.position.x, minx, maxx)
world.position.y = clamp(-player.position.y, miny, maxy)
```

　　当前，水平和垂直方向均实现了滚屏操作，同时可确保设备屏幕上不会显示空白区域（除非关卡尺寸小于设备屏幕尺寸）。读者可参考 TickTick4 示例程序，以查看实际的滚屏效果。第 27 章将完成该游戏的全部内容，并在背景中添加山峰和移动的云彩。除此之外，还将加入相关代码，并管理关卡间的切换操作。

生存还是灭亡

　　在本章中，当玩家与敌方角色接触时，玩家角色即刻死亡。其他方案还包括，玩家可设置多条性命，或者添加一个血条，每次与敌方角色接触时，玩家的血条将减少一定量值。

　　上述两项措施可增加游戏的娱乐性，但同时还应保证游戏的难度。作为一项挑战任务，读者可尝试扩展 Tick Tick 游戏，以使其包含玩家的血条。

26.5　本章小结

本章主要涉及以下内容：

- ❑　如何编程实现玩家的交互行为（包括水滴和敌方角色）。
- ❑　如何编程实现冰面贴图的行为。
- ❑　特定环境下玩家的死亡状态。
- ❑　如何向游戏中添加水平和垂直滚屏效果。

第 27 章 完成 Tick Tick 游戏

本章将结束 Tick Tick 游戏编程。首先，需要设置一个计数器，以使玩家在规定的时间内通关。随后，还需要向背景中添加山峰和云彩，以丰富游戏的视觉效果。最后，将编写相关代码，以使玩家体验不同的关卡。

27.1　设置计数器

下面首先向游戏中添加计数器。计数器一般不会占用太多的屏幕空间，并可使用文本形式。Timer 类继承自 SKNode 类，并包含了背景内容以及显示剩余时间的标记节点。除此之外，还应能够暂停计数器（例如通关后）。对此，可定义一个 running 布尔属性，以表明计数器是否在运行。相应地，剩余的时间量可存储于 timeLeft 属性中。每个关卡的时间量（以秒计）将从文本文件中读取，并存储于 totalTime 属性中。当调用 reset 方法时，计数器将被设置为总时间量，启动后将处于读秒状态（递减）。完整的 reset 方法如下所示：

```
override func reset() {
  super.reset()
  self.timeLeft = totalTime
  self.running = true
}
```

最后一个步骤是实现 updateDelta 方法，并对计数器编程。首先，如果计数器处于运行状态，并仍留有一定的时间量，需对其进行更新；否则，仅需从该方法中返回即可，如下所示：

```
if self.timeLeft < 0 || !self.running {
return
}
```

接下来，可从当前剩余时间中减去游戏中流逝的时间量，如下所示：

```
self.timeLeft -= delta
```

相应地，可创建在屏幕上输出的文本内容，也就是说，在屏幕上输出秒数。下面介绍一种更为通用的计数器，并可显示分钟和秒数。例如，如果打算定义一个从两分钟开始倒计时的计数器，则可通过下列方式进行初始化：

```
self.timeLeft = 120
```

此处应显示 "2:00"，而不是 "120"。对此，需要在 updateDelta 方法中计算剩余的分钟数。首先，需要向上舍入当前秒数，对此可采用 ceil 方法，如下所示：

```
let roundedTimeLeft = Int(ceil(timeLeft))
```

除了 ceil 方法之外，还存在一个 floor 方法，即向下舍入。因此，ceil(0.1)的结果为 1；而 floor(0.1)的结果为 0。随后，分钟和秒数可按照下列方式计算：

```
let minutes = roundedTimeLeft / 60
let seconds = roundedTimeLeft % 60
```

当剩余的分钟或秒数计算完毕后，即可创建一个字符串，并在屏幕上对其进行绘制，如下所示：

```
textLabel.text = "\(minutes):\(seconds)"
if seconds < 10 {
textLabel.text = "\(minutes):0\(seconds)"
}
```

同时，还可将文本的颜色设置为黄色，以实现色彩的协调性，如下所示：

```
textLabel.fontColor = UIColor.yellowColor()
```

如果通关时间已变得十分紧迫，还应向玩家提供相应的警告信息。具体来说，当在屏幕上输出文本时，需要交替显示红、黄两种颜色。下列代码使用了 if 语句和%运算符：

```
if timeLeft <= 10 && seconds % 2 == 0 {
textLabel.fontColor = UIColor.redColor()
}
```

虽然上述时间计算方式对于 Tick Tick 游戏来说已然足够，但对于一些复杂的时间和数据表达，前述操作仍有改进的空间。Swift 提供了一个 NSDate 类，该类可用于设置时间；当与 NSDateFormatter 类结合使用时，可将日期/时间表示为一个字符串。

27.1.1　调整计数器

取决于玩家行走于其上的贴图类型，时间的快慢也应有所变化。例如，在 hot 类型的贴图上行走会增加时间流逝的速度；而 ice 贴图则会降低该速度。对于不同速度下的计数器，可在 Timer 类中引入一个乘法因子，并存储于一个属性中，其初始状态为 1，如下所示：

```
var multiplier = 1.0
```

在 updateDelta 方法中，可简单地将游戏中流逝的时间量乘以该乘法因子，如下所示：

```
self.timeLeft -= delta * multiplier
```

当前，可根据贴图的种类调整时间的流逝速度。在 Player 类中，可维护一个 walkingOnIce 属性，并以此表明玩家角色是否行走于 ice 贴图上。同样，对于 hot 贴图，还可定义另一个 walkingOnHot 属性，用于记录玩家是否行走于 hot 贴图上。当指定此类属性值时，可参照 walkingOnIce 属性的做法。在 handleCollisions 方法中，初始状态下需要将该属性设置为 false，如下所示：

```
self.walkingOnHot = false
```

根据当前贴图类型，可添加下列代码更新属性值：

```
self.walkingOnHot = self.walkingOnHot || currentTile.hot
```

读者可参考本章的 TickTickFinal 示例程序，以查看完整的 Player 类定义。

当使用 walkingOnIce 和 walkingOnHot 属性时，即可更新计时器乘法因子。在玩家的 updateDelta 方法中，对应代码如下所示：

```
let timer = childNodeWithName("//timer") as! Timer
if self.walkingOnHot {
timer.multiplier = 2.0
} else if self.walkingOnIce {
timer.multiplier = 0.5
} else {
timer.multiplier = 1
}
```

从游戏设计角度来看，应显式地通知玩家行走于 hot 贴图上时将会缩短剩余时间。对此，可显式地显示一幅警示图，例如围绕玩家角色的烟雾动画；或者改变计时器的显示颜色。同时，还可播放相应的警示音效。另一种可能情况是改变背景音乐，以使玩家意识到出现了某些状况。

适应于玩家的技能

改变计时器的速度可以增加/降低关卡的难度。读者可对游戏进行扩展：某些情况下，当玩家拾取某种特殊物品时，计时器可停止或者返回数秒。甚至，还可使关卡呈现为自适应状态——如果玩家过于频繁地"死亡"，那么，可适当增加关卡的最大秒数，但需要对此进行谨慎处理。如果这一过程过于明显，玩家会对此有所察觉，进而调整其策略（例如，通过更加糟糕的表现赚取时长，以使关卡的难度降低）。此外，玩家还会感觉到自己未受到应有的重视。对于关卡最大时间量处理问题，一种较好的方法是，将上一关卡的剩余时间转至当前关卡中。通过这一方式，某些较为困难的关卡其难度将有所降低，但玩家仍需要对此付出努力。对于一些难度较大的关卡，其时长较短，但回报也较高。例如，可适当增加分值，提供可拾取的额外物品，或者是附加的技能。休闲玩家可选择"Can I play, Daddy？"这一难度的关卡；而熟练玩家则可选取"I am Death incarnate"这一类关卡。

27.1.2　计时器为 0

若玩家并未按时通过关卡，那么将引发炸弹的爆炸且游戏结束。在 Player 类中，可通过一个布尔值表示玩家是否已被炸毁。随后，可定义一个 explode 方法，使得爆炸效果处于运动状态。完整的方法定义如下所示：

```
func explode() {
  if !alive || finished {
      return
  }
  alive = false
  exploded = true
  velocity = CGPoint.zeroPoint
  position.y -= 100
  playAnimation("explode")
  playerExplodeSound.play()
}
```

首先，如果玩家角色未处于存活状态，那么，该角色将不会处于爆炸状态。无论如何，针对这两种情况，可简单地从当前方法中返回即可。随后，可将 alive 状态设置为 false，并将速度设置为 0（爆炸效果未处于运动状态）。接下来，可播放爆炸动画。该动画存储于纹理贴图集中，并包含了 49 幅动画帧。最后，还应播放相应的声音效果。

此外，如果玩家角色未被炸毁，那么，还需要考虑其重力作用，如下所示：

```
if !self.exploded {
    self.velocity.y -= CGFloat(1300 * delta)
}
```

在 LevelState 类的 updateDelta 方法中，需要检测计时器是否为 0。若是，则调用 explode 方法，如下所示：

```
let timer = childNodeWithName("//timer") as! Timer
if timer.timeLeft < 0 {
    player.explode()
}
```

如果需要进一步丰富游戏元素，则需要使用到一些游戏数据资源。优秀的游戏资源可保持游戏观感的一致性，这也使得游戏更具吸引力，例如视觉效果、音效以及背景音乐。一般来讲，音效和音乐往往缺乏应有的重视度，但此类因素在制造某种氛围时十分重要。今天，在电影院里观看默片是一件难以令人忍受的事情；而音乐往往可对正在发生的事情增添情感效果；音效也会给人以身临其境的感受。类似于电影作品，音乐和音效元素在游戏中同样不可或缺。

在开始阶段，读者可尝试购买预置精灵对象数据包。下列网站提供了免费的精灵对象资源：

❑ www.supergameasset.com。
❑ www.graphic-buffet.com。
❑ www.hireanillustrator.com。
❑ opengameart.org。
❑ www.3dfoin.com。
❑ www.content-pack.com。

类似地，下列网站提供了与游戏相关的音乐和音效资源：

❑ www.soundrangers.com。
❑ www.indiegamemusic.com。
❑ www.stereobot.com。

❑　audiojungle.net。

❑　www.arteriamusic.com。

❑　soundcloud.com。

如果读者利用这一类资源打造了一系列的游戏作品，那么将很容易与其他独立开发人员建立所谓的朋友圈；作为一名游戏开发者，游戏作品有时更像是一种"投资组合"，并彰显读者的研发功力。

27.2　添加山峰和云彩

为了使背景内容更具吸引力，可向其中加入山峰和移动的云彩。在 TickTickFinal 示例程序中，LevelState 类定义了一个名为 addBackgrounds 的方法，其中添加了天空背景、山峰以及移动的云彩。下面首先考察如何添加山峰。取决于关卡的宽度，可相应地计算背景中加入的山峰和云朵的数量，如下所示：

```
let nrItems: Int = Int(tileField.layout.width) / 150
```

当向背景中加入山峰时，可利用 for 循环指令。在该指令体中，将创建一个精灵对象节点并对其进行定位，随后可将其添加至 backgrounds 节点中，其中包含了所有的背景对象。

for 指令的完整代码如下所示：

```
for _ in 1...nrItems {
  let mountainSpriteName = "spr_mountain_\(arc4random_uniform(2))"
  let mountain = SKSpriteNode(imageNamed: mountainSpriteName)
  mountain.zPosition = Layer.Background1
  mountain.position = CGPoint(x: randomCGFloat() *
    (tileField.layout.width +
    mountain.size.width) - tileField.layout.width / 2,
    y: -CGFloat(tileField.layout.height)/2 + mountain.size.height/2)
  backgrounds.addChild(mountain)
}
```

其中，第一步是创建精灵对象节点，并在不同的山峰精灵对象间随机进行选择。由于存在两种山峰精灵对象，因而可生成一个随机数字（0 或 1）进行选择。根据对应数字，可生成一个与精灵对象对应的文件名。随后，可将该精灵对象置于 Background1 层，该层位于天空节点上方以及实际场景后方。

接下来，可计算山峰的位置。相应地，可随机选取 x 位置，而 y 位置则保持固定。因此，山峰将位于适当高度处（山峰不应悬挂于天空中）。最后，山峰对象将添加至 backgrounds 节点中。

对于云朵，其处理过程稍显复杂。这里，云彩应可缓慢地左、右移动。如果云朵消失于屏幕中，则需要对其予以补充（即呈现新的云朵）。对此，可向游戏中加入 Cloud 类，该类定义为 SKSpriteNode 的子类。对于每个添加至背景中的云彩，可创建该类的实例。相比于背景和山峰，可将云朵置于较高层。这可确保云朵在山峰之前进行绘制。再次强调，此处将利用 for 循环生成云朵实例序号，如下所示：

```
for _ in 1...nrItems {
  var cloud = Cloud()
  cloud.zPosition = Layer.Background2
  backgrounds.addChild(cloud)
}
```

考虑到云朵可在屏幕上移动，因而 Cloud 类中包含了一个 velocity 属性。在初始化器中，可加载一个随机的云朵对象（当前示例程序提供了 5 种不同的云朵）。完整的初始化器如下所示：

```
init() {
  let cloudSpriteName = "spr_cloud_\(arc4random_uniform(5))"
  let texture = SKTexture(imageNamed: cloudSpriteName)
  super.init(texture: texture, color: UIColor.whiteColor(), size:
texture.size())
}
```

当关卡被重置时，每个 Cloud 实例将获得一个位置和速度，对应方法为 Cloud 类中的 setRandomPositionAndVelocity 方法。该方法首先设置一个随机 y 位置和随机 x 速度（正值或负值），如下所示：

```
self.position.y = randomCGFloat() * tileField.layout.height -
tileField.layout.height / 2
self.velocity.x = (randomCGFloat() * 2 - 1) * 20
```

注意，在第二个指令中，将计算一个 -1～1 的随机数，并丁随后将该值乘以 20。这将随机创建包含正、负 x 速度的云朵，如下所示：

```
self.position.y = randomCGFloat() * tileField.layout.height -
```

```
tileField.layout.height / 2
self.velocity.x = (randomCGFloat() * 2 - 1) * 20
```

setRandomPositionAndVelocity 方法可将云朵置于关卡中（当玩家首次启动关卡时，这也是希望看到的结果）；或者将云彩置于屏幕外侧（即云彩移至屏幕外侧）。针对于此，可定义一个 placeAtEdgeOfSceen 布尔参数，从而可选择云朵的放置位置。读者可参考本章 TickTickFinal 示例程序中的 Cloud 类，以查看完整的方法定义。

Cloud 类还定义了一个 updateDelta 方法，以检测云朵是否已离开屏幕。若是，则通过调用 setRandomPositionAndVelocity 方法对其进行重置，其中，placeAtEdgeOfScreen 参数设置为 true。另外，云彩可从屏幕的左侧或右侧驶出。因此，可计算云朵完全离开屏幕时的最小和最大 x 值，如下所示：

```
let minx = -tileField.layout.width / 2 - self.size.width / 2
let maxx = tileField.layout.width / 2 + self.size.width / 2
```

据此，可通过 if 指令判断云彩是否离开屏幕。若是，则调用 setRandomPositionAndVelocity 方法，如下所示：

```
if position.x < minx || position.x > maxx {
setRandomPositionAndVelocity(true)
}
```

图 27.1 显示了关卡截图，背景中包含了山峰和处于运动状态的云朵。

图 27.1　Tick Tick 关卡，背景中包含了山峰和处于运动状态的云朵

27.3　显示帮助对话框

在关卡中，还应简单地显示一类信息提示框，并使用自定义字体以使文本内容看起来更具吸引力。在 LevelState 初始化器中，可添加相应的提示框和提示文本，如下所示：

```
helpFrame.position = CGPoint(x: 0, y: GameScreen.instance.top -
  helpFrame.center.y - 10)
helpFrame.zPosition = Layer.Overlay
self.addChild(helpFrame)

let textLabel = SKLabelNode(fontNamed: "SmackAttackBB")
textLabel.fontColor = UIColor(red: 0, green: 0, blue: 0.4, alpha: 1)
textLabel.fontSize = 16
textLabel.text = help
textLabel.horizontalAlignmentMode = .Center
textLabel.verticalAlignmentMode = .Center
textLabel.zPosition = 1
textLabel.position = CGPoint(x: 45, y: -5)
helpFrame.addChild(textLabel)
```

当临时显示帮助对话框时，可定义一个动作，并在调用 LevelState 的 reset 方法时定义一个动作。完整的 reset 方法如下所示：

```
override func reset() {
  super.reset()
  levelFinishedOverlay.hidden = true
  helpFrame.runAction(SKAction.sequence([SKAction.unhide(),
  SKAction.waitForDuration(5), SKAction.hide()]))
}
```

27.4　通关后的处理操作

对于游戏来说，需要处理玩家失败或通关时所引发的事件，其处理方式与 Penguin

Pairs 游戏类似，但需添加相应的图像，以显示玩家失败或胜利的画面。当判断玩家是否通关时，可向 LevelState 类中添加 completed 属性，并完成以下两项任务：

❑　玩家是否采集了全部的水滴对象？

❑　玩家是否到达入口标记？

上述两项工作易于检测。当检测玩家是否达到关卡的出口位置时，可执行相应的包围盒相交计算。另外，当判断玩家是否采集了全部水滴对象时，需判断此类对象是否处于可见状态。完整的属性定义如下所示：

```swift
var completed: Bool {
  get {
    for w in waterDrops {
    if !w.hidden {
      return false
    }
  }
  let player = childNodeWithName("//player")!
  let exit = childNodeWithName("//exit")!
  return exit.box.intersects(player.box)
  }
}
```

在 LevelState 类的 updateDelta 方法中，可对通关状态进行检测。若玩家顺利通关，可调用 Player 类中的 levelFinished 方法，同时播放一类祝贺画面，如下所示：

```swift
if self.completed && levelFinishedOverlay.hidden {
  levelFinishedOverlay.hidden = false
  player.levelFinished()
  timer.running = false
}
```

鉴于玩家已结束操作，因而还需要终止计时器的运转。类似地，还可定义一个 gameOver 属性，以判断玩家是否失败，如下所示：

```swift
var gameOver: Bool {
  get {
    let player = childNodeWithName("//player") as! Player
```

```
    let timer = childNodeWithName("//timer") as! Timer
    return !player.alive || timer.timeLeft < 0
  }
}
```

在 updateDelta 方法中，可根据该属性设置 Game Over 画面的可见性，如下所示：

```
gameoverOverlay.hidden = !self.gameOver
```

关卡间的转换处理代码较为直观，基本上可复制 Penguin Pairs 游戏中的大部分代码。读者可参考 TickTickFinal 示例程序代码，以查看其实现方式。

前述内容讨论了平台游戏中的一些常见元素，例如物品的采集、敌方角色的躲避机制、游戏物理学、关卡之间的切换，等等。读者也许已经意识到，在 iOS 模拟器上，Tick Tick 游戏的运行速度并不是太快。这也反映了以下事实：高质量的游戏素材、对象间的物理交互行为等均会占用大量的计算资源。另外一方面，为了保证 Tick Tick 游戏获得商业成功，还需要完成大量的工作，例如更为丰富的关卡形式、敌方角色、拾取物品、挑战内容、音效等内容。除此之外，游戏中可能还会引入某些新鲜的元素，如通过网络的多玩家游戏、维护高分积分榜、在关卡间播放电影剪辑以及其他具有较强娱乐性的内容。读者可将 Tick Tick 作为开发的起始点；同时，读者还应牢记，游戏作品应兼容于多种设备，并对游戏的复杂度做适当限制。

游戏作品的销售

　　既然读者已经涉猎于游戏开发，可能已经开始考虑如何将自己的作品公布于众。或者，读者不仅仅满足于开发过程中所获得的成就感，还希望能够借此获得收益。通过 App Store，游戏的发布过程变得相对简单。为了能够发布应用程序，读者需要成为一名 Apple 开发者，为此需要支付一定的年费。自此之后，挑战在于如何让你的游戏作品被广大消费者所熟知。在 iOS 系统上，每天都有超过 300 款新游戏出现，其中大部分游戏的受众面均较为有限。那么，如何让你的游戏脱颖而出呢？

　　首先，读者需要打造一款高质量的游戏。如果质量欠佳，那么，游戏作品很少会有人问津。另外，在开始阶段，读者切忌过于雄心勃勃，例如制作一款像《光晕》那样的游戏。对此，开发者应制订一个合理的目标，并尝试开发一款小型但高质量的游戏作品。另外，不要过于相信自己的感觉，应善于与其他人士交流并听取别人对游戏的各种建议；同时让他们亲自体验游戏原型作品，以确保游戏令人满意。当游戏开发接近尾声时，应制订相应的营销计划，并利用各种渠道推广自己的作品，其中包括新闻媒体、视频、博客以及网站等。当游戏作品发布于 App Store 后，不要期望运气会自动降临至你的头上——我们需要制订一份推广计划。在游戏发布之前，需要先期提升作品的人气，将人们的目光移至游戏的内容上来。例如，可尝试在社交网络上与粉丝们交流，鼓励他们亲自体验游戏并发表自己的见解。

27.5　本 章 小 结

本章主要涉及以下内容：

- ❑　如何向关卡中添加计时器。
- ❑　如何创建由山峰和云彩构成的动画背景。